DIE ENZYKLOPÄDIE DER

SÄUGETIERE

DIE ENZYKLOPÄDIE DER

SÄUGETIERE

BERATER

Dr. George McKay
Experte für Umweltbiologie
Sydney, Australien

NATIONAL GEOGRAPHIC

NATIONAL GEOGRAPHIC

Autorisierte deutsche Ausgabe veröffentlicht von
NATIONAL GEOGRAPHIC DEUTSCHLAND
(G+J/RBA GmbH & Co KG), Hamburg 2007

Copyright © der Originalausgabe:
Weldon Owen, Inc., Sydney 2005

Titel der englischen Originalausgabe:
The Encyclopedia of Mammals – A Complete Visual Guide.

Text Jenni Bruce, Karen McGhee
Illustrationen der Arten MagicGroup s.r.o. (Tschechische Republik)
Illustrationen der biologischen Merkmale Guy Troughton
Karten Andrew Davies Creative Communication, Map Illustrations
Info-Grafiken Andrew Davies Creative Communication
Litho Chroma Graphics (Overseas) Pte Ltd
Druck SNP Leefung Printers Ltd.

Übersetzung Christiane Gsänger, Dr. Gabriele Lehari,
Renate Weinberger, Manfred Wolf
Produktion Print Company Verlagsges.m.b.H.
Titelgestaltung Lutz Jahrmarkt

Printed in China
ISBN 978-3-86690-036-3

Die National Geographic Society, eine der größten gemeinnützigen
wissenschaftlichen Vereinigungen der Welt, wurde 1888 gegründet,
um «die geographischen Kenntnisse zu mehren und zu verbreiten».
seither unterstützt sie die wissenschaftliche Forschung und informiert
ihre mehr als neun Millionen Mitglieder in aller Welt. Die National
Geographic Society informiert durch Magazine, Bücher, Fernseh-
programme, Videos, Landkarten, Atlanten und moderne Lehrmittel.
Außerdem vergibt sie Forschungsstipendien und organisiert den
Wettbewerb National Geographic Bee sowie Workshops für Lehrer.
Die Gesellschaft finanziert sich durch Mitgliedsbeiträge und den
Verkauf der Lehrmittel.
Die Mitglieder erhalten regelmäßig das offizielle Journal der
Gesellschaft: das NATIONAL GEOGRAPHIC-Magazin.
Falls Sie mehr über die National Geographic Society, ihre Lehrprogramme
und Publikationen wissen wollen, nutzen sie die Website unter
www.nationalgeographic.com.
Die Website von NATIONAL GEOGRAPHIC DEUTSCHLAND können Sie unter
www.nationalgeographic.de besuchen.

INHALT

VORWORT

Säugetiere sind wohl die bekannteste Gruppe aus dem Tierreich, weil sie einerseits unsere nächsten Verwandten sind und andererseits eine große wirtschaftliche, ästhetische und für viele Menschen auch spirituelle Bedeutung haben. Wegen ihres Einflusses auf die Ökosysteme unseres Planeten spielen sie bei der Erhaltung des Lebens eine wichtige Rolle.

Obwohl sie sich als eine der letzten großen Gruppen der Evolution erst im Verlauf der vergangenen 60 Millionen entwickelt haben, zeigen Säugetiere dieselbe Vielfalt an Formen, Anpassungen und Verhaltensweisen wie jede andere Tiergruppe. Dieses Buch beschreibt die außergewöhnliche Diversität anhand eines Fünftels aller existierenden Arten mit mindestens einem Vertreter aus jeder Familie.

Erstaunlicherweise werden immer wieder neue Säugetiere entdeckt, von denen viele zwar klein und rätselhaft sind, doch in jüngster Vergangenheit wurden mit dem Vietnamesischen Waldrind (S. 156) und dem Riesenmuntjak (S. 165) auch zwei größere Arten gefunden.

Abgesehen von diesen Entdeckungen ist jedoch die Zunahme des Druckes, den unsere eigene Spezies auf alle anderen Lebewesen ausübt, beunruhigend. Säugetiere leiden am meisten unter diesem Druck, denn beinahe jede vierte Art wird von der Weltnaturschutzunion (IUCN) als stark gefährdet und eine ebenso große Zahl als nahezu gefährdet eingestuft. Viele Arten waren immer selten, wie einige kleine Nagetiere, die nur bei wenigen Gelegenheiten lebendig gesichtet wurden und unbemerkt in Vergessenheit geraten werden, falls man ihre Lebensräume zerstört. Auf andere Arten werden wir erst aufmerksam, wenn sie verschollen sind: Bei einer jüngst im Kongo durchgeführten Untersuchung konnte kein einziges wildlebendes Individuum unseres nächsten Verwandten, des Bonobos oder Zwergschimpansen, gefunden werden. Beinahe 80 Säugetierarten gelten als ausgestorben oder in freier Wildbahn ausgestorben und diese Zahl wird in naher Zukunft weiter steigen.

Die einzige Möglichkeit, diese Entwicklung auf irgendeine Weise zu verlangsamen und vielen Säugetierpopulationen das Überleben zu sichern, besteht in der Erhaltung der natürlichen Lebensräume und Ökosysteme. Nur wenn wir den politischen Willen zeigen und dafür eintreten, dass unsere Regierungen die erforderlichen Schutzmaßnahmen treffen, können wir die in diesem Buch beschriebene Artenvielfalt auch für kommende Generationen erhalten und verhindern, dass dieses Werk zu einem Katalog der von uns ausgerotteten Säugetierarten wird.

Dr. George McKay
Experte für Umweltbiologie, Sydney, Australien

WEGWEISER DURCH DAS BUCH

Der erste Teil dieses Buches bietet eine Einführung ins Reich der Säugetiere: ihre Eigenschaften, Entwicklung, Biologie, Verhaltensweisen, Lebensräume, Anpassungsfähigkeit und den jeweiligen Schutzstatus. Im zweiten Abschnitt werden die Säugetiere gemäß ihrer zoologischen Systematik angeführt. Größere Gruppen, wie die Primaten und Raubtiere, sind in Untergruppen unterteilt, wie zum Beispiel Affen und Menschenaffen oder die Familien der Katzen und Hunde. Das Buch schließt mit einem Glossar, das fachliches Wissen vermittelt, sowie einem detaillierten Register.

Verbreitungskarten
Eine Weltkarte veranschaulicht die Verbreitungsgebiete der beschriebenen Tiergruppe. Der dazugehörige Text bietet detaillierte Angaben über die Verbreitung einzelner Gattungen oder Arten.

SYMBOLE ZUM LEBENSRAUM
Die folgenden 18 Symbole zeigen die verschiedenen Lebensräume, in denen man die einzelnen Gruppen oder Untergruppen finden kann. Die Symbole sind in dieser Reihenfolge abgebildet und nicht nach ihrem Stellenwert. Auf den Seiten 26 bis 31 werden die typischen Merkmale der unterschiedlichen Lebensräume beschrieben.

- Tropischer Regenwald
- Monsunwald
- Laubwald in gemäßigten Zonen
- Nadelwald
- Moore und Heide
- Offene Landschaften wie Savanne, Grasland, Steppen- und Buschlandschaften, Felder
- Wüste oder Halbwüste
- Gebirge und Hochland
- Tundra
- Polarregionen
- Meere
- Korallenriffe
- Mangrovensümpfe
- Küstengebiete wie Sand- oder Felsstrände, Dünen, Gezeitentümpel und/oder Küstengewässer
- Flüsse und Bäche einschließlich ihrer Ufer
- Feuchtgebiete wie Sümpfe, Torfmoore, Marschland, Schwemmebenen oder Mündungsgebiete
- Seen, Teiche und Tümpel
- Urbane Lebensräume wie Parks, Gärten oder Gebäude

Kolumnentitel
Hier steht die Bezeichnung der jeweiligen Säugetiergruppe und Untergruppe

Hinweise zur Systematik
In einem farbigen Kästchen ist angegeben, in welche Klasse, Ordnung, Familie, Gattung und Art der zoologischen Systematik das beschriebene Säugetier einzuordnen ist.

Zahlreiche Fotografien
Bilder der besten Wildtierfotografen zeigen die Verhaltensweisen und Lebensräume der verschiedenen Arten.

Detailzeichnungen
Querschnitte und andere Detailzeichnungen veranschaulichen die Informationen über die im Verlauf der Evolution erfolgten Anpassungen oder Veränderungen der Anatomie.

● 114 FLEISCHFRESSER ROBBEN UND SEELÖWEN

ROBBEN UND SEELÖWEN

KLASSE	Mammalia
ORDNUNG	Carnivora
FAMILIEN	3
GATTUNGEN	21
ARTEN	36

Mit dem beweglichen, torpedoförmigen Körper, den zu Flossen umgebildeten Gliedmaßen und den isolierenden Schichten aus Blubber und Fell sind Robben, Seelöwen und Walrosse bestens an das Leben im Wasser angepasst. Nur zur Paarung und Aufzucht der Jungen kommen sie an Land. Früher galten diese Meeressäuger als eigene Ordnung, Flossenfüßer, doch jetzt rechnet man sie zu den Fleischfressern. Die meisten fressen Fische, Tintenfische und Krustentiere, einige auch Pinguine und Aas, manche greifen die Jungen anderer Robbenarten an. Sie tauchen bei der Beutesuche sehr tief, der Seeelefant kann am Stück bis zu 2 Stunden unter Wasser bleiben.

Im kalten Wasser Mönchsrobben findet man in wärmeren Gewässern, doch die meisten Robben, Seelöwen und Walrosse leben in den kälteren, nahrungsreichen Meeren der Polar- und gemäßigten Zonen. Fossilien zeigen, dass alle drei Familien aus dem nördlichen Pazifik stammen. Heute gibt es sie am häufigsten im Nordpazifik, Nordatlantik und in südlichen Meeren.

Gemeinschaftsleben Die meisten Flossenfüßer leben als gesellige Tiere in großen Kolonien. Walrossherden bestehen oft aus Tausenden von Tieren und sind gleich- oder gemischtgeschlechtlich. Körper- und Stoßzahngröße bestimmen den Rang.

DREI GRUPPEN
Die Flossenfüßer gliedern sich in 3 Familien. Phocidae oder Hundsrobben schwimmen vorwiegend mit Schlägen der Hinterfüße, die sich beim Laufen nicht nach vorn biegen können, sodass sie sich an Land sehr plump bewegen. Sie hören, vor allem unter Wasser, gut, besitzen aber keine Ohrmuscheln.

Die Familie Otariidae umfasst Seelöwen und Seebären. Diese »Ohrenrobben« besitzen kleine Ohrmuscheln. Sie schwimmen vor allem mit den Vorderflossen. An Land können sie die Hinterflossen biegen, sodass sie auf »allen vieren« laufen und halb aufrecht sitzen.

Zur Familie Odobenidae gehört nur das Walross, das man leicht an den langen, bei beiden Geschlechtern zu Stoßzähnen umgebildeten Eckzähnen erkennt. Wie Hundsrobben schwimmen Walrosse mit den Hinterfüßen und haben keine Ohrmuscheln. Wie Ohrenrobben biegen sie die Hinterflossen nach vorn.

Deckhaar
Unterwolle
Blubber
Talgdrüse

Isolierende Schichten Flossenfüßer besitzen eine dicke Schicht Blubber, die Wärme, Auftrieb und Fettvorräte bietet. Bis auf das Walross haben alle einen fellbedeckten Körper, wobei die dichte Unterwolle eine wasserabweisende Schicht bildet.

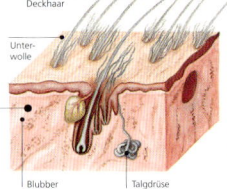

SORGE FÜR DIE JUNGEN
Alle Flossenfüßer werfen und paaren sich an Land oder auf dem Eis. Die Paarung findet wenige Tage nach der Geburt des meist einzigen Jungen statt, das befruchtete Ei nistet sich erst Monate später in der Gebärmutter ein. So geschehen Geburt, Säugen und Paarung in einer Saison, sodass die Tiere nur einmal im Jahr an Land leben, wo sie am gefährdetsten sind. Die Jungen sind unterschiedlich lang unselbstständig: Sattelrobben (rechts) säugen ihre Jungen nur etwa 12 Tage, Walrosse bleiben 2 Jahre bei der Mutter.

⚑ SCHUTZSTATUS
Die Robbenjagd, die im 16. Jahrhundert begann, hatte verheerende Auswirkungen auf den Bestand der Tiere. Von den 36 Arten stehen 36 % auf der Roten Liste der IUCN, unter folgenden Gefährdungsgraden:

- 2 Ausgestorben
- 1 Vom Aussterben bedroht
- 2 Stark gefährdet
- 7 Gefährdet
- 1 Weniger gefährdet

Wissenswertes
In farbig unterlegten Kästchen werden besonders interessante oder charakteristische Merkmale des Verhaltens oder der Biologie einer Tierart vorgestellt und mit Fotos oder Zeichnungen veranschaulicht.

Schutzstatus
Hier finden sich erklärende Angaben über den Schutzstatus der beschriebenen Tierart oder -gruppe gemäß der Roten Liste der IUCN. Zudem informieren diese Kästchen über die Ursachen der bestehenden Gefährdung.

ANGABEN ÜBER GEFÄHRDUNGSGRAD UND BESTAND

Gefährdungsgrade gemäß der Roten Liste der IUCN (International Union for the Conservation of Nature and Natural Resources; deutsch: Weltnaturschutzunion):

✝ Bedeutet, dass eine Art in folgende Kategorien eingeordnet wird:
Ausgestorben (IUCN) Das letzte Exemplar einer bestimmten Art ist ausgestorben.
In freier Wildbahn ausgestorben (IUCN) Hat nur in Gefangenschaft überlebt oder als Gefangenschaftsflüchtling außerhalb des natürlichen Verbreitungsgebiets.

⚡ Bedeutet, dass eine Art in folgende Kategorien eingeordnet wird:
Vom Aussterben bedroht (IUCN) Große Gefahr des Aussterbens in unmittelbarer Zukunft.
Stark gefährdet (IUCN) Große Gefahr des Aussterbens in absehbarer Zeit.

Auch folgende Kategorien werden benutzt:
Gefährdet (IUCN) Mittelfristig große Gefahr des Aussterbens.
Potenziell gefährdet (IUCN) In naher Zukunft wahrscheinlich in eine der oberen Kategorien einzuordnen.
Von Schutzmaßnahmen abhängig (IUCN) Um eine Gefährdung abzuwenden, bedarf es art- und habitatspezifischer Schutzmaßnahmen, um die Einstufung in eine der oberen Kategorien zu verhindern.

Daten ungenügend (IUCN) Die verfügbaren Informationen reichen nicht aus, um den Gefährdungsgrad zu bestimmen.
Unbekannt Der Bestand ist nicht bekannt oder zu wenig erforscht.
Häufig Häufig und zahlreich.
Lokal häufig Große Bestände innerhalb eines bestimmten Gebietes.
Bedingt häufig In bestimmten Gebieten in geringen Beständen weit verbreitet.
Selten Äußerst geringe Bestände in eng begrenzten Lebensräumen.

ROBBEN UND SEELÖWEN **FLEISCHFRESSER** 115

Neuseelandseebär
Arctocephalus forsteri

Männchen bis 2,2 m lang, Weibchen bis 1,7 m

Männchen können bis zu 3-mal so groß sein wie Weibchen

Mähnenrobbe
Otaria byronia

Typische Mähne beim Männchen

Südafrikanischer Seebär
Arctocephalus pusillus

Männchen bis 2,1 m lang, Weibchen bis 1,5 m

Nördlicher Seebär
Callorhinus ursinus

Der massive Hals des Männchens trägt eine Mähne

Männchen bis 2,5 m lang, Weibchen bis 1,8 m

Kalifornischer Seelöwe
Zalophus californianus

Kurze Stoppeln auf schwarzen Flossen

Größte der Ohrenrobben

Stellerscher Seelöwe
Eumetopias jubatus

AUF EINEN BLICK

Neuseelandseebär Im späten Frühjahr suchen sich Männchen ein Revier an Felsenküsten, wo sich ihnen Weibchen anschließen. Nach der Geburt der Jungen suchen die Weibchen im Meer Nahrung, die Männchen bleiben an Land bis zum Ende der Paarungszeit.

🐾 Männchen bis 360 kg, Weibchen bis 110 kg
🐾 Harem
⚡ Häufig

SW-Australien bis Neuseeland

Nördlicher Seebär Er zieht im Winter nach Süden und kehrt im Frühjahr zur Paarung zurück. Einige Tiere legen jährlich mehr als 10 000 km zurück.

🐾 Männchen bis 275 kg, Weibchen bis 50 kg
🐾 Harem
⚡ Gefährdet

Nordpazifik, Beringmeer

Kalifornischer Seelöwe Die am häufigsten dressierte Robbenart ist gesellig und laut. Sie hält sich in Küstennähe auf und zieht sich häufig an Land, auf Molen oder Piere zurück.

🐾 Männchen bis 400 kg, Weibchen bis 120 kg
🐾 Harem
⚡ Häufig, an Zahl zunehmend

Küsten des westlichen Nordamerika

KAMPF UM DAS REVIER

Ohrenrobben sammeln sich während der Paarungszeit in großer Zahl. Männchen verteidigen ihren Streifen Küste und ihren Harem gegen andere Männchen – zuerst durch Drohgebärden und Bellen, dann auch mittels Kampf.

Auf einen Blick
Hier werden einige der abgebildeten Arten genauer vorgestellt. Dazu gehören Informationen über Körpergröße, Aussehen, Lebensraum, Fortpflanzung, Wanderbewegungen oder Verhaltensweisen.

Spezifische Verbreitungskarten
In den Karten sind die Verbreitungsgebiete der Art oder Gruppe je nach Bedarf auf einer Weltkarte oder einem Kartenausschnitt eingezeichnet.

Symbole zum Lebensraum
Die Symbole weisen auf die verschiedenen Lebensräume hin, z. B. Polarregionen oder Regenwald. Erläutert sind die Symbole auf der gegenüberliegenden Seite.

Besonderheiten
Abbildungen und Text informieren über besonders interessante Verhaltensweisen oder typische Merkmale einer bestimmten Art.

SYMBOLE

Folgende Symbole weisen auf spezifische Angaben über die jeweilige Art hin. Bei Maßen und Gewichten ist stets der Maximalwert angeführt.

Körperlänge
🐾 Kopf und Rumpf

Körperhöhe
🐾 Schulterhöhe

Schwanz
🐾 Schwanzlänge

Gewicht
🐾 Körpergewicht

Sozialstruktur
🐾 Einzelgänger
🐾 Paarweise
🐾 Kleine bis große Gruppen
🐾 Variabel

EIN JAHR EISBÄRENLEBEN

Grad der Bedrohung
Ein rotes Kreuz über dem Namen kennzeichnet die Art als ausgestorben oder in freier Wildbahn ausgestorben. Ein roter Blitz weist auf Angaben zum Gefährdungsgrad und Bestand hin.

Namen
Der gängige deutsche Name sowie die wissenschaftliche Bezeichnung des abgebildeten Säugetieres.

Bildlegende
Die Texte neben den Abbildungen weisen auf typische Merkmale der Art hin, wie z. B. Farbvarianten, Verhalten, Lebensraum, Größe und anatomische Besonderheiten.

Säugetieralltag
Fotografien, Zeichnungen und informative Texte bieten einen interessanten Einblick in die Lebens- und Verhaltensweisen.

EINFÜHRUNG

SÄUGETIERE

KLASSE Mammalia	
ORDNUNGEN 26	
FAMILIEN 137	
GATTUNGEN 1.142	
ARTEN 4.785	

Die Vielfalt der Klasse Mammalia reicht von winzigen Feldmäusen, die kaum größer sind als ein Fingerhut, bis zum riesigen Blauwal, der 1750-mal mehr wiegt als ein Mensch. Dank ihrer Intelligenz und Anpassungsfähigkeit leben Säugetiere auf allen Kontinenten und bevölkern beinahe jeden Lebensraum über und unter der Erde, in Salz- und Süßwasser, auf Bäumen und in der Luft. Säugetiere besitzen viele gemeinsame Merkmale, aber ein Schlüsselmerkmal ist der aus einem Knochen aufgebaute Unterkiefer, der direkt am Schädel befestigt ist. Alle Säugetiere sind Warmblüter und nähren ihre Jungen mit Milch, die in Milchdrüsen produziert wird.

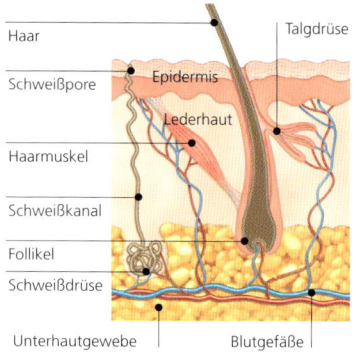

In der Haut Die Haut der Säugetiere besteht aus der Epidermis, die den Körper vor Krankheitserregern schützt, und der darunterliegenden Lederhaut, die von Nervenenden, Drüsen und Blutgefäßen durchzogen ist. Haarmuskeln regulieren die isolierende Luftschicht.

ALLGEMEINE MERKMALE

Eine der entscheidenden Voraussetzungen für die Ausbreitung der Säugetiere war die Warmblütigkeit. Die Fähigkeit, ihre Körpertemperatur durch Veränderungen der Stoffwechselrate oder des Blutstromes sowie durch Zittern und Schwitzen zu regeln, hat es diesen Tieren ermöglicht, selbst bei extremen Temperaturen aktiv zu bleiben und unterschiedlichste Lebensräume zu besiedeln. Als weiteres gemeinsames Merkmal besitzen Säugetiere ein isolierendes Fell, auch wenn es, wie beim Nacktmull, kaum zu sehen ist. Alle Säugetiere besitzen drei Mittelohrknochen und die meisten fangen den Schall in Ohrmuscheln auf.

Weibliche Säugetiere verfügen über Milchdrüsen und in der Haut aller Säugetiere befinden sich verschiedene Drüsen, z. B. Talgdrüsen, die eine ölige Substanz produzieren, die das Fell schützt und wasserundurchlässig macht. Schweißdrüsen ermöglichen eine Abkühlung durch Schwitzen und Verdunstung. Komplexe Geruchsstoffe aus Duftdrüsen übermitteln umfangreiche Informationen. Das Gehirn von Säugetieren ist groß (im Verhältnis zur Körpergröße) und kompliziert aufgebaut. Der Geruchssinn ist wichtig für die Kommunikation. Farbensehen und räumliches Sehen, das die Abschätzung von Distanzen ermöglicht, sind bei verschiedenen Gruppen unabhängig voneinander entstanden.

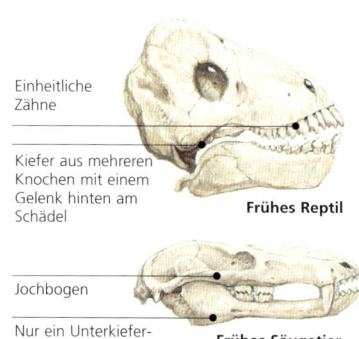

Frühes Reptil

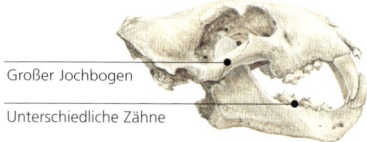

Frühes Säugetier

Heutiges Säugetier

Kiefer und Zähne Säugetiere sind die einzigen Wirbeltiere, die ihre Nahrung kauen. Von ihren Vorfahren, den Reptilien, unterscheiden sie sich durch einen einzigen Kieferknochen, starke Kiefermuskel am Jochbogen und ein komplexes Gebiss.

Fell und Schnurrhaare Beinahe alle Säugetiere, vom bodenbewohnenden Streifentanrek auf Madagaskar (unten) bis zu den Seeottern (rechts), besitzen ein isolierendes Fell und viele verfügen über berührungsempfindliche Schnurrhaare, so genannte Vibrissae, die wichtige Informationen über die Umgebung liefern.

DIE EVOLUTION DER SÄUGETIERE

Die ersten Säugetiere entwickelten sich vermutlich aus den so genannten Synapsiden, säugetierähnlichen Reptilien, die vor über 300 Millionen Jahren die Landgebiete der Erde beherrschten. Diese Lebewesen bewegten sich zwar wie Reptilien und wiesen auch einen ähnlichen Körperbau auf, aber gewisse Merkmale fossiler Schädelfunde deuten darauf hin, dass sie die Vorfahren der Säugetiere waren. Säugetiere traten erstmals im Trias auf, vor 248 bis 206 Millionen Jahren, etwa zur selben Zeit wie die ersten Dinosaurier. Die ältesten Fossilien von Säugetieren stammen von kleinen, nachtaktiven Insektenfressern, die den heutigen Spitzmäusen ähnelten und vor beinahe 200 Millionen Jahren die Erde bevölkerten. Diese Kreaturen sind charakteristisch für die meisten Säugetiere, die zur Zeit der Dinosaurier lebten, aber es gab auch größere, fleischfressende Arten, die bis zu 14 kg wogen und vor 120 Millionen Jahren existierten. Bis zum Aussterben der Dinosaurier am Ende der Kreidezeit vor 65 Millionen Jahren blieben die Säugetiere jedoch verhältnismäßig klein und unscheinbar.

AUFSTIEG DER SÄUGETIERE

Mit dem Massensterben der Saurier starben auch viele Säugetierarten aus, aber einige dieser spitzmausähnlichen Wesen überlebten. Ohne die Konkurrenz der Dinosaurier vermehrten sich diese kleinen Säugetiere rasch und bevölkerten den ganzen Planeten. Nach der kreidezeitlichen Katastrophe entwickelten sich innerhalb von etwa fünf Millionen Jahren zahlreiche neue Arten, darunter die ersten beutejagenden Säuger (Creodonten), verschiedene Gruppen großer Pflanzenfresser sowie eine kleine Gruppe primitiver Primaten (Plesiadapiden), die sich von Pflanzen ernährten und Nischen bevölkerten, die später von Nagetieren eingenommen wurden. Etwa 15 Millionen Jahre nach dem kreidezeitlichen Massensterben entstanden die ersten wirklichen Fleischfresser und auch der erste Vertreter der Pferdefamilie mit dem Namen *Hyracotherium*. Zu dieser Zeit traten auch die ersten Wale und andere später erfolgreiche Gruppen auf, wie z. B. Fledermäuse, Nagetiere, Elefanten und Lemuren.

Klimatische Veränderungen führten vor ungefähr 40 Millionen Jahren zur Ausrottung eines Drittels aller damals lebenden Säugetierfamilien. Die darauffolgende lange Periode mit günstigen klimatischen Bedingungen im Miozän (vor 24 bis 5 Millionen Jahren) führte zu einer Blütezeit der Säugetiere. Damals existierten mehr Arten als jemals zuvor oder danach, wozu auch die signifikante Ausbreitung der Gräser beitrug, die den grasenden Herden als Nahrung dienten.

Älteste Vorfahren *Cynognathus* war ein Vertreter der Cynodonten aus der Gruppe der Synapsiden oder säugetierähnlichen Reptilien. Dieser wolfsgroße Fleischfresser, der vor etwa 240 Millionen Jahren lebte, hatte kräftige Kiefer, ein hundeähnliches Gebiss und war vermutlich ein Warmblüter.

Riesenhaft und bizarr Das pflanzen-
fressende *Uintatherium* (oben) war ein
seltsam anmutendes Lebewesen mit dem
Körper eines Nashorn. Allerdings war es
weitaus größer und aus seinem Kopf
ragten drei Paar knöcherne Auswüchse,
die aussahen wie verkümmerte Hörner.

Das größte Säugetier *Indricotherium*
(unten) war möglicherweise das größte
Landsäugetier, das je gelebt hat. Der
Nashorn-Verwandte erreichte eine
Körperhöhe von 5,5 Metern und ein
Gewicht von 20 Tonnen, fast das Vierfache
eines Elefanten.

SYSTEMATIK

Die meisten Säugetiere tragen Trivialnamen, die von Sprache zu Sprache, von Land zu Land und oft auch innerhalb eines Landes unterschiedlich sind. Um Unklarheiten zu vermeiden, verwenden die Wissenschaftler deshalb zur Bestimmung und Einteilung der Säugetiere und auch aller anderen Organismen (Pflanzen, Tiere, Pilze, Mikroben) lateinische und griechische Bezeichnungen. Diese sind allgemeingültig und müssen nicht in die verschiedenen Sprachen übersetzt werden. Auf diese Weise wird die wissenschaftliche Bezeichnung unmittelbar mit ein und derselben Gruppe von Organismen assoziiert. Die grundlegende Kategorie ist die Spezies oder Art, zu der alle Individuen zählen, die eine natürliche Fortpflanzungsgemeinschaft bilden (= Biospezies). Zur Zeit existieren beinahe 5.000 bekannte Säugetierarten.

Enge Verwandtschaft Seit Jahrhunderten haben Wissenschaftler auf die Ähnlichkeiten im Körperbau und Verhalten von Menschen und Schimpansen hingewiesen. In jüngster Vergangenheit ist es gelungen, die DNA der beiden Arten zu vergleichen und festzustellen, dass mehr als 98 Prozent der genetischen Information identisch sind, was die enge Verwandschaft bestätigt.

Systematik nach Linné Jede Gruppe dieses Systems aus Kategorien umfasst Lebewesen mit immer ähnlicheren Merkmalen. Der Rotluchs zählt beispielsweise zum Reich Animalia, Stamm Chordata (Tiere mit Zentralnervensystem), Klasse Mammalia und so weiter bis hinunter zur Art.

REICH
Animalia
Luchs, Libelle, Seepferdchen, Papagei, Krokodil

STAMM
Chordata
Luchs, Hai, Salamander, Dinosaurier, Albatros

KLASSE
Mammalia
Luchs, Känguru, Hauskatze, Mensch, Delfin, Wollmammut

ORDNUNG
Carnivora
Luchs, Seehund, Wolf, Hund, Bär

FAMILIE
Felidae
Luchs, Hauskatze, Löwe, Leopard, Jaguar

GATTUNG
Lynx
Rotluchs, Eurasischer Luchs, Kanadischer Luchs, Pardelluchs

ART
Lynx rufus
Rotluchs

HAUPTGRUPPEN

Die Wissenschaftler unterteilen die Klasse Mammalia in zwei große Gruppen: die einzigartigen, Eier legenden Prototheria, zu denen nur die Ameisenigel Australiens und Neuguineas sowie das australische Schnabeltier gehören, und die Gruppe der so genannten Theria, die alle anderen Säugetiere einschließt und sich wiederum in zwei Untergruppen aufspaltet. Die Metatheria umfassen die Beuteltiere, deren Junge in einem Frühstadium zur Welt kommen und ihre Entwicklung in einem Beutel am Bauch der Mutter fortsetzen. Die übrigen Säugetiere gehören zur Gruppe der Eutheria, deren Nachwuchs sich bis zu einem relativ fortgeschrittenen Stadium im Körper der Mutter entwickelt.

Die heute lebenden Säugetiere repräsentieren nur einen Bruchteil aller Gattungen, Familien und Arten, die seit dem ersten Auftreten dieser Tierklasse unseren Planeten bevölkert haben. Fossilienfunde zeigen, dass im Verlauf der vergangenen 200 Millionen Jahre Tausende Säugetierarten entstanden und wieder ausgestorben sind, während viele fossile Säugetiere zu denselben Ordnungen und Familien gehören wie ihre gegenwärtigen Vertreter.

Ein Einzelgänger Gelegentlich weist eine Art derart einzigartige Merkmale auf, dass sie zu einer eigenen Gattung erhoben wird. Die Gattung *Vulpes* besteht aus mehreren Fuchsarten, wie dem allgemein bekannten Rotfuchs *Vulpes vulpes*, der Polarfuchs unterscheidet sich jedoch so sehr von allen übrigen Füchsen, dass er als *Alopex lagopus* eine eigene Gattung bildet.

SÄUGETIERE

Die 26 Säugetierordnungen werden aufgrund ihrer Fortpflanzungsorgane in drei Haupt-gruppen unterteilt. Die primitiven, Eier legenden Säugetiere bilden die Ordnung der Monotremata. Die Beuteltiere, die ihre Jungen in einem sehr frühen Stadium zur Welt bringen, bilden mit sieben Ordnungen die zweite Gruppe. Die übrigen 18 Ordnungen werden zu den plazentalen oder höheren Säugetieren gezählt. In jüngster Vergangenheit haben DNA-Analysen ergeben, dass Wale und Paarhufer enger miteinander verwandt sind als mit irgendeiner anderen Gruppe. Die höheren Säugetiere haben sich vermutlich in drei Hauptwellen ausgebreitet: in Afrika, Südamerika und auf der Nordhalbkugel.

Klasse Mammalia – Säugetiere

EIER LEGENDE SÄUGETIERE
Ordnung Monotremata
Kloakentiere

BEUTELTIERE
Ordnung Didelphimorphia
Beutelratten

Ordnung Paucituberculata
Opossummäuse

Ordnung Microbiotheria
Chiloé-Beutelratte

Ordnung Monotremata, Seite 38

Ordnung Dasyuromorphia
Raubbeutler

Ordnung Peramelemorphia
Nasenbeutler

Ordnung Notoryctemorphia
Beutelmulle

Ordnung Diprotodontia
Kängurus, Koalas, Wombats, Kletterbeutler und andere Gleitbeutler

HÖHERE SÄUGETIERE (PLAZENTALE SÄUGETIERE)
Ordnung Xenarthra
Nebengelenktiere

Ordnung Pholidota
Schuppentiere

Ordnung Insectivora
Insektenfresser

Ordnung Dermoptera
Riesengleiter

Ordnung Scandentia
Spitzhörnchen

Ordnung Chiroptera
Fledermäuse

Ordnung Primates
Primaten

Unterordnung Strepsirhini
Halbaffen

Unterordnung Haplorhini
Affen und Menschenaffen

Ordnung Carnivora
Fleischfresser

Familie Canidae – Hunde
Hunde, Füchse, Wölfe, Schakale

Familie Ursidae – Großbären
Bären und Pandas

Familie Mustelidae
Marder

ROBBEN UND SEELÖWEN
Familie Phocidae
Seehunde

Familie Otariidae
Seelöwen und Ohrenrobben

Familie Odobenidae
Walrosse

Familie Procyonidae
Kleinbären

Familie Ursidae, Seite 102

Familie Hyaenidae
Hyänen und Erdwolf

Familie Viverridae
Schleich-, Ginsterkatzen, Linsangs

Familie Herpestidae
Mangusten

Familie Felidae
Katzen

Ordnung Proboscidea
Elefanten

Ordnung Sirenia
Seekühe

Familie Trichechidae
Manatis

Familie Dugongidae
Dugongs

Ordnung Perissodactyla
Unpaarhufer

Familie Equidae
Pferde, Zebras und Esel

Familie Tapiridae
Tapire

Familie Rhinocerotidae
Nashörner

Ordnung Hyracoidea
Schliefer

Ordnung Tubulidentata
Erdferkel

Ordnung Artiodactyla
Paarhufer

Familie Bovidae
Rinder, Antilopen und Schafe

Familie Cervidae
Hirsche

Familie Tragulidae
Hirschferkel

Familie Moschidae
Moschustiere

Familie Antilocapridae
Gabelböcke

Familie Giraffidae
Giraffe und Okapi

Familie Camelidae
Kamele und Lamas

Familie Suidae
Schweine

Familie Tayassuidae
Nabelschweine / Pekaris

Familie Cervidae, Seite 162

Familie Hippopotamidae
Flusspferde

Ordnung Cetacea
Wale

Unterordnung Odontoceti
Zahnwale

Unterordnung Mysticeti
Bartenwale

Ordnung Rodentia
Nagetiere

Unterordnung Sciurognathi
Hörnchenverwandte, Mäuseverwandte und Gundis

Unterordnung Hystricognathi
Meerschweinchenverwandte

Ordnung Lagomorpha
Hasenartige

Ordnung Macroscelidea
Rüsselspringer

BIOLOGIE UND VERHALTEN

Die Biologie und das Verhalten der Säugetiere werden von ihrem natürlichen Lebensraum sowie von physiologischen und evolutionären Zwängen, wie dem Drang zur Fortpflanzung oder Nahrungsaufnahme, bestimmt. Ihre Körpertemperatur muss dabei stets konstant gehalten werden und deshalb müssen Säugetiere entweder sehr energiereiche oder aber enorm viel Nahrung zu sich nehmen. Im Verlauf der Evolution führte der Konflikt zwischen Jäger und Beute zu vielen unterschiedlichen Anpassungsformen. Kieferknochen und Muskelstruktur ermöglichen einen kräftigen Biss und das Kauen und Zerreißen von Nahrung. Die Zähne sind hochspezialisiert und zeugen von der Ernährung der jeweiligen Art. Die Backenzähne von Raubtieren sind scharf, um Fleisch und Knochen zu zerkleinern, während Pflanzenfresser über breite Mahlzähne und Allesfresser über ein multifunktionales Gebiss verfügen.

ANPASSUNGSFÄHIG UND SOZIAL

Die Anpassungsfähigkeit der Säugetiere spiegelt sich in der Vielfalt ihrer sozialen Organisationen wider. Erwachsene Säugetiere leben sowohl als Einzelgänger als auch in Paaren, kleinen Familiengruppen, Herden oder Kolonien. Manche dieser Verbände sind flexibel und bestehen nur für eine gewisse Zeit, während andere Arten ihr ganzes Leben in Gruppen verbringen. Das Säugen der Jungen führt bei allen Säugetieren zur Entwicklung sozialer Bindungen, die aber bei manchen Arten eher rudimentär ausgeprägt sind: Spitzhörnchen besuchen ihren Nachwuchs nur alle paar Tage und viele Nagetiere werden schon nach wenigen Wochen entwöhnt.

Schnell gelernt Zebrafohlen können zehn Minuten nach ihrer Geburt stehen und bald darauf gehen, um sich der Herde anzuschließen, die den besten Schutz vor Raubtieren bietet. Zebraherden bewegen sich innerhalb ihres Territoriums und bestehen aus einem Hengst und mehreren Stuten. Bis zur Entwöhnung bleiben die Fohlen elf Monate lang in der Nähe ihrer Mütter.

Herden als Strategie Die meisten Fleisch fressenden Säugetiere, wie die Löwen und andere Großkatzen der afrikanischen Savanne, sind schnelle Läufer, haben gewaltige, scharfe Zähne, die darauf ausgerichtet sind, Fleisch zu zerreißen, und haben blitzschnelle Reflexe. Große, Gras fressende Säugetiere bilden deshalb Herden, denn viele Augen und Ohren erkennen die Gefahr früher und die Wahrscheinlichkeit, dass eines der Individuen den Raubtieren zum Opfer fällt, verringert sich dadurch. Auch andere Aufgaben, wie das Aufspüren, Jagen oder Sammeln von Futter, werden in Gruppen bedeutend einfacher.

Mutterinstinkt Säugetiere werden mit einem Sauginstinkt geboren und sind ohne elterliche Fürsorge nicht lebensfähig. Bei 95 Prozent aller Säugetierarten werden die Jungen von der Mutter großgezogen. Der Zeitraum bis zur Entwöhnung liegt je nach Art zwischen einigen Tagen und mehreren Jahren. Die Muttermilch versorgt die Jungen mit allen Nährstoffen, die sie benötigen, bis sie so weit entwickelt sind, dass sie selbst fressen können.

Nimmersatt Aufgrund ihres schnellen Stoffwechsels muss die Waldspitzmaus alle paar Stunden Nahrung zu sich nehmen und frisst dabei täglich bis zu 90 Prozent ihres eigenen Körpergewichts. Sie bewohnt oft einen Bau, der von einem Tier einer anderen Art aufgegeben wurde.

KÖRPERGRÖSSE

Die Schwerkraft bestimmt die Obergrenze für das Körperausmaß, weshalb der Blauwal als größtes Säugetier aller Zeiten im Wasser lebt, das seine gewaltige Masse trägt. Verglichen mit den großen Säugern haben kleinere Arten ein geringeres Volumen im Verhältnis zur Körperoberfläche, sodass sie rascher abkühlen. Säugetiere in kälteren Klimazonen sind daher oft größer als ihre tropischen Verwandten, und polare Arten wie Seehunde oder Moschusochsen haben gewöhnlich kleine Extremitäten, um das Verhältnis zwischen Volumen und Oberfläche zu optimieren.

LERNFÄHIGKEIT

Alle Säugetiere verfügen über angeborene Fähigkeiten, Verhaltensweisen und Anpassungsmuster, die man allgemein als »Instinkte« bezeichnet, viele Arten zeigen aber auch bemerkenswerte Lernfähigkeiten. Diejenigen, die innerhalb genau definierter sozialer Strukturen leben, lernen meist durch die Methode von »Versuch und Irrtum«. Das spielerische Element bestimmt die Entwicklung der meisten Säugetierarten und das Spielverhalten verschiedener Primaten- und Raubtierjungen ist weithin bekannt. Diese spezielle Form sozialen Lernens zeigt sich jedoch in den unterschiedlichsten Ausprägungen auch bei den meisten anderen Säugetieren, von großen Pflanzenfressern wie den Elefanten bis zu den winzigen Beutelmäusen.

Bei manchen Populationen wie Primaten, Walen und Elefanten werden erlernte Fähigkeiten durch Nachahmung von einem Individuum auf ein anderes und so auch auf die folgende Generation übertragen. Einige Arten besitzen sogar die Fähigkeit, Werkzeuge zu gebrauchen: Schimpansen nutzen Stöcke, um Termiten aus ihren Bauten zu angeln; Seeotter verwenden Steine, um die harten Schalen von Weichtieren aufzubrechen.

FORTPFLANZUNG

Männliche Säugetiere demonstrieren ihre Kraft und Fortpflanzungsfähigkeit oft dadurch, dass sie gegeneinander kämpfen, weshalb sie meist auch größer sind als die Weibchen. Dies hat zur Entwicklung von Waffen wie Hörnern oder Geweihen bei Antilopen und Hirschen geführt. Beschwichtigende Gesten werden eingesetzt, um aggressive Begegnungen zu vermeiden oder abzuschwächen, damit die Kontrahenten nicht im Kampf getötet oder verkrüppelt werden. Wenn ein Territorium ernsthaft bedroht wird, können jedoch gefährliche Konflikte entstehen.

Ernsthafte Zusammenstöße Kämpfe zwischen männlichen Flusspferden enden manchmal tödlich. Gewöhnlich gibt sich ein Rivale aber geschlagen, bevor es zu tödlichen Verletzungen kommt, und zieht sich auf einen anderen Flussabschnitt zurück.

Die Bedeutung des Spieles Viele junge Primaten und Raubtiere lernen spielerisch die notwendigen Überlebensfähigkeiten. Das gibt ihnen die Möglichkeit, wiederholt Fehler zu machen und daraus allmählich zu lernen, auf bestmöglichem Wege bestimmte Verhaltensweisen auszuführen.

Schmerzloser Sieg Treffen zwei dominante männliche Grauwölfe aufeinander, dann signalisiert der Unterlegene, noch ehe es beim Kampf zu ernsthaften Verletzungen kommt, seine Unterwerfung, indem er sich auf den Rücken legt.

Geschlechtsdimorphismus Bei vielen Säugetierarten sehen männliche und weibliche Individuen unterschiedlich aus. Weibliche Hirschziegenantilopen sind hornlos sowie weiß-braun gefärbt, während die dominanten Männchen schwarz-weiß sind und lange, spiralförmige Hörner tragen.

PAARUNGSVERHALTEN

Das Sexualverhalten der Säugetiere reicht von der kurzen, frenetischen Paarungsweise des Australischen Nasenbeutlers bis zum äußerst stilvollen Paarungsritual der Kobantilopen Ugandas. Das Paarungsverhalten dieser beiden Arten ist promiskuitiv, das heißt Weibchen und Männchen paaren sich mit mehreren Partnern. Einige Arten, wie die kleinen waldbewohnenden Antilopen, bilden jedoch Pärchen, die ein Leben lang zusammen bleiben. Bei vielen nicht promiskuitiven Säugetierarten trennen sich Männchen und Weibchen

zur Paarungszeit von der übrigen Gruppe. Bei einigen Säugetieren wird das Weibchen durch die Nähe des Männchens erregt und erst dann kann dieses den Versuch wagen, sich mit ihr zu paaren. Der weibliche Fortpflanzungstrieb wird von Pheromonen (Sexualduftstoffe) im männlichen Urin angeregt. Das Männchen braucht ein gutes Urteilsvermögen, denn ein Weibchen, das nicht bereit ist, wird alle Annäherungsversuche heftig abwehren. Bei einigen Arten locken die Weibchen mit speziellen Duftstoffen die Männchen von weit her an.

Einzeleltern Erwachsene männliche Jaguare sind einsame Jäger, die nur während der kurzen Paarungszeit bei den Weibchen bleiben und an den verschiedenen Paarungsritualen teilnehmen. Danach kümmern sich die Mütter alleine um den Nachwuchs von bis zu vier Jungen.

Flüchtige Bekanntschaften Giraffen zeigen ein wahlloses, promiskuitives Paarungsverhalten. Die Männchen suchen ständig nach Weibchen, deren Paarungsbereitschaft sie am Geruch des Urins erkennen können. Ausgewachsene Männchen paaren sich mit so vielen Weibchen wie möglich.

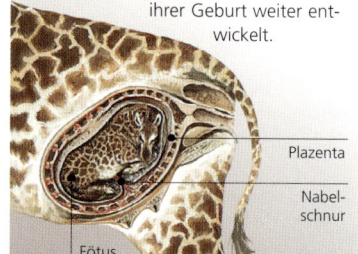

SÄUGETIER-FORTPFLANZUNG

Bei allen Säugetieren werden die Eizellen im Weibchen von Spermien der Männchen befruchtet. Kloakentiere legen Eier und brüten sie bis zum Schlüpfen der Jungen außerhalb des Körpers. Beutel- und Plazentatiere sind lebendgebärend. Junge Beuteltiere werden nach einer kurzen Tragezeit schlecht entwickelt geboren. Sie fassen eine Zitze und saugen Muttermilch. Plazentatiere wachsen längere Zeit in der Gebärmutter heran, nähren sich von der Plazenta und sind bei ihrer Geburt weiter entwickelt.

Plazenta

Nabelschnur

Fötus

Extreme Polygamie Südliche Seeelefanten weisen einen deutlichen Geschlechtsdimorphismus auf: Ausgewachsene Männchen können bis zu 4 Tonnen schwer sein, eine Körperlänge von bis zu 6 Metern erreichen und damit bis zu 2-mal so lang bzw. 6-mal so schwer werden wie die Weibchen. Diese Säugetierart lebt polygam, ein Männchen in einem Harem von bis zu 40 Weibchen. Die Paarungszeit reicht von September bis November, aber die großen Männchen kommen einen Monat früher als die Weibchen und kämpfen um die Vormachtstellung und das Recht auf einen Harem.

Gruppenvorteile Mandrills leben in Gruppen aus mehreren bis einigen Dutzend Individuen. Die Jungen lernen die richtige Nahrungsauswahl, indem sie ihre Mütter beobachten, und auf diese Weise entwickeln einzelne Gruppen auch spezielle Nahrungsvorlieben. Erwachsene Tiere bewahren die Jungen davor, ungenießbare oder giftige Nahrung zu fressen. Wie andere soziale Primaten bekräftigen Mandrills ihre sozialen Bindungen durch vielerlei Formen von Berührungen, z. B. das Lausen.

SINNESORGANE

Die meisten Säugetiere verfügen bis zu einem gewissen Grad über dieselben fünf Sinne, um ihre Umwelt wahrzunehmen, wie wir Menschen: Seh-, Geschmacks-, Geruchs-, Tastsinn und das Gehör. Auch die Sinnesorgane sind dieselben: Augen, Ohren, Zunge, Nase und Berührungsrezeptoren. Sie sind je nach Art unterschiedlich ausgeprägt und ihr Wahrnehmungsbereich übersteigt oft die Fähigkeiten menschlicher Sinnesorgane. Elefanten und Wale kommunizieren mittels Infraschall, der für Menschen unhörbar ist.

Einige Säugetierarten verlassen sich bei der Kommunikation nicht nur auf chemische und akkustische Signale, sondern setzen auch auf optische Signale wie bestimmte Gesten, Körperhaltungen oder andere spezielle Verhaltensweisen, um Botschaften zu übermitteln.

Auch die Echoortung ist ein bemerkenswertes Verhalten, für das es kein menschliches Äquivalent gibt. Fledermäuse und Zahnwale nutzen die Echoortung für Navigation und Beutefang. Ultraschalllaute dienen auch der innerartlichen Kommunikation. Manche Arten wie Spitzmäuse und Tanreks verwenden Echoortung, um sich im Dunkeln zurechtzufinden. Bei der Echoortung stoßen Delfine (»Klicken«) und Fledermäuse Ultraschall aus. Anhand der reflektierten Echos können Richtung und Entfernung sowie die Größe von Objekten bestimmt werden. Wenn sich diese bewegen (potenzielle Beute) ode nähern (Hindernisse), wird die Anzahl der Ortungslaute pro Zeiteinheit erhöht.

LEBENSRÄUME UND ANPASSUNGEN

Säugetiere haben die unterschiedlichsten Lebensräume besiedelt und ihren Körperbau, ihre Fortbewegungsart, ihre Nahrungszusammensetzung und ihr Sozialverhalten an die jeweiligen Bedingungen angepasst. Die Gliedmaßen und Sinnesorgane von Maulwürfen sind bestens geeignet, um sich durch die Dunkelheit zu graben, während Meeressäugetiere stromlinienförmige Körper haben und ihre Gliedmaßen zu Flossen geworden sind. Die meisten Arten besiedeln einen bestimmten Lebensraum, doch viele Säugetiere wandern im Verlauf des Jahres in andere Gebiete, um das dortige Nahrungsangebot zu nutzen.

Ursprüngliche Vegetation Diese Karte zeigt die Vegetation, wie sie ohne den Eingriff des Menschen wäre. Klima und Boden bestimmen den Pflanzenbewuchs und damit auch die Ausbreitung und Vielfalt des tierischen Lebens. Die Pflanzen und Tiere jeder Zone bilden eine ökologische Gemeinschaft, ein so genanntes Biom. Regen und Wärme begünstigten in den tropischen Regionen die Entstehung der größten Artenvielfalt der Erde.

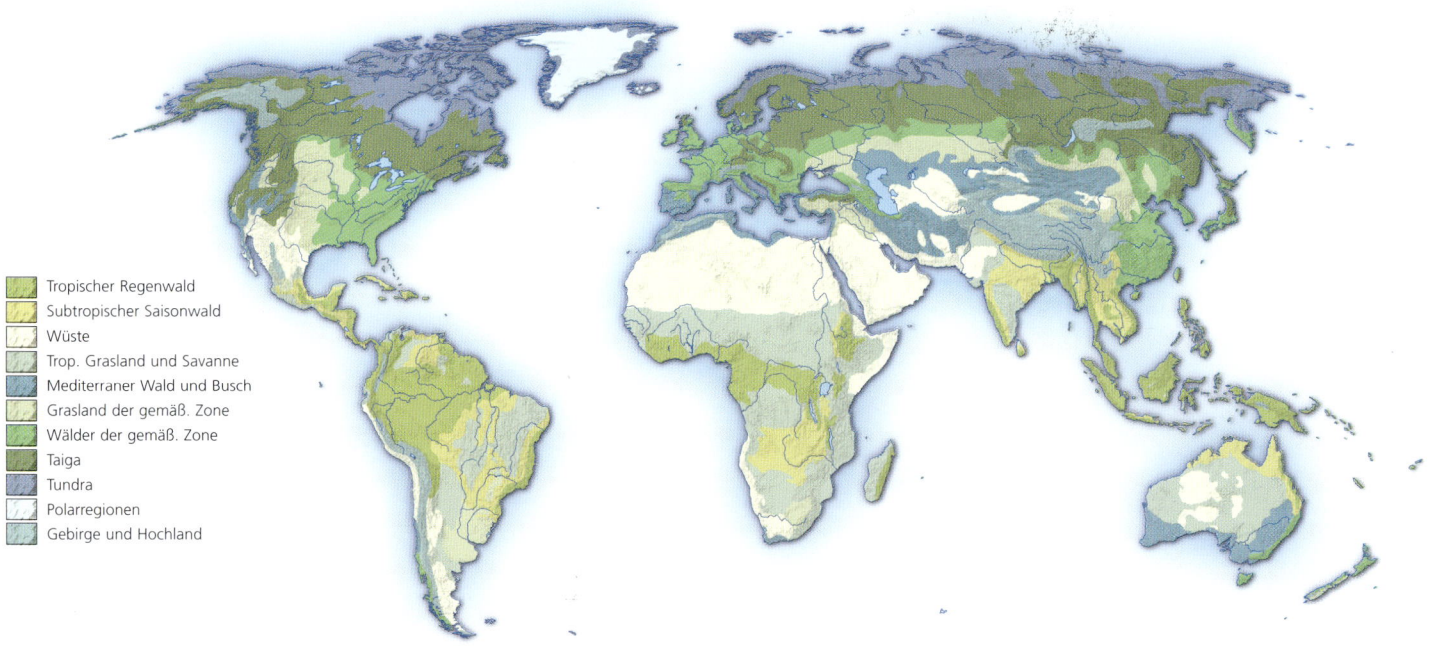

- Tropischer Regenwald
- Subtropischer Saisonwald
- Wüste
- Trop. Grasland und Savanne
- Mediterraner Wald und Busch
- Grasland der gemäß. Zone
- Wälder der gemäß. Zone
- Taiga
- Tundra
- Polarregionen
- Gebirge und Hochland

WÄLDER

Man kann die Wälder grob in fünf Typen einteilen: tropische Regenwälder, Saisonregenwälder, trockenkahle Wälder der Subtropen, winterkahle (Laub-)Wälder der gemäßigten Zone und boreale Nadelwälder. Säugetiere leben in allen Wäldern, doch die größte Artenvielfalt findet man in den von üppiger Vegetation gekennzeichneten tropischen Regenwäldern, die sich zwischen den Wendekreisen von Krebs und Steinbock über mehr als 80 Länder erstrecken. An das schattige Licht angepasste Sträucher und kleine Bäume bilden die Kulissen, unter denen der südamerikanische Jaguar und der südostasiatische Nebelparder jagen. Einige Nagetiere und Primaten verbringen ihr ganzes Leben in den Wipfeln tropischer Regenwälder,

ohne je den Urwaldboden zu berühren. Auch in den Wäldern der gemäßigten Zonen zwischen dem 25. und 50. Breitengrad sind Säugetiere weit verbreitet, von denen viele dem rauen Winter ausweichen, indem sie entweder einen Winterschlaf halten oder in wärmere Gebiete ziehen. Typische Säugetiervertreter in den Wäldern der gemäßigten Zonen auf der nördlichen Hemisphäre sind Waschbären, Eichhörnchen oder Bären, auf der Südhalbkugel sind es Beutelratten und Fledermäuse.

Leben im Wald Beim Aufspüren und Anpirschen an die Beute verlassen sich Füchse auf ihre ausgezeichneten Augen, Ohren und Nasen. Sie hören sogar kleine Tiere, die sich durch den Boden wühlen. Bäume dienen den waldbewohnenden Säugetieren als Nahrungsquellen und Unterschlupf.

Leben in den Baumkronen Wie in allen tropischen Regenwäldern sind die Baumkronen dieses Regenwaldes im Naturschutzgebiet Nouragues in Französisch-Guyana von Tausenden Tierlauten erfüllt. Das dichte Laubwerk behindert die Sicht und deshalb kommunizieren die Säugetiere hier mit lautem Geheul, Pfeifen und Gekreische.

Fliegende Säugetiere Fledermäuse sind die einzigen Säugetiere, die richtig fliegen können, doch Riesengleiter, einige Hörnchen und einige Gleitbeutler haben eine Art Gleitflug entwickelt. Flughörnchen können auf diese Weise bis zu 50 Meter von Baum zu Baum »fliegen«.

Baumbewohner Das Dreifingerfaultier frisst und verdaut seine Nahrung äußerst langsam. Es kann einen Monat dauern, bis das Futter den mehrteiligen Magen verlässt und in den kurzen Darm gelangt. Faultiere klettern normalerweise nur auf den Boden, um ihren Kot abzusetzen.

GRASSTEPPEN

Ausgedehnte Grassteppen bieten wenige Verstecke. Trotzdem grasen dort oft große Pflanzenfresser in riesigen Herden, die ihnen Schutz vor potenziellen Raubtieren wie Großkatzen und Wildhunden bieten. Viele kleinere Säugetiere flüchten bei Gefahr in unterirdische Bauten, während andere allein auf ihre Geschwindigkeit angewiesen sind. Zu dieser Art von Lebensraum zählen die ukrainische Steppe, die südamerikanischen Pampas, die südafrikanische Steppe und die Prärien Nordamerikas. In der australischen Steppe leben die größten Säugetiere dieses Erdteils: die Kängurus.

Gepardenjagd Geparden suchen sich ihr Opfer aus und trennen es dann von der übrigen Herde. Das Verfolgen der Beute dauert selten länger als zwanzig Sekunden, denn durch die enorme Geschwindikeit und den gewaltigen Energieverbrauch beim Sprinten wird die Großkatze rasch überhitzt und muss sich ausruhen. Andere Raubtiere nutzen oft diesen Moment der Atemlosigkeit, um die Beute des Geparden zu stehlen.

Hüpfende Fortbewegung Kängurus streifen anmutig durch die offenen Steppen Australiens. Mit ihren kräftigen Hinterbeinen können sie rasch hüpfen und mit dem Schwanz die Balance halten. Diese Fortbewegungsart ist äußerst energiesparend: Ein Känguru benötigt beim Hüpfen weniger Energie als ein ebenso großes Tier, das mit derselben Geschwindigkeit auf vier Beinen läuft. Bei der langsamen Bewegung dient der Schwanz dem Körper als Stütze.

TUNDRA

Einer der rauesten Lebensräume mit der geringsten biologischen Vielfalt ist die Tundra, eine weite, baumlose Welt, die sich nördlich des 55. Breitengrades erstreckt und ein Fünftel der Landfläche bedeckt. Es gibt kaum Niederschläge, Nährstoffe sind rar, ein dunkler, kalter Winter dauert etwa acht bis zehn Monate und der Boden bleibt bis zu einer Tiefe von 25 cm gefroren. Zu Winterbeginn färbt sich das Fell von Schneehasen, Polarfüchsen und Halsbandlemmingen weiß, wird dicker und bildet eine Isolierung. Auf den Fußballen von Schneehasen wächst dichtes Fell, wodurch sie sich besser über den Schnee fortbewegen können. Karibus (Rentiere) ziehen in riesigen Herden durch die Tundren von Nordamerika und Grönland. Sie überleben die Nahrungsknappheit, indem sie Flechten fressen und mit ihren Geweihen das Eis aufkratzen, um an die Vegetation heranzukommen. Aufgrund des kurzen Sommers werden 80 bis 90 Prozent der Kälber einer Population jedes Jahr während einer Periode von zehn Tagen zwischen Ende Mai und Anfang Juni geboren.

Kurzer Sommer Karibus haben ungewöhnlich breite Hufe, die ihnen im Sommer dabei helfen, über den sumpfigen Boden zu wandern. Die Sonne scheint 24 Stunden am Tag, der Schnee taut und auf dem nassen Boden bilden sich seichte Seen.

Winterwärmer Die längsten Deckhaare aller Säugetiere (60 bis 90 cm) hat das zottelige Fell des Moschusochsen, das diese Art vor der bitteren Kälte der Tundra schützt. Auch die dunkle Färbung hilft dem Körper dabei, Wärme zu speichern.

WÜSTEN

Wüstenbewohnende Lebewesen sind mit extremen Temperaturen und Trockenheit konfrontiert. Die meisten Säugetiere meiden die Hitze und die hohe Verdunstungsrate des Tages und sind nachtaktiv. Tagsüber suchen Erdhörnchen und Kängururatten Schutz in unterirdischen Bauten, wo es kühler und feuchter ist. Größere Säugetiere, wie Kamele und Ziegen, haben ein dichtes Fell, das die Hitzeaufnahme vermindert. Sie können ungewöhnliche Temperaturschwankungen ertragen und den Wasserverlust minimieren, indem sie erst zu schwitzen beginnen, wenn ihre Körpertemperatur lebensbedrohlich hoch wird.

Wüstenstrategien Der Spießbock (Oryx) ist ausgezeichnet an die Hitze angepasst. Beim Atmen passiert die ein- und ausströmende Luft ein feines Netzwerk von Blutgefäßen und kühlt so den Blutfluss zum Gehirn. Der Spießbock frisst ausschließlich nachts, wenn der Feuchtigkeitsgehalt der Pflanzen am größten ist. Seine gespreizten Füße erleichtern die Fortbewegung auf dem weichem Sand. Das helle Fell reflektiert die Sonnenstrahlung und bei akutem Wassermangel kann der Spießbock wochenlang überleben, indem er aufhört zu schwitzen.

Wasser durch Stoffwechsel Wüstenbewohnende Nager wie die Rennmäuse begnügen sich beinahe ausschließlich mit dem Wasser, das bei der Verdauung kohlenhydrathaltiger Samen entsteht.

ANPASSUNGEN

Die erfolgreiche Besiedlung unterschiedlichster Klimazonen zeugt von der enormen Anpassungsfähigkeit der Säugetiere. Die Spezialisierung auf extreme Bedingungen verstärkt jedoch die Anfälligkeit für die Folgen des Klimawandels. Manche Anpassungen sind physischer Natur, wie die isolierende Fettschicht polarer Arten. Andere sind verhaltensbedingt, wie der Rückzug in unter-irdische Bauten bei wüstenbewohnenden Nagetieren. Bei großer Hitze führt auch Schwitzen oder Hecheln zu einer Abkühlung. Einige Säugetiere fallen in Winterschlaf oder –starre, während andere in wärmere Gebiete wandern.

Lang oder kurz Säugetiere sind Warmblüter: Körpergröße und Form beeinflussen den Wärmeverlust, der mit zunehmender Oberfläche steigt. Deshalb haben sich die Extremitäten von Hasen je nach Lebensraum verschieden entwickelt. Schnee- und Schneeschuhhasen haben kurze Ohren und Beine, um den Wärmeverlust zu verringern. Bei den subtropischen Kalifornischen Eselhasen und Antilopenhasen sorgen lange Ohren und Gliedmaßen für Abkühlung.

Vollendete Anpassungen Eisbären sind so gut an arktische Bedingungen angepasst, dass sie sich bei zu großer Anstrengung überhitzen. Eine 11 cm dicke Fettschicht bildet eine perfekte Isolierung vor der Kälte. Das Eisbärenfell zieht sich bis zu den Fußsohlen und erscheint weiß, weil einzelne Fellhaare keine Farbpigmente aufweisen. Die dichten, hellen Haare bieten eine gute Wärmeisolierung und sind eine ausgezeichnete Tarnung.

Schneehase

Schneeschuhhase

Kalifornischer Eselhase

Antilopenhase

BEDROHTE SÄUGETIERE

Das Aussterben ist ein naturgegebener Teil der Evolution und die meisten Säugetierarten, die je gelebt haben, sind bereits ausgestorben. Erhöhte Aussterberaten sind nichts Ungewöhnliches und im Verlauf der ungefähr zwei Milliarden Jahre alten Geschichte des Lebens kam es mindestens fünfmal zu so genannten Massenaussterben. Viele Wissenschaftler sind der Meinung, dass wir zur Zeit vor einem sechsten stehen, das jedoch anders verläuft, als die von natürlichen Phänomenen ausgelösten Massenaussterben der Vergangenheit, denn das Gegenwärtige ist allein auf die Einwirkung der menschlichen Spezies und deren ungebremstes Bevölkerungswachstum zurückzuführen. Das sechste Massenaussterben unterscheidet sich von den Katastrophen der Vergangenheit auch durch die Geschwindigkeit, mit der es sich ausbreitet. Die Säugetiere verlieren Nahrung, Wasser und ihren Lebensraum.

Steinpfade Die Gämse ist ein in Teilen Europas heimischer, ziegenähnlicher Vertreter der Antilopenfamilie und lebt im Gebirge. Der Bestand der Art ist heute gesichert, aber exzessive Jagd und die Konkurrenz durch den Viehbestand der Menschen bedrohen die Zukunft von mindestens drei Unterarten, von denen eine als stark gefährdet eingestuft wird.

Wiedergutmachung Der Walfang ist einer der Hauptverursacher des weltweiten Rückgangs der Bestände. Viele Arten werden seit Jahrhunderten mit traditionellen Methoden gejagt, aber die technologischen Entwicklungen des 20. Jahrhunderts haben zu einer dramatischen Senkung der Bestandszahlen geführt, sodass Mitte der 1980er-Jahre ein internationales Fangverbot für die meisten Arten erlassen wurde.

BEUNRUHIGENDE ZAHLEN

Im Jahr 2004 verzeichnete die Weltnaturschutzunion auf ihrer Roten Liste der Bedrohten Arten etwa 1100 Säugetiere und seit diese Liste 1996 erstmals veröffentlicht wurde, hat sich diese Zahl kaum verändert. Sie steht für etwa ein Viertel aller der Wissenschaft bekannten neuzeitlichen Säugetierarten, von denen viele in den Regenwäldern und tropischen Ökosystemen mit hoher Biodiversität in Mittel- und Südamerika, Afrika, Süd- und Südostasien beheimatet sind. Australien ist der Kontinent, der in jüngster Vergangenheit die höchste Aussterberate von Säugetierarten zu verzeichnen hat: Seit Beginn der europäischen Kolonialisierung im späten 17. Jahrhundert wurden siebzehn Beuteltierarten ausgerottet, die man sonst nirgendwo auf der Erde findet. Das macht die Hälfte der in diesem Zeitraum weltweit ausgestorbenen Säugetierarten aus.

Auf der Roten Liste sind 73 neuzeitliche Arten dokumentiert, die bereits ausgestorben sind, und vier, die nur in Gefangenschaft überlebt haben. Weitere 162 sind vom Aussterben bedroht und werden als stark gefährdet eingestuft. Etwa 350 Säugetierarten gelten als stark gefährdet und beinahe 600 fallen in die Kategorie der gefährdeten Arten und weitere 600 in die Kategorie der potenziell gefährdeten Arten.

Niedergang einer Ikone Der chinesische Große Panda wurde zum Symbol für das weltweite Aussterben vieler Säugetierarten. Etwa 1000 Exemplare leben noch in freier Wildbahn und 100 weitere in Zoos. Die Jagd und der Verlust des Lebensraumes stellen die größten Bedrohungen dar.

Nicht erneuerbare Ressource Der Regenwald des Amazonas wird oft als Lunge unseres Planeten bezeichnet. Ein Großteil der vier Millionen Quadratkilometer großen Fläche wird von Bergbau, Landwirtschaft und Holzgewinnung bedroht, wobei 15 Prozent des Waldes bereits abgeholzt wurden.

In Gefahr Der Kahlkopf-Uakari, eine südamerikanische Primatenart, wird von der Weltnaturschutzunion als bedroht eingestuft. Die Zerstörung seines Lebensraumes durch Bergbau und Abholzung erleichtert auch Wilderern den Zugang, die den Fleisch- und Tierhandel beliefern.

DER FAKTOR MENSCH

Der Mensch stellt für die meisten übrigen Lebensformen die größte Bedrohung dar und ist hauptverantwortlich für den Rückgang der Artenvielfalt. Gegenwärtig wirkt unsere Spezies zerstörerischer als je zuvor, obwohl Fossilien zeigen, dass unsere Einwirkung auf andere Säugetiere weit in die Vergangenheit zurückreicht. Archäologen fanden anhand von Knochenfunden aus dem späten Pleistozän (vor 100.000 bis 10.000 Jahren) heraus, dass schon prähistorische Menschen sich in Gruppen zusammengeschlossen und bei ihren Jagdzügen zahlreiche damals lebende Riesensäugetiere erlegt haben. Sobald Menschen neues Land betraten, folgte eine Welle der Ausrottung. Kurz nachdem Menschen die Beringstraße überquert hatten und nach Nordamerika gelangt waren (vor 15 000 bis 10 000 Jahren), verschwanden die Riesenbiber, Elefanten, Mastodonten, Kamele, Wollmammuts, Säbelzahntiger und Riesenbisons. Auch bei der Ankunft des Menschen in Teilen Europas, Afrikas und Lateinamerikas kam es zu ähnlich dramatischen Ausrottungswellen.

Historisch betrachtet ist die Jagd die Hauptursache für das vom Menschen herbeigeführte Aussterben von Säugetieren. Die Technologien zum Aufspüren und Töten wurden immer effizienter und weltweit werden die Lebensräume mit ständig zunehmender Geschwindigkeit zerstört. Säugetiere sind auch vielen anderen Umweltbelastungen ausgesetzt, wie dem sauren Regen, der Verschmutzung und Erosion. Es gibt keine exakten Zahlen darüber, wie viele Tiere erkranken oder sterben, weil sie kontaminiertes Wasser trinken, vergiftete Pflanzen fressen oder in von Giftmüll verseuchtem Wasser leben. Forschungen haben ergeben, dass körperliche Missbildungen und sinkende Fortpflanzungsraten in direktem Zusammenhang mit einer Verschlechterung der Umweltbedingungen stehen.

Flammeninferno In der Natur werden beinahe alle Feuer durch Blitze entfacht. Die meisten heutigen Brände werden jedoch bewusst gelegt. Außer Kontrolle geratene Brandrodungen, schwelende Lagerfeuer und achtlos weggeworfene Zigaretten haben zu einer erhöhten Häufigkeit von Waldbränden geführt.

Zwiespältige Segnungen Die ständig wachsende Bevölkerung benötigt immer mehr Nahrung. Bestes Beispiel dafür, wie der Nahrungsbedarf der Menschen den globalen Klimawandel beschleunigt, ist die Abholzung stark bewaldeter Berghänge, um Reisfelder anzulegen. Die setzen jedoch Methan frei.

Wesen aus Mythen und Legenden
Schneeleoparden sind schwer zu fangende, bedrohte Bewohner der Hochgebirgsregionen Zentralasiens. Funksender haben unser Wissen über diese Tiere erheblich erweitert und helfen bei den Bemühungen zur Erhaltung dieser Art. Bauern werden darin unterwiesen, wie sie ihr Vieh schützen können, ohne die Großkatzen zu töten.

ARTENSCHUTZ

Obwohl die Zukunftsaussichten für viele Arten düster sind, beschließt beinahe jedes Land Maßnahmen, um das drohende Aussterben vieler Säugetierpopulationen zu verhindern. Weltweit setzen sich Hunderte Organisationen dafür ein, den Verlust an Biodiversität zu reduzieren, und viele Gesetze wurden beschlossen, um die Zukunft gefährdeter Säugetiere und anderer Organismen zu sichern.

Die Einhaltung der Artenschutzgesetze kann nur durch internationale Zusammenarbeit gewährleistet werden. Im vergangenen Jahrhundert wurde die Population der Afrikanischen Elefanten durch die Elfenbeinjagd auf ungefähr 600 000 Exemplare halbiert. Heute ist die Art zwar in ihrem gesamten Verbreitungsgebiet gesetzlich geschützt, aber Wilderer und Rebellen töten noch immer Elefanten, um mit dem Ertrag des Elfenbeins ihre Familien zu ernähren und Bürgerkriege zu finanzieren. Elfenbein steht auf der Liste verbotener Produkte des Internationalen Handelsabkommens für Bedrohte Arten (CITES), das von 75 Nationen unterzeichnet wurde. Dies hat die weltweite Nachfrage und dadurch auch den Anreiz für Wilderer gesenkt. Einige Arten wie der Arabische Spießbock, das Goldgelbe Löwenäffchen und der Kleine Panda konnten in Gefangenschaft weitergezüchtet werden. Die meisten Schutzmaßnahmen konzentrieren sich weiterhin auf die spektakulären Arten, aber gerade die unscheinbareren Säugetiere wie kleine, nachtaktive Fledermäuse, Spitzmäuse und Nagetiere sind am meisten gefährdet.

Zufluchtsorte Einst zogen 50 bis 60 Millionen Bisons durch die nordamerikanischen Prärien. Nach der Ankunft der Europäer wurden die Tiere von professionellen Jägern wegen ihrer Häute und ihres Fleisches zu Millionen abgeschlachtet und im Jahr 1884 war diese Spezies in den Vereinigten Staaten beinahe ausgerottet. Die Einrichtung von Schutzreservaten rettete die übriggebliebenen Tiere, aber der geringe genetische Austausch zwischen den isolierten Populationen wird unweigerlich zu Inzucht und Degeneration der Art führen.

SÄUGETIER-ORDNUNGEN

KLOAKENTIERE

KLASSE	Mammalia
ORDNUNG	Monotremata
FAMILIEN	2
GATTUNGEN	3
ARTEN	3

Wie andere Säugetiere tragen Kloakentiere einen Pelz, säugen ihre Jungen und besitzen ein vierkammeriges Herz, einen einzigen Unterkieferknochen und 3 Knochen im Mittelohr. Auch ähneln sie in einigen anatomischen Besonderheiten, wie zusätzlichen Knochen im Schultergürtel, den Reptilien. Die Ordnung umfasst 2 Familien: Tachyglossidae, mit den 2 Arten Ameisenigel, und Ornithorhynchidae, zu der nur das Schnabeltier gehört. Mit dem entenähnlichen Schnabel, den Füßen mit Schwimmhäuten, dem pelzbedeckten Körper und dem biberähnlichen Schwanz fasziniert das Schnabeltier Wissenschaftler, seit man das erste 1799 nach England brachte.

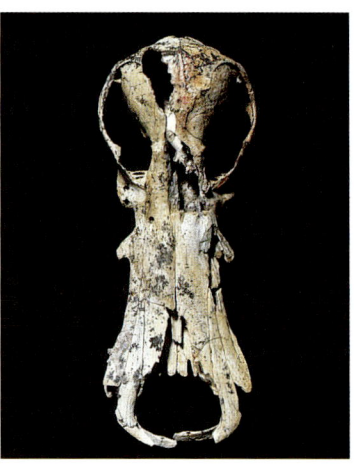

Fossiles Schnabeltier Dieser 15 Millionen Jahre alte Schnabeltier-Schädel gehört zu einer Hand voll Fossilien von Kloakentieren, die man bis jetzt gefunden hat. Aus ihnen kann man schließen, dass Kloakentiere vor 110 Millionen Jahren entstanden, als Australien noch zu Gondwana gehörte.

EIER LEGENDE SÄUGETIERE

Die Eier von Kloakentieren besitzen weiche Schalen, die Jungen schlüpfen nach etwa 10 Tagen. Danach brauchen sie, typisch für Säugetiere, mehrere Monate die Muttermilch.

Nach der Paarung im Frühling legt das Schnabeltier-Weibchen bis zu 3 Eier in einen Bau am Ufer und rollt sich ein, um sie zwischen Körper und Schwanz auszubrüten. Die Jungen bleiben 3 bis 4 Monate im Bau und saugen Milch aus 2 zitzenähnlichen Stellen im Fell der Mutter. Nach dem Verlassen des Baus werden die Jungen allmählich entwöhnt und führen dann ein Leben als Einzelgänger. Schnabeltiere können in der Natur mindestens 15 Jahre alt werden.

In der Paarungszeit im Winter folgen die Ameisenigel-Männchen einem Weibchen bis zu 14 Tage lang. Dabei konkurrieren sie im Graben und Kämpfen, bis eines das Recht zur Paarung erringt. Das Weibchen legt ein einziges Ei in seinen Beutel. Nach dem Schlüpfen bleibt das Junge im Beutel, bis sich die Wirbelsäule entwickelt und es in einen Bau umzieht. Die Mutter besitzt keine Zitzen, doch die Milchdrüsen öffnen sich in den Beutel. Sie säugt die Jungen bis zu 7 Monate lang. In Gefangenschaft wurde ein Ameisenigel 49 Jahre, in der Natur gilt 16 als höchstes Alter.

Man weiß wenig über die Fortpflanzung des Langschnabeligels, aber sie ähnelt wohl der des Ameisenigels.

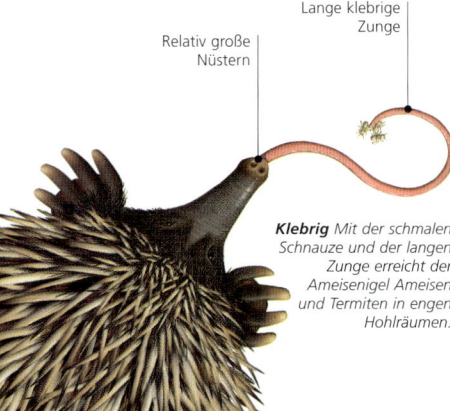

Lange klebrige Zunge

Relativ große Nüstern

Klebrig Mit der schmalen Schnauze und der langen Zunge erreicht der Ameisenigel Ameisen und Termiten in engen Hohlräumen.

Nahrungssuche unter Wasser Beim Tauchen verschließt das Schnabeltier die Furche, in der Augen und Ohren liegen. Es vertraut ganz dem weichen Schnabel, der berührungsempfindlich ist und elektrische Signale von der Beute, am Grund lebenden Wirbellosen, empfängt.

Stachelige Verteidigung Zum Schutz vor Feinden wie Dingos gräbt sich der Ameisenigel senkrecht in die Erde ein, bis nur noch die Spitzen seiner Stacheln zu sehen sind. Wenn der Ameisenigel auf hartem Boden bedroht wird, rollt er sich zu einer stacheligen Kugel zusammen.

Schnabeltier
Ornithorhynchus anatinus

Der breite Schwanz speichert Fett

Die Hinterfüße tragen teilweise Schwimmhäute und dienen als Ruder

Schwimmhäute der Vorderfüße legen zurückgeklappt Krallen zum Laufen und Graben frei

Ein einzelnes, im Muskel verankertes Haar bildet jeweils einen Stachel

Empfindlicher biegsamer Schnabel zur Nahrungssuche und Orientierung

Ameisenigel
Tachyglossus aculeatus

Die lange Schnauze dient beim Überqueren von Wasserläufen als Schnorchel

Langschnabeligel
Zaglossus bruijni

Maul am Ende der Schnauze

Besitzt einen wiegenden Gang

AUF EINEN BLICK

Schnabeltier Das amphibische Säugetier mit biegsamem entenähnlichem Schnabel, dichtem Fell und Schwimmhäuten ist eines der seltsamsten Tiere. Es lebt in Bauen an Flussufern, es frisst Insektenlarven und andere Wirbellose.

- Bis 40 cm
- Bis 15 cm
- Bis 2,4 kg
- Einzelgänger
- Regional häufig

O-Australien, Tasmanien, Kangaroo-Insel

Ameisenigel Den stämmigen Körper bedecken lange Stacheln und kürzeres Fell. Das Tier besitzt einen wiegenden Gang. Es lebt in vielerlei Lebensräumen, von semiarid bis alpin, und frisst vorwiegend Ameisen und Termiten.

- Bis 35 cm
- Bis 10 cm
- Bis 7 kg
- Einzelgänger
- Regional häufig

Australien, Tasmanien, Neuguinea

Langschnabeligel Er besitzt mehr Haare und weniger Stacheln als der Ameisenigel. Mit kleinen Stacheln auf der Zunge fängt er Regenwürmer, den Hauptteil seiner Nahrung.

- Bis 80 cm
- Ohne
- Bis 10 kg
- Einzelgänger
- Stark gefährdet

Neuguinea

GIFTIGER SPORN

Das Schnabeltier-Männchen trägt am Knöchel der Hinterfüße einen Sporn, mit dem es ein lähmendes Sekret injiziert. Die Art ist eines der wenigen Säugetiere, die bei Revier- und Rangkämpfen Gift einsetzt.

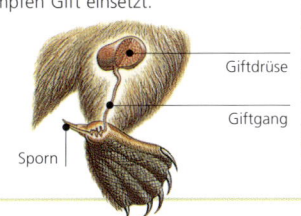

Giftdrüse

Giftgang

Sporn

SCHUTZSTATUS

Langschnabeligel Er lebt nur in den Bergwäldern und -wiesen von Neuguinea. Der gegenwärtige Bestand von etwa 300 000 Langschnabeligeln wird vom Menschen als Nahrung gejagt. Auch Lebensraumverlust durch die Umwandlung von Wildnis in Ackerland bedroht das Tier.

BEUTELTIERE

KLASSE	Mammalia
ORDNUNGEN	7
FAMILIEN	19
GATTUNGEN	83
ARTEN	295

Beuteltiere sind bei der Geburt nicht viel weiter entwickelt als Embryos und müssen sofort zu den Zitzen der Mutter kriechen, die meist in einer Art Beutel liegen. Sie klammern sich für einige Wochen oder Monate an einer Zitze fest und lassen erst los, wenn ihre Entwicklung der von neugeborenen Säugetieren, die sich im Mutterleib von der Plazenta ernährt haben, entspricht. Die meisten Beuteltiere unterscheiden sich noch anderweitig von Plazentatieren: Sie besitzen mehr Schneidezähne in jedem Kiefer, eine gegenständige Zehe an jedem Hinterfuß, ein im Verhältnis kleineres Gehirn, eine etwas niedrigere Körpertemperatur und einen langsameren Stoffwechsel.

Erfolgsgeschichte der Beuteltiere
Während einige Beuteltierarten sich in Amerika ansiedelten, gibt es die größte Vielfalt in Australien und Neuguinea, wo es keine Plazentatiere gab. Man führte sie auch in Neuseeland, Hawaii und Großbritannien ein.

Geschwisterrivalität Das Nordopossum kann mehr als 50 Junge auf einmal werfen, aber nur die 13, die sich an einer Zitze festsaugen, überleben. Wenn die Jungen etwas weiter entwickelt, aber noch hilflos sind, lässt die Mutter sie im Nest, während sie Nahrung sucht.

ÖKOLOGISCHE NISCHEN
Früher sah man die Beuteltiere als eine einzige Ordnung an, doch sie sind vielfältiger als alle Ordnungen der Plazentatiere. Deshalb untergliedert man sie heute in 7 Ordnungen. Von diesen leben Didelphimorphia (Amerikanische Opossums), Paucituberculata (Spitzmausopossums) und Microbiotheria (Chiloé-Beutelratte) in Amerika, in der Region Australien-Neuguinea findet man Dasyuromorphia (Raubbeutler), Peramelemorphia (Nasenbeutler), Notoryctemorphia (Beutelmulle) und Diprodontia (Koala, Wombats und Kängurus).

Fossilien lassen vermuten, dass Beutel- und Plazentatiere sich vor 100 Mio. Jahren auseinander entwickelt haben. In Nordamerika und Europa starben die Beuteltiere aus, als die Plazentatiere sich differenzierten. Der südamerikanische Kontinent wurde vor 60 Mio. Jahren vom nordamerikanischen Festland getrennt und die Beuteltiere nutzten zahlreiche ökologische Nischen. Als Nord- und Südamerika vor 2 bis 5 Mio. Jahren wieder aneinander drifteten, ersetzten nördliche Fleischfresser, wie der Jaguar, schnell Südamerikas große Fleisch fressende Beuteltiere. Kleine allesfressende Beuteltiere blieben, etwa das Opossum, das wieder in Nordamerika heimisch wurde. Im Raum Australien und Neuguinea blieben die Beuteltiere die längste Zeit ohne Konkurrenz und entwickelten sich deshalb zur größten Vielfalt.

Leben im Beutel Wallabys, Kängurus und andere große Beuteltiere werfen ein lebendes Junges und tragen es in einer geräumigen, nach vorne offenen Tasche. Auch nach der Entwöhnung klettern die Jungen zum Schlafen und Transport dort hinein.

ÄHNLICHE LÖSUNGEN
Die Beuteltiere Australiens und Neuguineas, die Millionen Jahre vom Rest der Welt isoliert waren, besetzen ähnliche ökologische Nischen wie Plazentatiere anderswo und zeigen oft ähnliche Anpassungen. Dieses Phänomen bezeichnet man als konvergente Evolution. Der Streifenbeutler, ein Beuteltier in Australien und Neuguinea, und das Fingertier, ein Plazentatier auf Madagaskar, sind beide baumlebende Insektenfresser. Jede Art besitzt einen besonders langen Finger, mit dem sie Maden aus dem Holz holen kann.

Fingertier

Streifenbeutler

Bindenwollbeutelratte
Caluromysiops irrupta

Die Vorder-
beine sind
länger als die
Hinterbeine

Gelbe Wollbeutelratte
Caluromys philander

Nackter Greifschwanz

Vieraugenbeutelratte
Philander opossum

Nordopossum
Didelphis marsupialis

Trägt die Jungen
auf dem Rücken,
bis sie mit 3 bis
4 Monaten
entwöhnt sind

An den Vorderpfoten
gegenständige
Daumen, um dünne
Zweige und Ranken
zu fassen

Marmosa robinsoni

AUF EINEN BLICK

Bindenwollbeutelratte Wie viele
Baumbewohner besitzt sie einen Greifschwanz, um an Ästen zu hängen, und
große vorstehende Augen. Sie ernährt
sich vom üppigen Frucht- und Nektar-
angebot des Tropenwaldes.

Bis 30 cm
Bis 40 cm
Unbekannt
Einzelgänger
Gefährdet

NW-Südamerika

BAUMBEWOHNER

Amerikanische Beutelratten nützen die
vielen ökologischen Nischen, die der
Lebensraum Wald bietet. Einige leben
in Baumwipfeln und fressen Früchte,
Nektar und Insekten der Kronenschicht.
Andere sind vorwiegend bodenbewohnend, klettern aber zur Nahrungssuche
auch auf Bäume.

Gelbe Wollbeutel-
ratten klettern auf
der Suche nach
Früchten und
Insekten
durch die
obere Kronen-
schicht.

Bindenwollbeu-
telratten sind
lethargische Bewoh-
ner der Kronen-
schicht, die Früchte
und Nektar fressen.

Marmosa robinsoni bewegen
sich mit Hilfe ihres Greifschwanzes entlang von
Zweigen und Ranken. Lücken
überqueren sie im Sprung,
während sie Früchte und
Insekten als Nahrung
suchen.

Vieraugenbeutel-
ratten fressen, was
sie bekommen. Sie
klettern auf der
Suche nach Früch-
ten, Insekten,
Regenwürmern
und anderen
Wirbellosen hin-
auf und herunter.

Nordopossums leben
zwar vorwiegend am
Boden, doch sie
klettern geschickt und
suchen auch in den
Ästen nach Nahrung,
wie etwa Früchten.

GUTER SCHWIMMER

Das einzige im Wasser lebende Beuteltier, der Schwimmbeutler Mittel- und Südamerikas, ist gut an das Leben im Wasser angepasst. Er hat Zehen mit Schwimmhäuten an den Hinterfüßen, wasserabweisendes Fell und eine Tasche, die bei Tauchgängen verschließbar ist. Er jagt meist nachts Fische, Frösche, Krustentiere und Insekten.

Kräftige Züge
Der Schwimmbeutler bewegt sich durch seine Hinterfüße mit Schwimmhäuten im Wasser und sucht mit den Vorderfüßen Nahrung.

URSPRUNG DER BEUTELTIERE

DNA-Studien bestätigen, dass die Chiloé-Beutelratte aus Argentinien und Chile die einzige lebende Art der südamerikanischen Familie Microbiotheriidae ist, die enger mit den australischen als mit anderen südamerikanischen Beuteltieren verwandt ist. Zusammen mit Beuteltier-Fossilien, Funden auf der antarktischen Halbinsel, bestätigen Studien der Chiloé-Beutelratte, dass die Beuteltiere sich vor 100 bis 65 Millionen Jahren von Südamerika über die Antarktis nach Australien ausbreiteten. Damals bildeten diese Kontinente eine einzige Landmasse namens Gondwana.

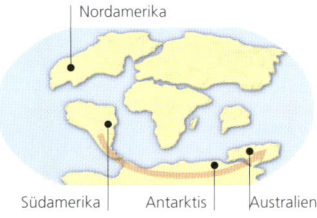

Nordamerika

Südamerika   Antarktis   Australien

Getrennte Populationen
Beuteltiere gelangten von Südamerika in die Antarktika und nach Australien. Sie vermehrten sich, bei nur wenig Konkurrenz in Australien, verschwanden aber in der Antarktis, die abbrach und südlich driftete. Als Nord- und Südamerika wieder zusammenkamen, ersetzten nördliche Fleischfresser die großen Beuteltiere Südamerikas.

Bergbewohner
Die Chiloé-Beutelratte lebt in den undurchdringlichen, feuchten Wäldern des Hochlands von Chile und Argentinien.

Chiloé-Beutelratte
Dromiciops gliroides

Auffällig ist der weiße Fleck über jedem Auge

Der nackte schuppige Schwanz übertrifft den Körper an Länge

Nacktschwanzbeutelratte
Metachirus nudicaudatus

An der Schwanzbasis lagert sich Fett für den Winterschlaf an

Dickschwanzbeutelratte
Lutreolina crassicaudata

Dreistreifen-Spitzmaus-beutelratte
Monodelphis americana

Schwimmbeutler
Chironectes minimus

Patagonische Beutelratte
Lestodelphys halli

Monodelphis dimidiata

Der fast unbehaarte Schwanz ist kürzer als der Körper

Ekuador-Opossummaus
Caenolestes fuliginosus

Beutelwolf
Thylacinus cynocephalus

13 bis 19 dunkle Querstreifen am Rücken

Der steife Schwanz ist an der Wurzel dick und verjüngt sich zur Spitze

Pfoten mit 5 Zehen und Ballen

Kompakter Kopf mit kräftigem Kiefer und massiven Backenzähnen, die Knochen knacken können

Beutelteufel
Sarcophilus harrisii

Ameisenbeutler
Myrmecobius fasciatus

Die klebrige, zylindrische Zunge kann bis zu 10 cm aus dem Maul gestreckt werden

Weiße Querstreifen am Rücken

Langer, buschiger Schwanz

Ohrmuscheln fehlen; winzige, nicht sehende Augen stecken im Fell; eine Hornplatte bedeckt die Nase

Großer Beutelmull
Notoryctes typhlops

Spatenförmige Krallen zum Graben im Sandboden

Seidiges, schimmerndes Fell mit rosa oder rötlichen Flecken durch eisenhaltigen Boden

---

AUF EINEN BLICK

Beutelteufel Mit der Größe eines Terriers ist der Beutelteufel das größte Fleisch fressende Beuteltier. Er jagt lebende Beute wie Beutelratten oder Wallabys, bevorzugt aber Aas. Bei Bedrohung kreischt oder bellt er.

🐎 Bis 65 cm
🐂 Bis 26 cm
🏋 Bis 9 kg
🐾 Variabel
🌿 Bedingt häufig

Tasmanien

Ameisenbeutler Er ist das einzige rein tagaktive Beuteltier und verbringt die meiste Zeit mit der Suche nach Termiten, die fast seine gesamte Nahrung ausmachen. Er gräbt sie mit den vorderen Krallen aus loser Erde und fängt sie mit seiner langen, klebrigen Zunge.

🐎 Bis 27,5 cm
🐂 Bis 21 cm
🏋 Bis 700 g
🐾 Einzelgänger
🌿 Gefährdet

SW-Australien
● Frühere Verbreitung

Großer Beutelmull Er sucht in den Sandwüsten Australiens nach grabenden Insekten und kleinen Reptilien. Statt einen Tunnel zu bauen, schwimmt er durch den Boden und lässt den Sand hinter sich einstürzen.

🐎 Bis 16 cm
🐂 Bis 2,5 cm
🏋 Bis 70 g
🐾 Einzelgänger
🌿 Stark gefährdet

Zentralaustralien

AUSGESTORBEN

Beutelwolf Das größte Fleisch fressende Beuteltier, das bis in historische Zeit existierte, ähnelte einem Wolf, trug aber ein typisches gestreiftes Fell und einen langen steifen Schwanz. Es jagte vor allem Vögel, Wallabys und kleinere Säugetiere. Die Rivalität mit dem Dingo führte vor 3000 Jahren zum Verschwinden des Beutelwolfs aus Australien, in Tasmanien war er aber bis zur Ankunft der Europäer weit verbreitet. Wegen seines Rufs Schafe zu töten, wurde er bis zur Ausrottung gejagt; zuletzt sah man ihn in den 1930er Jahren.

🐎 Bis 130 cm
🐂 Bis 68 cm
🏋 Bis 35 kg
🐾 Einzelg., kl. Gruppe
✝ Ausgestorben

Tasmanien (bis in die 1930er Jahre)
● Verbreitungsgebiet (vor dem Aussterben)

AUF EINEN BLICK

Doppelkammbeutelmaus In Australiens Outback erbeutet dieses kleine Beuteltier Insekten und kleine Vögel, Reptilien und Säugetiere. Um im trockenen Klima zu überleben, sucht es Schutz in Bauen. Es nimmt alle Flüssigkeit über die Nahrung auf und muss überhaupt nicht trinken.

🐾 Bis 18 cm
🐾 Bis 14 cm
⚖ Bis 140 g
👤 Einzelgänger
❗ Gefährdet
🌵

Zentralaustralien

JÄHRLICHES STERBEN

Ein sehr ungewöhnlicher Lebenszyklus tritt bei allen *Antechinus*- und zwei *Phascogale*-Arten auf, die jährlich Junge werfen. Jedes Jahr zur gleichen Zeit, nach 2 Wochen intensiver Paarungszeit, sterben alle Männchen. Ihr intensives Bemühen um die Paarung führt zu starkem Stress. Dadurch überstehen sie die Paarungszeit ohne Nahrung, sind aber sehr anfällig für Krankheiten, wie beispielsweise Magen- und Darmgeschwüre. Weibchen können auch 2 Jahre alt werden, werfen aber meist nur ein- oder zweimal im Leben.

Allein stehend *Das Weibchen von* Antechinus swainsonii *zieht seine Jungen auf, nachdem alle Männchen der Population gestorben sind.*

ENERGIE SPAREN

Beutelmäuse und andere kleine Insekten fressende Beuteltiere fallen zeitweise in Winterstarre. Dabei verringert sich der Stoffwechsel und Herzschlag und Atmung verlangsamen sich. So wird Energie gespart und es besteht geringerer Bedarf an Nahrung – im Winter bei Nahrungsknappheit ein großer Vorteil. Die Starre kann von wenigen Stunden bis zu mehreren Tagen dauern.

Winterzeit *Im Winter fällt die Schmalfußbeutelmaus zeitweilig in eine Starre und lebt dann von dem Fett, das sie während üppigerer Zeiten im Schwanz gespeichert hat.*

Zwerg-Fleckenbeutelmarder
Dasyurus hallucatus

Fleckenschwanz-Beutelmarder
Dasyurus maculatus

Gefurchte Ballen an den Hinterfüßen geben beim Klettern auf Bäumen oder Felsen Halt

Einziger Beutelmarder mit geflecktem Schwanz

Großer Pinselschwanzbeutler
Phascogale tapoatafa

Kammschwanzbeutelmaus
Dasycercus cristicauda

Doppelkammbeutelmaus
Dasycercus byrnei

Gelbfußbeutelmaus
Antechinus flavipes

Schmalfußbeutelmaus
Sminthopsis crassicaudata

Speichert Fett im Schwanz

Gefleckte Flachkopfbeutelmaus
Planigale maculata

Lange
Ohren

Großkaninchen-
Nasenbeutler
Macrotis lagotis

Lange, spitze
Schnauze

Zweifarbiger
Schwanz

Langschwänziger
Mausnasenbeutler
*Microperoryctes
longicauda*

Kleiner
Kurznasenbeutler
Isoodon obesulus

Großer Langnasenbeutler
Perameles nasuta

Steifes,
stacheliges Fell

Langer Hinterfuß zum
Rennen und Hüpfen

Kräftige Krallen
zum Graben

Großer Neuguinea-
Nasenbeutler
Peroryctes raffrayana

Flachstachel-
nasenbeutler
Echymipera kalubu

AUF EINEN BLICK

Großkaninchen-Nasenbeutler Er gräbt bis zu 12 Baue in seinem Revier. Er unterscheidet sich von anderen Nasenbeutlern durch die langen Ohren.

- Bis 55 cm
- Bis 29 cm
- Bis 2,5 kg
- Einzelgänger
- Gefährdet

Zentralaustralien
● Frühere Verbreitung

Kleiner Kurznasenbeutler Dieser Allesfresser gräbt mit den scharfen vorderen Krallen nach Insekten und Würmern, die er durch wiederholtes Darauftreten tötet. Er frisst auch Früchte, Samen und Pilze.

- Bis 36 cm
- Bis 14 cm
- Bis 1,6 kg
- Einzelgänger
- Bedingt häufig

Küsten S- und O-Australiens, Tasmanien

NASENBEUTLER

Die Verwandtschaft der allesfressenden Nasenbeutler mit anderen Beuteltieren ist ungeklärt. Das Zahnschema entspricht dem der Fleisch fressenden Beuteltiere, andererseits haben sie an den Hinterfüßen zusammengewachsene Zehen, wie sie bei Pflanzenfressern, z. B. Kängurus und Wombats, vorkommen. Es gibt 2 Familien Nasenbeutler: die vorwiegend australischen Peramelidae (darunter die *Perameles*- und *Isoodon*-Arten) und auf Neuguinea die Peroryctidae (darunter der Flachstachelnasenbeutler).

Schnelle Fortpflanzung
Nach der kurzen Tragzeit von etwa 12 Tagen entwickeln sich Nasenbeutler-Junge rasch und werden nach etwa 90 Tagen geschlechtsreif.

SCHUTZSTATUS

Rettet den Großkaninchen-Nasenbeutler In den letzten 100 Jahren verkleinerten sich Zahl und Verbreitungsgebiet dieser Art drastisch. Ein Großteil des Lebensraums wurde in Ackerland umgewandelt. Eingeführte Arten wie Füchse und Wildkatzen forderten ihren Tribut. Schafe, Rinder und Kaninchen sind Nahrungskonkurrenten. Die Art steht unter Schutz und wird in Gefangenschaft zur Auswilderung gezüchtet.

AUF EINEN BLICK

Eigentlicher Tüpfelkuskus Dieses Beuteltier des Regenwalds verbringt viel Zeit auf Bäumen. Es schläft tagsüber in Laub und frisst nachts Früchte, Blüten und Blätter. Die Männchen sind weiß mit grauen Flecken, die Weibchen meist einfarbig grau. Lebensraumverlust durch Abholzung und Bewirtschaftung bedroht die Art ebenso wie die intensive Jagd auf der Insel Neuguinea.

⊟ Bis 58 cm
⊟ Bis 45 cm
⊟ Bis 4,9 kg
⊟ Einzelgänger
⊟ Gefährdet

N-Australien, Neuguinea, einige Inseln

IM GEBIRGE

Das einzige australische Beuteltier, das oberhalb der Schneegrenze lebt, *Burramys parvus*, nützt das Nahrungsangebot seines Lebensraums weitgehend aus, spezialisiert sich jedoch je nach Jahreszeit. In den wärmeren Monaten frisst es vorwiegend Bogong-Falter, die jährlich in die Australischen Alpen kommen, und geringe Mengen anderer Insekten. Wenn die Falter im Januar seltener werden, wechselt es zu Samen und Beeren und legt versteckte Vorräte für die bevorstehenden kalten Wintermonate an.

⊟ Bis 12 cm
⊟ Bis 15 cm
⊟ Bis 80 g
⊟ Einzelgänger
⊟ Stark gefährdet

Australische Alpen (Snowy Mountains)

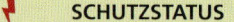

Falter-Happen
Während der aktiven wärmeren Monate machen Bogong-Falter ein Drittel bis die gesamte Nahrung von Burramys parvus aus.

⚡ SCHUTZSTATUS

Bergbilchbeutler Mit einem Gesamtbestand von knapp 2000 erwachsenen Tieren wird diese Art als stark gefährdet eingestuft. Man hielt sie sogar schon für ausgestorben. Sie lebt in einem eng begrenzten Verbreitungsgebiet in Ostaustralien. Ein großer Teil ihres Lebensraums fiel dem Bau von Straßen, Dämmen und Skistationen sowie Waldbränden zum Opfer.

Hundskusu
Trichosurus caninus

Wollkuskus
Phalanger orientalis

Eigentlicher
Tüpfelkuskus
*Spilocuscus
maculatus*

Fuchskusu
Trichosurus vulpecula

Australien-
Mausflugbeutler
Acrobates pygmaeus

Die Gleitmembran
reicht vom Handgelenk zum Knie

Schuppenkuskus
Wyulda squamicaudata

Die gefiederähnliche
Anordnung des Fells am
Schwanz ist einmalig
unter Säugetieren

Bergbilchbeutler
Burramys parvus

Den Greifschwanz
bedecken dicke
Schuppen

Felsen-Ringbeutler
Petropseudes dahli

Streifen-Ringelschwanzbeutler
Pseudochirops archeri

Lemuren-Ringelschwanzbeutler
Hemibelideus lemuroides

Wander-Ringelschwanzbeutler
Pseudocheirus peregrinus

2 gegenständige Zehen an jeder Vorderpfote

Lebt fast ausschließlich auf Bäumen, kommt nur selten zum Boden

Herbert-River-Ringbeutler
Pseudochirulus herbertensis

Im Ruhezustand wird der Schwanz fest eingerollt

AUF EINEN BLICK

Felsen-Ringbeutler Tagsüber bleibt dieses Beuteltier in kühlen Felsspalten, nachts klettert es auf Bäume zum Fressen. Männchen und Weibchen teilen sich die Pflege der Jungen gleichmäßig; dies ist selten bei Säugetieren und unbekannt bei anderen Beuteltieren.

Bis 39 cm
Bis 27 cm
Bis 2 kg
Paarweise
Regional häufig

N-Australien

Streifen-Ringelschwanzbeutler Streifen von Weiß, Gelb und Schwarz auf seinen Haaren geben dieser Art die typische hellgrüne Färbung. Mit ihrer Hilfe kann das Tier sich in den Bäumen des Regenwalds vor Feinden verbergen. Es frisst vorwiegend Blätter.

Bis 38 cm
Bis 38 cm
Bis 1,3 kg
Einzelgänger
Weniger gefährdet

NO-Australien

Wanderringelschwanzbeutler Den Großteil der Nahrung dieses nachtaktiven Tiers bilden Eukalyptusblätter. Es frisst auch Früchte, Blüten und Nektar, in Stadtgebieten sogar Rosenknospen. Kleine Familiengruppen leben in Nestern aus Rinde, Zweigen und Farnen in einer Astgabel oder in Gebüsch.

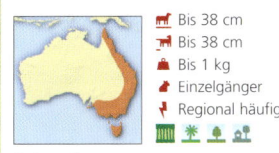

Bis 38 cm
Bis 38 cm
Bis 1 kg
Einzelgänger
Regional häufig

O-Australien

GIFT AUF DEM SPEISEPLAN

Der Wander-Ringelschwanzbeutler frisst vorwiegend Eukalyptusblätter, die giftig sind und wenig Nährwert besitzen. Ein spezielles Verdauungssystem mit einem vergrößerten Blinddarm entgiftet die Blätter und bildet weiche Kotkügelchen, die das Tier fressen kann. Unverdautes Material wird als harter Kot ausgeschieden. Wegen dieser energiearmen Nahrung besitzt die Art einen langsamen Stoffwechsel.

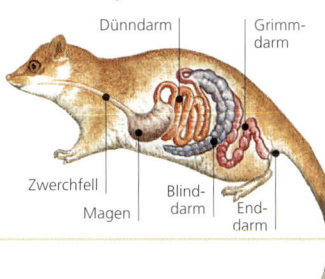

Dünndarm

Grimmdarm

Zwerchfell

Magen

Blinddarm

Enddarm

AUF EINEN BLICK

Hörnchen-Kletterbeutler Dieses Beuteltier sucht sich seinen Lebensraum in durch Waldbrände geschädigten Gebieten im Hochland. Bei Waldbränden sterben alte Bäume ab und machen Platz, damit neue Akazien wachsen können. Familiengruppen teilen sich Nester aus zerkleinerter Rinde in großen hohlen Bäumen. Sie fressen Insekten, die ihre Eier in die Rinde legen.

↔ Bis 17 cm
🐾 Bis 18 cm
⚖ Bis 160 g
🐾 Paarweise, Familien
⚡ Stark gefährdet
🌱

SO-Australien

Lieblingsbissen
Hörnchen-Kletterbeutler fressen nicht nur Insekten, die Eier in die Rinde von Akazien legen, sondern auch den Saft der Bäume.

SAFT-GENIESSER

Eine Membran von den Handgelenken zu den Knöcheln ermöglicht es den Gleitbeutlern bedeutende Strecken von Baum zu Baum in der Luft zurückzulegen. Wenn sie gelandet sind, nagen sie Kerben in die Rinde der Bäume und lecken den Saft. Der große Gleithörnchenbeutler bevorzugt eine Reihe Eukalyptusarten, der Kurzkopfgleitbeutler Akazien und *Eucalyptus resinifera*.

Saft-Lutscher
Große Gleithörnchenbeutler verteidigen ihre Saft-»Quellen« aufs Heftigste.

⚡ SCHUTZSTATUS

Besondere Nester Hörnchen-Kletterbeutler bevorzugen einen speziellen Lebensraum: Sie leben in hohlen alten Bäumen (oft 150 Jahre und älter). Man hielt sie 1939 nach einem Waldbrand, der fast 70 % ihres Verbreitungsgebiets zerstörte, für ausgestorben. Heute gibt es noch etwa 5000 Tiere, doch sie sind durch Waldrodung bedroht. Trotz der Schutzmaßnahmen könnte der Lebensraum für das Überleben dieser Art zu knapp werden.

Riesengleitbeutler
Petauroides volans

Großer Gleithörnchenbeutler
Petaurus australis

Das Fell am Bauch kann weißlich, gelblich oder orangefarben sein

Gleitmembran verläuft vom Ellbogen zu den Knöcheln

Kurzkopfgleitbeutler
Petaurus breviceps

Jeder Hinterfuß trägt eine gegenständige große Zehe, ferner 2 teilweise zusammengewachsene Zehen zur Fellpflege

⚡ **Hörnchen-Kletterbeutler**
Gymnobelideus leadbeateri

Der lange buschige Schwanz dient beim Gleiten als Ruder

Koala
Phascolarctos cinereus

Ernährt sich fast ausschließlich von Eukalyptusblättern

Scharfe Krallen geben festen Halt an glatten Baumstämmen

Die spitze Schnauze sucht in Blüten nach Nektar, die lange borstige Zunge sammelt Blütenstaub

Honigbeutler
Tarsipes rostratus

Der verlängerte vierte Finger mit dem gebogenen Nagel dient dazu, Maden aus dem Holz zu holen

Großer Streifenbeutler
Dactylopsila trivirgata

Nacktnasenwombat
Vombatus ursinus

Fellbedeckte Schnauze

Kräftige Vorderbeine mit kompakten Pfoten und langen, festen Krallen zum Graben von Bauen

Südlicher Haarnasenwombat
Lasiorhinus latifrons

AUF EINEN BLICK

Koala Koalas verbringen ihr ganzes Leben auf Bäumen. Sie schlafen am Tag 18 Stunden und fressen nachts, vor allem die Blätter 5 bestimmter Eukalyptusarten. Zur Paarungszeit brüllen rivalisierende Männchen durch die Nacht. Das Weibchen wirft ein einziges Junges, das es auf dem Rücken trägt, sobald es alt genug ist, den Beutel zu verlassen.

🐾 Bis 82 cm
🐾 Ohne
🐾 Bis 15 kg
🐾 Einzelgänger
🐾 Weniger gefährdet

S- und O-Australien

Südlicher Haarnasenwombat Dieser Wombat kann im Spiel oder aus Angst mit hohem Tempo rennen. Vor der Hitze des Tages schützt er sich in labyrinthischen Gemeinschaftsbauen, nachts taucht er auf, um Gräser, Wurzeln, Rinde und Pilze zu fressen.

🐾 Bis 94 cm
🐾 Ohne
🐾 Bis 32 kg
🐾 Einzelgänger
🐾 Regional häufig

S-Australien

IM UNTERGRUND

Der Nacktnasenwombat gräbt mit den kräftigen Vorderbeinen und Krallen ein ausgedehntes Labyrinth an Bauen, die bis zu 50 cm breit und 30 m lang sein können. Anders als sein Verwandter, der Haarnasenwombat, der seine Baue mit bis zu 10 Artgenossen teilt, verbringt der Nacktnasenwombat seine Zeit allein unter der Erde.

Raffiniertes Design
Der Bau eines Wombats besitzt meist mehrere Eingänge, Seitentunnels und Schlafhöhlen.

 SCHUTZSTATUS

Nördlicher Haarnasenwombat Mit einem Gesamtbestand von 70 Tieren in einem einzigen Nationalpark in Queensland, Australien, gilt der Nördliche Haarnasenwombat (*Lasiorhinus krefftii*) als vom Aussterben bedroht. Einst jagte man ihn wegen seines dichten Fells, heute bedroht die Nahrungskonkurrenz von Viehherden ums Gras diese Art.

AUF EINEN BLICK

Goodfellow-Baumkänguru Gleich lange Gliedmaßen und scharfe Krallen helfen ihm beim Klettern in den Bäumen des Regenwalds. Es lebt in kleinen Gruppen und frisst Blätter und Früchte.

🐾 Bis 63 cm
🐾 Bis 76 cm
🏋 Bis 8,5 kg
🚶 Einzelgänger
⚡ Stark gefährdet

Neuguinea

Flachnagelkänguru Es hat einen hornigen Sporn am Schwanz und verbringt den Tag in einem flachen Bau unter einem Busch. Nachts frisst es Graswurzeln in der Savanne oder im offenen Waldland.

🐾 Bis 70 cm
🐾 Bis 74 cm
🏋 Bis 9 kg
🚶 Einzelgänger
⚡ Regional häufig

N-Australien

Rotes Rattenkänguru Es ist an einige Lebensräume angepasst, von Laubwald bis zu trockenem Grasland. Es nimmt weder grüne Pflanzen noch Wasser zu sich. Seine Hauptnahrung sind Pilze, die es aus dem Boden gräbt.

🐾 Bis 38 cm
🐾 Bis 35 cm
🏋 Bis 1,6 kg
🚶 Einzelgänger
⚡ Schutz nötig

SW-Australien
● Frühere Verbreitung

Rotbeinfilander Das einzige bodenbewohnende Wallaby, das in feuchten Tropenwäldern lebt, ist nachtaktiv und sucht im dichten Unterholz nach Blättern, Früchten, Rinde und Zikaden.

🐾 Bis 54 cm
🐾 Bis 47 cm
🏋 Bis 6,5 kg
🚶 Einzelgänger
⚡ Regional häufig

O-Australien, Neuguinea

SCHUTZSTATUS

Bürstenschwanzkänguru Früher lebte es in zwei Dritteln Australiens, heute beschränkt es sich auf einige kleine Gebiete. Eingeführte Arten jagten es und waren Nahrungskonkurrenten. Teile seines Lebensraums gingen als Ackerland verloren. In den letzten Jahren ermöglichten Zuchtprogramme und die Kontrolle der Fuchspopulation die Wiedereinführung in Südaustralien.

Das Junge bleibt im Beutel, bis es halb erwachsen ist

Bennett-Baumkänguru
Dendrolagus bennettianus

Goodfellow-Baumkänguru
Dendrolagus goodfellowi

4 etwa gleich lange Gliedmaßen

Langschnauzen-Kaninchenkänguru
Potorous tridactylus

Flachnagel-känguru
Onychogalea unguifera

Bürstenschwanzkänguru
Bettongia penicillata

Rotbeinfilander
Thylogale stigmatica

Moschusrattenkänguru
Hypsiprymnodon moschatus

Rotes Rattenkänguru
Aepyprymnus rufescens

FORTPFLANZUNG

Die Besonderheit der Fortpflanzung von Beuteltieren beginnt bei der Anatomie der Eltern. Außen erscheint das weibliche System einfacher als bei Plazentatieren, mit nur einer Öffnung, der Kloake, für das Verdauungs- und das Fortpflanzungssystem. Im Inneren gibt es ein doppeltes Fortpflanzungssystem mit 2 Gebärmuttern und 2 Scheiden. Viele Beuteltierchen-Männchen besitzen einen gegabelten Penis, der Samen in beide Scheiden abgibt. Ein trächtiges Weibchen entwickelt eine dritte Scheide als Geburtskanal. Nach kurzer Tragzeit – von 12 Tagen bei einigen Nasenbeutler-Arten bis 38 Tagen beim Grauen Riesenkänguru – kommen embryoartige Junge zur Welt, die zu einer Zitze (meist im Beutel) kriechen. Wenn die Jungen voll entwickelt sind, verlassen sie den Beutel, sind aber erst nach mehreren Monaten entwöhnt.

Doppelt Mit zwei Gebärmuttern und zwei Scheiden unterscheidet sich die innere Anatomie der weiblichen Beuteltiere deutlich von den Plazentatieren. Wenn ein Beuteltier-Weibchen trächtig wird, entwickelt es einen dritten Gang für die Geburt der Jungen.

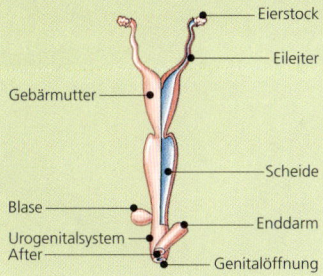

- Eierstock
- Eileiter
- Gebärmutter
- Scheide
- Blase
- Enddarm
- Urogenitalsystem
- After
- Genitalöffnung

Weibliches Plazentatier
Dieses System besitzt eine einzige Gebärmutter und eine einzige Scheide sowie getrennte Öffnungen für das Fortpflanzungs- und das Verdauungssystem.

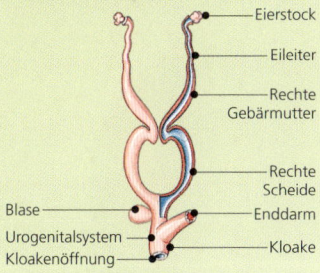

- Eierstock
- Eileiter
- Rechte Gebärmutter
- Rechte Scheide
- Blase
- Enddarm
- Urogenitalsystem
- Kloakenöffnung
- Kloake

Nicht trächtiges Beuteltier-Weibchen
2 Gebärmuttern führen zu 2 Scheiden. Beide Scheiden und der Enddarm münden in eine einzige Öffnung, die Kloake.

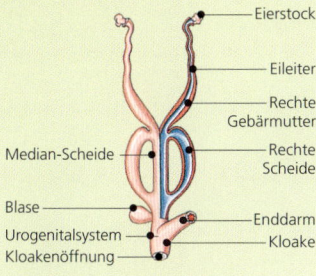

- Eierstock
- Eileiter
- Rechte Gebärmutter
- Rechte Scheide
- Median-Scheide
- Blase
- Enddarm
- Urogenitalsystem
- Kloake
- Kloakenöffnung

Trächtiges Beuteltier-Weibchen
Ein zentraler Geburtskanal entsteht während der Trächtigkeit. Bei den meisten Beuteltierarten verschwindet er nach der Geburt, doch bei den Kängurus und dem Honigbeutler bleibt er dauerhaft.

Im Beutel Bei der Geburt ist ein Beuteltier winzig – das Neugeborene eines Roten Riesenkängurus besitzt nur 0,003 % des Gewichts der Mutter, ein menschliches Baby dagegen bringt etwa 5 % des Gewichts der Mutter auf die Waage. Am Ende der Entwöhnung ist das Gewichtsverhältnis von Jungen zur Mutter bei Beuteltieren und Plazentatieren etwa gleich.

1. Auf dem Weg
Neugeborene Tüpfelbeutelmarder (Dasyurus viverrinus) kriechen durchs Fell am Bauch der Mutter, um die Zitzen im Beutel zu finden. Zu diesem Zeitpunkt sind Augen, Ohren und Hinterbeine noch embryonal, während Nasenlöcher, Mund und Vorderbeine groß und einsatzfähig sind. Von bis zu 30 geworfenen Jungen überleben nur etwa 6, die sich an den Zitzen der Mutter festsaugen.

Familienplanung Die meisten Kängurus und Wallabys bringen ein einziges Junges zur Welt, paaren sich aber schon am nächsten oder übernächsten Tag wieder. Wenn ein Weibchen ein Junges säugt, das aus dem Beutel heraus- und hineinschlüpft, hat es meist noch ein kleineres Junges im Beutel, das fest an einer Zitze hängt. Außerdem trägt das Weibchen wahrscheinlich eine Blastozyste, ein befruchtetes Ei, in sich. Dieses ruht, bis sich das Junge von der Zitze löst.

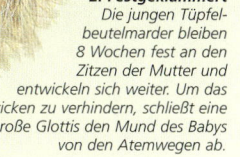

2. Festgeklammert
Die jungen Tüpfelbeutelmarder bleiben 8 Wochen fest an den Zitzen der Mutter und entwickeln sich weiter. Um das Ersticken zu verhindern, schließt eine große Glottis den Mund des Babys von den Atemwegen ab.

3. Hinaus in die Welt
Wenn sie voll entwickelt sind, lösen sich die jungen Tüpfelmarder von den Zitzen und verlassen den Beutel. Sie bleiben aber doch einige Monate bei der Mutter, halten sich bei der Nahrungssuche auf ihrem Rücken, teilen einen Bau zum Schlafen und ernähren sich von Muttermilch.

AUF EINEN BLICK

Parmawallaby Das kleinste Wallaby hatte lange als ausgestorben gegolten, als man es 1965 auf der neuseeländischen Kawau-Insel wieder entdeckte, wo man es lange zuvor eingeführt hatte. Später fand man andere überlebende Populationen in Ostaustralien.

🦘 Bis 53 cm
🦘 Bis 54 cm
⚖ Bis 6 kg
♠ Einzelgänger
🌱 Weniger gefährdet

O-Australien

Rotes Riesenkänguru Es ist das größte Beuteltier und hüpft meist langsam, kann aber auch Geschwindigkeiten von 55–70 km/h erreichen. Männchen dieser Art tragen ein rötliches Fell, Weibchen sind bläulich grau.

🦘 Bis 140 cm
🦘 Bis 99 cm
⚖ Bis 85 kg
🦘🦘 Herde
🌱 Häufig

Australien

IN DER GRUPPE

Große Kängurus sammeln sich oft in Gruppen von 50 oder mehr Tieren – eine Strategie, mit der Feinde, wie Dingos, abgeschreckt werden. Die Möglichkeit, sich zu paaren, hängt von der Stellung der Männchen in der Gruppenhierarchie ab, die sich nach der Größe richtet. Ein dominantes graues Riesenkänguru zeugt in einer Saison bis zu 30 Junge, die meisten Männchen bekommen keine Chance zur Paarung.

Kickboxen
Känguru-Männchen kämpfen mit Tritten der kräftigen Hinterbeine um Dominanz.

SCHUTZSTATUS

Von den 295 Beuteltierarten stehen 56 % auf der Roten Liste der IUCN mit folgenden Wertungen:

10	Ausgestorben
5	Vom Aussterben bedroht
27	Stark gefährdet
47	Gefährdet
45	Weniger gefährdet
32	Keine Angabe

Ringschwanz-Felskänguru
Petrogale xanthopus

Auffällig gezeichnetes Fell mit typischem kräftigem Rot, gelben Gliedmaßen und gestreiftem Schwanz

Zwergsteinkänguru
Petrogale concinna

Die rauen Sohlen der Hinterfüße geben Halt auf Felsen

Bürsten-Felskänguru
Petrogale penicillata

Parmawallaby
Macropus parma

Brillen-Hasenkänguru
Lagorchestes conspicillatus

Graues Riesenkänguru
Macropus giganteus

Rotes Riesenkänguru
Macropus rufus

Quokka
Setonix brachyurus

Hüpft auf der vierten und fünften Zehe der Hinterfüße

NEBENGELENKTIERE

KLASSE	Mammalia
ORDNUNG	Xenarthra
FAMILIEN	4
GATTUNGEN	13
ARTEN	29

Einige der eigenartigsten Tiere – Ameisenbären, Faultiere und Gürteltiere – bilden die Ordnung Nebengelenktiere, eine alte Ordnung, die einst viel umfangreicher war und zu der am Boden lebende Faultiere gehörten, größer als Elefanten, und gepanzerte Säugetiere, größer als Eisbären. Diese Tiere kommen nur in Amerika vor und besitzen zusätzliche Gelenke, die Nebengelenke, im unteren Bereich der Wirbelsäule. Sie schränken Drehungen ein, kräftigen aber den unteren Rücken und die Hüften. Das ist insbesondere für die grabenden Gürteltiere wichtig. Diese Arten besitzen ein kleines Gehirn und nur wenige oder, wie der Ameisenbär, gar keine Zähne.

Anhängliches Junges Nach einer Tragzeit von einem Jahr wirft das Faultier-Weibchen ein einziges Junges und säugt es etwa einen Monat. Das Junge bleibt noch einige Monate bei seiner Mutter und klammert sich mit den gebogenen Krallen an deren dichtem Fell fest.

Toilettenecke Etwa einmal pro Woche verlässt ein Faultier die Bäume, um am Boden Kot abzusetzen. Da es sein Körpergewicht nicht tragen kann, zieht es sich mit seinen langen Vorderbeinen vorwärts. Den Platz zum Kotabsetzen wählt es sorgfältig aus. Vielleicht düngt es dabei seine Lieblingsbäume.

LANGSAM UND STETIG

Dank ihres langsamen Stoffwechsels und ihrer niedrigen Körpertemperatur können die Ameisenbären und Faultiere sich auf Nahrung spezialisieren, die zwar reichlich vorhanden ist, aber nur wenig Energie liefert. Die Nahrung der Gürteltiere zeichnet sich durch Vielfalt aus. Doch die Tiere leben in Bauen unter der Erde, wo ihr langsamer Stoffwechsel hilft, ein Überhitzen zu verhindern. Die Ameisenbären, vom bodenlebenden Großen Ameisenbär bis zum baumlebenden Zwergameisenbär, finden mit dem guten Geruchssinn Ameisen und Termiten. Aus der langen röhrenförmigen Schnauze schnellt eine noch längere, mit winzigen Stacheln besetzte Zunge heraus. Durch den klebrigen Speichel bleibt die Beute daran hängen.

Die trägen Faultiere verbringen fast ihre gesamte wache Zeit mit dem Fressen von Blättern. Sie vertilgen solche Mengen, dass der volle Magen ein Drittel des Körpergewichts ausmacht. Im mehrteiligen Magen werden Gifte neutralisiert. Es dauert einen Monat und mehr, bis die Blätter ganz verdaut sind.

Der Panzer aus hornbedeckten Knochenplatten schützt Gürteltiere vor Feinden und erleichtert ihnen die Nahrungssuche in dorniger Vegetation. Ihre Nahrung besteht vorwiegend aus Wirbellosen, aber auch aus Früchten und Reptilien. Mit kräftigen Beinen und scharfen Krallen graben sie bis zu 20 Baue im Revier und suchen nach Beute.

EINGEBAUTE DECKE

Der Große Ameisenbär ruht bis zu 15 Stunden pro Tag. Er gräbt eine flache Mulde in den Boden, legt sich hinein und schlingt seinen buschigen, fächerförmigen Schwanz um sich. Das liefert nicht nur Wärme, sondern verbirgt den Ameisenbären, wenn er am schutzlosesten ist.

Tiefgang Die scharfen vorderen Krallen des Ameisenbären reißen betonähnliche Termitenhügel auf, damit die lange klebrige Zunge Insekten aufsammeln kann. Sein Angriff zerstört den Hügel nicht. Er dauert nur einige Minuten und nur wenige Termiten werden gefressen. Die überlebenden Termiten reparieren den Hügel.

AUF EINEN BLICK

Kragenfaultier Bis auf eine schwarze Mähne über den Schultern ist das raue zottige Fell dieses Tiers graubraun, oft durch grüne Algen getönt. Die grüne Farbe tarnt das langsame Faultier auf den Bäumen, auf denen es lebt.

- 🐾 Bis 50 cm
- 📏 Bis 5 cm
- ⚖️ Bis 4,2 kg
- 👤 Einzelgänger
- ⚡ Stark gefährdet

NO-Südamerika

Zwergameisenbär Die baumbewohnende Art hält sich mit langen Krallen und einem Greifschwanz an Ästen und frisst Baumameisen und -termiten. Beide Eltern pflegen das einzige Junge.

- 🐾 Bis 21 cm
- 📏 Bis 23 cm
- ⚖️ Bis 275 g
- 👤 Einzelgänger
- ⚡ Bedingt häufig

Mittelamerika und nördliches Südamerika

IDENTISCHE MEHRLINGE

Das einzige Nebengelenktier in den USA, das Neunbinden-Gürteltier, vergrößerte sein Verbreitungsgebiet in den vergangenen 150 Jahren rasant. Die einzige befruchtete Eizelle teilt sich in mehrere identische Embryonen. Diese Besonderheit tritt unter allen Wirbeltieren ausschließlich bei den beiden Arten der Gattung *Dasypus* auf.

Gleichheit Das Neunbindengürteltier wirft normalerweise 4 identische Junge (Vierlinge).

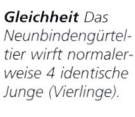

- 🐾 Bis 57 cm
- 📏 Bis 45 cm
- ⚖️ Bis 6 kg
- 👤 Einzelgänger
- ⚡ Häufig

Nordamerika und Südamerika

SCHUTZSTATUS

Gefährdete Faultiere Faultiere sind Nahrungsspezialisten, die kaum natürliche Konkurrenten oder Feinde besitzen. So verbreiteten sie sich in Mittel- und Südamerika. Ihr Überleben hängt vom Fortbestehen des Regenwalds ab, der erschreckend schnell verschwindet. Das Kragenfaultier gilt bereits als gefährdet, es kommt nur noch in einem kleinen Gebiet an der Küste Brasiliens vor.

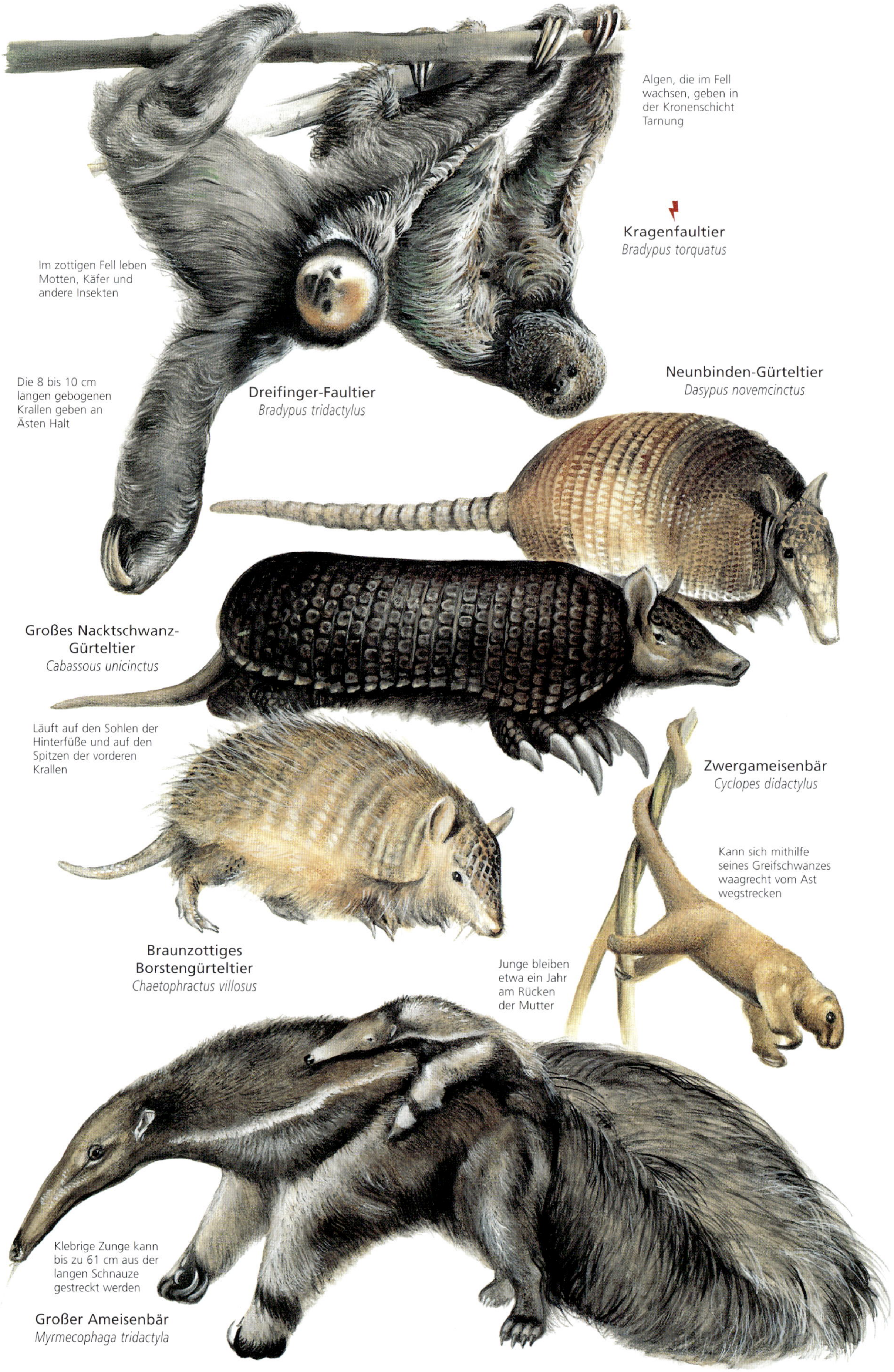

Algen, die im Fell wachsen, geben in der Kronenschicht Tarnung

Kragenfaultier
Bradypus torquatus

Im zottigen Fell leben Motten, Käfer und andere Insekten

Die 8 bis 10 cm langen gebogenen Krallen geben an Ästen Halt

Dreifinger-Faultier
Bradypus tridactylus

Neunbinden-Gürteltier
Dasypus novemcinctus

Großes Nacktschwanz-Gürteltier
Cabassous unicinctus

Läuft auf den Sohlen der Hinterfüße und auf den Spitzen der vorderen Krallen

Zwergameisenbär
Cyclopes didactylus

Kann sich mithilfe seines Greifschwanzes waagrecht vom Ast wegstrecken

Braunzottiges Borstengürteltier
Chaetophractus villosus

Junge bleiben etwa ein Jahr am Rücken der Mutter

Klebrige Zunge kann bis zu 61 cm aus der langen Schnauze gestreckt werden

Großer Ameisenbär
Myrmecophaga tridactyla

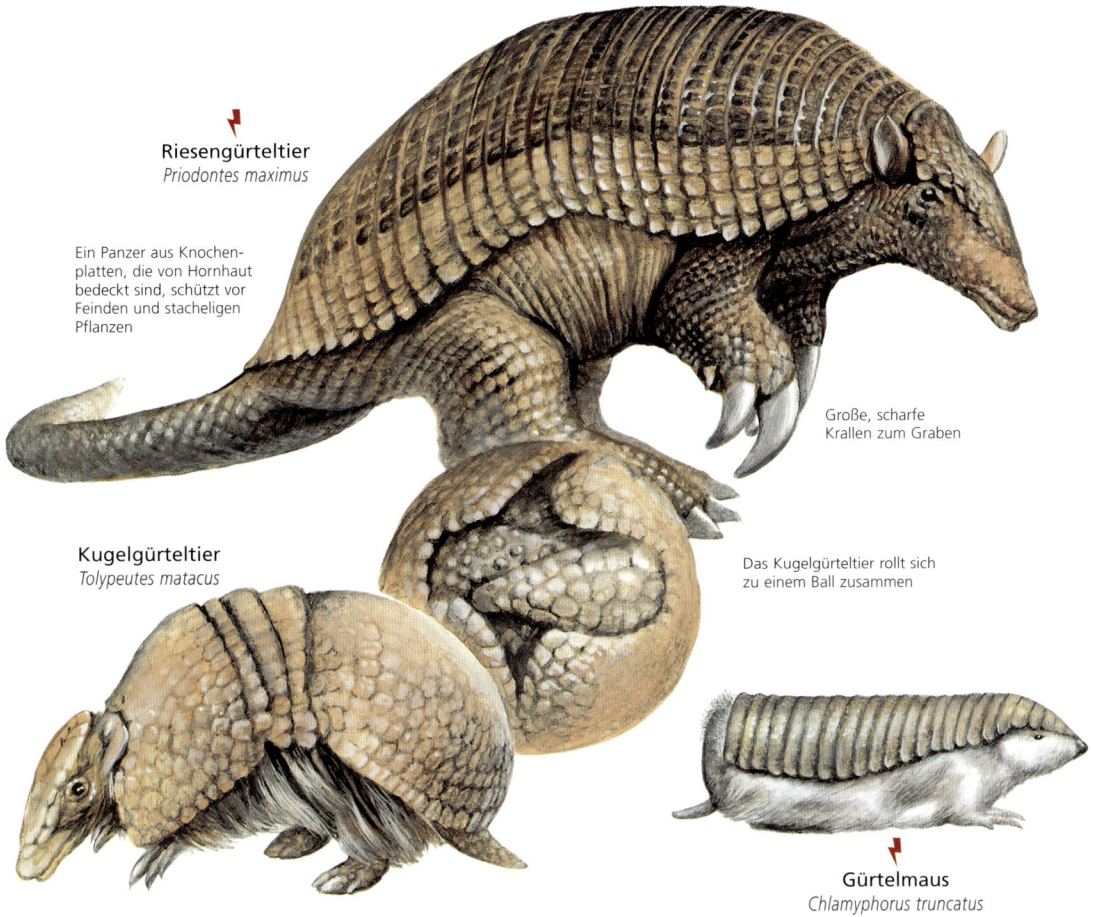

Riesengürteltier
Priodontes maximus

Ein Panzer aus Knochen-
platten, die von Hornhaut
bedeckt sind, schützt vor
Feinden und stacheligen
Pflanzen

Große, scharfe
Krallen zum Graben

Kugelgürteltier
Tolypeutes matacus

Das Kugelgürteltier rollt sich
zu einem Ball zusammen

Gürtelmaus
Chlamyphorus truncatus

SCHUPPENTIERE

KLASSE	Mammalia
ORDNUNG	Pholidota
FAMILIE	Manidae
GATTUNG	*Manis*
ARTEN	7

Die Schicht aus verhornten Schuppen, die aus der dicken Haut wächst, unterscheidet die Schuppentiere von allen anderen Säugetieren. Die Zunge ist länger als Kopf und Körper des Tieres, sie wird in Ruhe im Maul aufgerollt und kann herausschnellen, um in Ameisen- und Termitenhügeln zu suchen. Schuppentiere besitzen keine Zähne. Die Nahrung wird durch kräftige Muskeln und Steinchen im Magen zerkleinert. Bodenlebende Arten, wie das Riesen–Schuppentier, graben unterirdische Baue. Das Langschwanz–Schuppentier und andere baumlebende Arten besitzen einen Greifschwanz zum Klettern und rollen sich zum Ruhen in hohlen Bäumen zusammen.

Überlappende Schuppen
bedecken den Körper,
außer Bauch, Beininnen-
und Schwanzunterseite

Das Tier wirft seine
Schuppen im Lauf
des Lebens ab und
erneuert sie

Riesen-Schuppentier
Manis gigantea

AUF EINEN BLICK

Riesengürteltier Es ist etwa so groß wie ein Deutscher Schäferhund. Mit den riesigen Krallen an den Vorderpfoten gräbt es seine Baue und wühlt in Termitenhügeln. Es bevorzugt Termiten, frisst aber auch andere Insekten, außerdem Würmer, Schlangen und Aas.

Bis 100 cm
Bis 55 cm
Bis 30 kg
Einzelgänger
Stark gefährdet

Nördliches Südamerika

Kugelgürteltier Andere Gürteltiere graben sich bei Gefahr rasch ein, doch diese Art rollt sich zu einem festen Ball zusammen, damit der Panzer sie völlig schützt. Mitunter lässt es eine kleine Öffnung, die sich sofort vor der tastenden Pfote eines Feindes schließt. Diese Verteidigungsstrategie nützt nichts beim Menschen, der dieses Gürteltier als Nahrung jagt.

Bis 27 cm
Bis 8 cm
Bis 1,2 kg
Einzelgänger
Weniger gefährdet

Zentrales Südamerika

Asien und Afrika Schuppentiere leben in weiten Teilen Südostasiens und des subtropischen Afrika. Die asiatischen Arten besitzen Ohrmuscheln und Haare an der Schuppenbasis, den afrikanischen Arten fehlen Ohrmuscheln und die Schwanzunterseite trägt keine Schuppen. Wie die Ameisenbären Amerikas und die Ameisenigel Australiens und Neuguineas fressen Schuppentiere nur Ameisen und Termiten.

SCHUTZSTATUS

Gejagt Man jagte die Schuppentiere in Asien gnadenlos wegen des Fleisches und in Afrika wegen der heilenden Wirkung der Schuppen. Die Zerstörung des Regenwalds bedroht diese Nahrungsspezialisten. Das Steppen-Schuppentier (*Manis temminckii*) Afrikas, ebenso wie die 3 asiatischen Arten, das indische (*Manis crassicaudata*), javanisch-malaiische (*Manis javanica*) und das Ohren-Schuppentier (*Manis pentadactyla*), stuft die IUCN als weniger gefährdet ein.

INSEKTENFRESSER

KLASSE	Mammalia
ORDNUNG	Insectivora
FAMILIEN	7
GATTUNGEN	68
ARTEN	428

Spitzmäuse, Maulwürfe, Igel und andere Insektenfresser – kleine flinke Lebewesen mit einer langen, schmalen Schnauze – bilden eine vielgestaltige Ordnung, die heftig diskutiert wird. Alle besitzen gewisse einfache Charakteristika wie ein kleines, glattes Hirn, einfache Knochen im Ohr und einfache Zähne, viele zeigen aber auch Eigenheiten, z. B. Anpassungen ans Graben, Stacheln oder giftigen Speichel. Insektenfresser sind nach ihrer Hauptnahrung benannt, doch viele fressen auch bereitwillig andere Tiere und Pflanzen. Die meist scheuen, nachtaktiven Tiere vertrauen auf ihren Geruchs- und Tastsinn mehr als auf das Sehen, sie besitzen kleine oder winzige Augen.

Weltweit 3 Insektenfresser-Familien – Igel und Haarigel, Maulwürfe und Desmans sowie Spitzmäuse – gibt es weltweit. Die Verbreitung der Schlitzrüssler, Tanreks und Otterspitzmäuse ist begrenzt.

Im Gänsemarsch Damit kein Junges verloren geht, bildet der Nachwuchs der Hausspitzmaus (*Crocidura russula*) eine Kette hinter der Mutter, indem jedes das hintere Ende des Vordertieres fest fasst.

Fastfood Spitzmäuse fressen wegen ihres schnellen Stoffwechsels im Verhältnis zu ihrer Größe Riesenmengen und leben dort, wo es genug Nahrung gibt. Die Wasserspitzmaus (*Neomys fodiens*) ernährt sich von Wirbellosen, Fischen und Fröschen.

KONVERGENTE ARTEN

Die Ordnung Insectivora umfasst zahlreiche Beispiele für konvergente Evolution, bei der Tiere in ähnlichen Lebensräumen ähnliches Verhalten oder körperliche Anpassung zeigen, ohne eng verwandt zu sein.

Einige Insektenfresser haben sich am Wasser ihre Nische gesucht. Die europäischen Desmans und der Wassertanrek (*Limnogale mergulus*) aus Madagaskar entwickelten sich isoliert voneinander und besitzen doch das gleiche dichte, wasserabweisende Fell, den stromlinienförmigen Körper, Füße mit Schwimmhäuten, einen langen Schwanz, der als Ruder dient, und spezielle Vorrichtungen zum Atmen und zum Entdecken von Beute unter Wasser.

Europäische Maulwürfe und afrikanische Goldmulle sind sehr entfernt verwandt. Maulwürfe entwickelten sich aus einem spitzmausartigen Tier, Goldmulle sind näher mit den Tanreks verwandt. Trotzdem sehen sie ähnlich aus und zeigen beide Anpassungen an die grabende Lebensweise. Ihr Körper ist kompakt und zylindrisch, ihre Beine sind kurz und kräftig mit großen Krallen zum Graben an den Vorderfüßen und ihre winzigen Augen stecken unter Fell oder Haut.

Die europäischen Igel und die afrikanischen Tanreks tragen beide ein dichtes Stachelkleid, das sie aufstellen, wenn ein Feind sie bedroht.

Die Schlitzrüssler der Inseln Kuba und Hispaniola sowie die afrikanischen Tanreks entwickelten beide die Echoortung, mit deren Hilfe sie Beute auffinden können.

Günstige Gelegenheiten Insektenfresser sind nicht wählerisch, sie fressen eine Vielfalt an Beutetieren und Pflanzen. Der Westeuropäische Igel bevorzugt Wirbellose wie Regenwürmer, Nacktschnecken, Käfer und Heuschrecken, nimmt aber auch junge Vögel und tote Wirbeltiere zu sich.

Mit dem ganzen Fuß
Fast alle Insektenfresser sind Sohlengänger, sie setzen beim Laufen Fersen, Sohlen und Zehen auf.

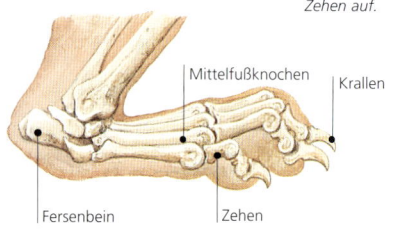

Mittelfußknochen — Krallen

Fersenbein — Zehen

Bei Gefahr stellen sich
steife Haare im Nacken
zur Haube auf

Bedeckt von rauem Fell
und scharfen Stacheln

Großer Tanrek
Tenrec ecaudatus

Zwergtanrek
Geogale aurita

Dicker, schuppiger
Schwanz

Kräftige Krallen, um Insekten
Würmer und kleine Eidechsen
aus Laub zu graben

**Kubanischer
Schlitzrüssler**
Solenodon cubanus

Dank des flachen Kopfes sind
Nasenlöcher, Augen und
Ohren oberhalb der Wasseroberfläche, wenn der Körper
untertaucht

Im dichten Fell bildet
sich beim Schwimmen
eine isolierende Luft-
schicht

Mit den zusammengewachsenen
Zehen an den Hinterfüßen wird
das Fell gepflegt

**Große Otter-
spitzmaus**
Potamogale velox

Ortet die Beute mit den
empfindlichen Schnurrhaaren

Der Schwanz dient im
Wasser dem Antrieb
und der Steuerung

Ruwenzori-Otterspitzmaus
Micropotamogale ruwenzorii

Füße mit Schwimmhäuten

AUF EINEN BLICK

Kubanischer Schlitzrüssler Wie der
Dominikanische Schlitzrüssler (*Solenodon paradoxus*) auf Hispaniola gibt
er aus einer Rinne in einem unteren
Schneidezahn giftigen Speichel ab. Mit
diesem Gift kann er größere Beute wie
Frösche lähmen. Da es in den 1980ern
nur noch eine Hand voll Exemplare
gab, ist die Zukunft der Art ungewiss.

- Bis 39 cm
- Bis 24 cm
- Bis 1 kg
- Einzelgänger
- Stark gefährdet

O-Kuba

Große Otterspitzmaus Das Tier – in
der afrikanischen Folklore als Misch-
wesen aus Fisch und Säugetier bezeichnet – schwimmt kraftvoll mit seitlichen
Schlägen seines seitlich abgeflachten
Schwanzes. Es jagt nachts Krebse, Frösche, Fische und Insekten; dabei vertraut es auf den Geruchs- und Tastsinn.
Danach kehrt es durch einen Eingang
unter Wasser in seinen Bau zurück.

- Bis 35 cm
- Bis 29 cm
- Bis 400 g
- Einzelgänger
- Stark gefährdet

Zentralafrika

MADAGASSISCHE TANREKS

Die Tanreks gehörten zu den ersten
Tieren, die vor 150 Millionen Jahren
nach der Trennung vom afrikanischen
Festland auf die Insel Madagaskar
kamen. Sie passten sich je nach Art an
ein Leben im Wasser, an Land, auf
Bäumen oder im
Untergrund an.

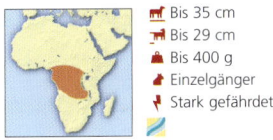

*Knochenschwanz Der Langschwanz-
Tanrek (Microgale longicaudata) hat
47 Wirbel in seinem Schwanz.*

⚡ SCHUTZSTATUS

Schlitzrüssler in Gefahr Die Rote Liste
stuft beide Schlitzrüsslerarten als
stark gefährdet ein. Die Populationen nahmen dramatisch ab, seit die
Europäer Westindien besiedelten.
Da Schlitzrüssler in ihrer Heimat
kaum natürliche Feinde besaßen,
entwickelten sie keine Verteidigungsstrategien und wurden eine
leichte Beute für eingeführte Mangusten, Haushunde und -katzen.
Rodungen für Ackerland zerstörten
auch Teile des Lebensraums.

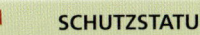

AUF EINEN BLICK

Großer Haarigel Der Geruch nach
fauligen Zwiebeln, kaltem Schweiß
oder Ammoniak kann einen Großen
Haarigel verraten, der in zwei Drüsen
neben dem After einen starken Duft-
stoff produziert. Damit markiert er sein
Revier. Als Einzelgänger zischt der
Große Haarigel bedrohlich oder gibt
tiefe Töne von sich, wenn er einem
Artgenossen begegnet. Tagsüber ruht
er in hohlen Bäumen oder Felsspalten,
nachts jagt er Insekten, Regenwürmer,
Krustentiere, Frösche oder Fische.

🐾 Bis 46 cm
🐾 Bis 30 cm
⚖ Bis 2 kg
♂ Einzelgänger
🏠 Regional häufig
🌿

Malaysische Halbinsel, Sumatra, Borneo

Kleiner Rattenigel Er verbringt die
meiste Zeit am Boden feuchter Bergwälder, wo er sich mit kurzen Sprüngen fortbewegt und auch in Büsche
klettert. Oft lebt er unter Felsen.

🐾 Bis 14 cm
🐾 Bis 3 cm
⚖ Bis 80 g
♂ Einzelgänger
🏠 Regional häufig

Indochina, Malaysia, Indonesien

Hottentotten-Goldmull Mithilfe einer
Hornplatte auf der Nase und von je
4 Zehen mit Krallen an den Vorderfüßen baut dieser Goldmull ausgedehnte,
weit verzweigte Tunnelsysteme. Er
kann nicht sehen, Fell bedeckt die zu-
rückgebildeten Augen.

🐾 Bis 14 cm
🐾 Ohne
⚖ Bis 100 g
♂ Einzelgänger
🏠 Regional häufig
🌱

Südliches Südafrika

⚡ SCHUTZSTATUS

Population unter Druck Der Riesen-
goldmull (*Chrysospalax trevelyani*)
gehört zu den 1000 seltensten Tieren der Welt. Es gibt ihn nur noch in
einigen kleinen Gebieten in der östlichen Kapregion Südafrikas. Die
bereits bedrohte Art steht durch das
Zunehmen der menschlichen Besiedlung noch stärker unter Druck. Zu
Unrecht hat man ihn für Ernteschä-
den verantwortlich gemacht, die
Blindmäuse und andere Nager ver-
ursachten. Haushunde sehen in diesem Goldmull eine Beute. Rodung
für Brenn- und Bauholz bedroht seinen Lebensraum ebenso wie die Einführung von Viehherden.

Großer Haarigel
Echinosorex gymnura

Raue, borstige
Haare

Lange Eckzähne

Spitzmausigel
Neotetracus sinensis

Frisst Wirbellose wie
Würmer und Insekten

Kleiner Rattenigel
Hylomys suillus

Philippinen-Rattenigel
Podogymnura truei

Die scharfen Stacheln richten
sich bei Gefahr auf

Hornplatte auf der
Nase

Hottentotten-Goldmull
Amblysomus hottentotus

Bauch von weichem
Fell bedeckt

Weißbauchigel
Atelerix albiventris

Westeuropäischer Igel
Erinaceus europaeus

Die kräftigen Vorderbeine mit den Krallen
graben Baue und wühlen nach Beute

Moschusspitzmaus
Suncus murinus

Guter Geruchssinn
und scharfes Gehör

Kleine Augen
mit schlechtem
Sehvermögen

Gescheckte Spitzmaus
Diplomesodon pulchellum

Füße mit Haaren besetzt, als
Hilfe beim Laufen im Sand

Zu ihren Lauten gehören
Schreien und Zwitschern

Waldspitzmaus
Sorex araneus

**Kurzschwanz-
spitzmaus**
Blarina brevicauda

**Himalaja-
Wasserspitzmaus**
Chimarrogale himalayica

Füße mit
Schwimmhäuten

Gebirgsbachspitzmaus
Nectogale elegans

AUF EINEN BLICK

Westeuropäischer Igel Wie andere Igel kann diese Art die Stacheln aufstellen oder senken. Um Kopf und Bauch zu schützen, rollt sich das Tier zum stacheligen Ball ein. Nachts sucht es in Feldern, Wäldern und Gärten nach Insekten, Würmern, Eiern und Aas.

🐾 Bis 26 cm
🐾 Bis 3 cm
⚖ Bis 1,6 kg
🐾 Einzelgänger
🐾 Häufig

N- und W-Europa

WINTERSCHLAF DER IGEL

Um den Nahrungsmangel in kalten Wintern zu überstehen, halten Igel einen Winterschlaf. Dafür senken sie ihre Körpertemperatur sowie ihre Herz- und Atemfrequenz, um möglichst wenig Energie zu verbrauchen. Ihr Stoffwechsel wird 100-mal langsamer und sie können das Atmen bis zu 2 Stunden einstellen. Igel im Winterschlaf leben vom gespeicherten Körperfett, werden aber auch alle paar Wochen einmal wach, um Nahrung zu suchen und Kot abzusetzen.

Gut eingerichtet
Der Westeuropäische Igel wendet viel Zeit auf, um für seinen Winterbau einen gut isolierten Platz zu finden.

AUF EINEN BLICK

Hausspitzmaus Wie die Hausmaus lebt auch die Hausspitzmaus schon lange in der Nähe des Menschen. Wenn sie in Häusern Insekten jagt, macht sie ein klimperndes Geräusch.

🐾 Bis 16 cm
🐾 Bis 9 cm
⚖ Bis 90 g
🐾 Einzelgänger
🐾 Häufig

S- und SO-Asien

Kurzschwanzspitzmaus Diese Spitzmaus ist durch eine ähnliche Körperform wie Maulwürfe an die grabende Lebensweise angepasst. Sie jagt bodenlebende Tiere; größere Beute wie Wühlmäuse und Mäuse beißt sie und lähmt sie durch ihren giftigen Speichel.

🐾 Bis 8 cm
🐾 Bis 3 cm
⚖ Bis 30 g
🐾 Einzelgänger
🐾 Häufig

Östliches Nordamerika

AUF EINEN BLICK

Russischer Desman Diese gesellige Art – einst in ganz Europa verbreitet – lebt heute nur in wenigen Flusstälern Russlands. Man jagte ihn wegen des weichen Fells. Heute ist er geschützt.

- Bis 22 cm
- Bis 22 cm
- Bis 220 g
- Einzelgänger
- Gefährdet

O-Europa

Amerikanischer Spitzmausmaulwurf Dem kleinsten Maulwurf Nordamerikas, so groß wie eine Spitzmaus, fehlen die langen Vorderbeine anderer Maulwürfe. Er klettert auf Büsche.

- Bis 8 cm
- Bis 4 cm
- Bis 11 g
- Einzelgänger
- Regional häufig

Westliches Nordamerika

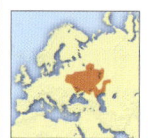

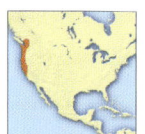

EMPFINDLICHE STERNE

Mit einer Gruppe fleischiger Tentakel um seine Nase spürt der Sternmull Fische, Blutegel, Schnecken und andere Beute im Wasser auf. Verlässt der wendige Schwimmer das Wasser, zieht er sich in sein Tunnelsystem zurück.

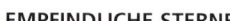

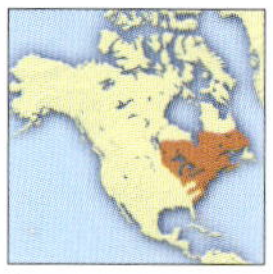

- Bis 13 cm
- Bis 8 cm
- Bis 85 g
- Einzelgänger
- Regional häufig

Östliches Nordamerika

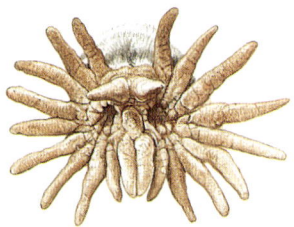

Sensibel *Jedes der 22 Tentakel des Sternmulls enthält Tausende sensorische Zellen.*

SCHUTZSTATUS

Von den 428 Arten Insektenfressern stehen 40 % auf der Roten Liste der IUCN unter folgendem Status:

- 5 Ausgestorben
- 36 Vom Aussterben bedroht
- 45 Stark gefährdet
- 69 Gefährdet
- 5 Weniger gefährdet
- 9 Keine Angaben

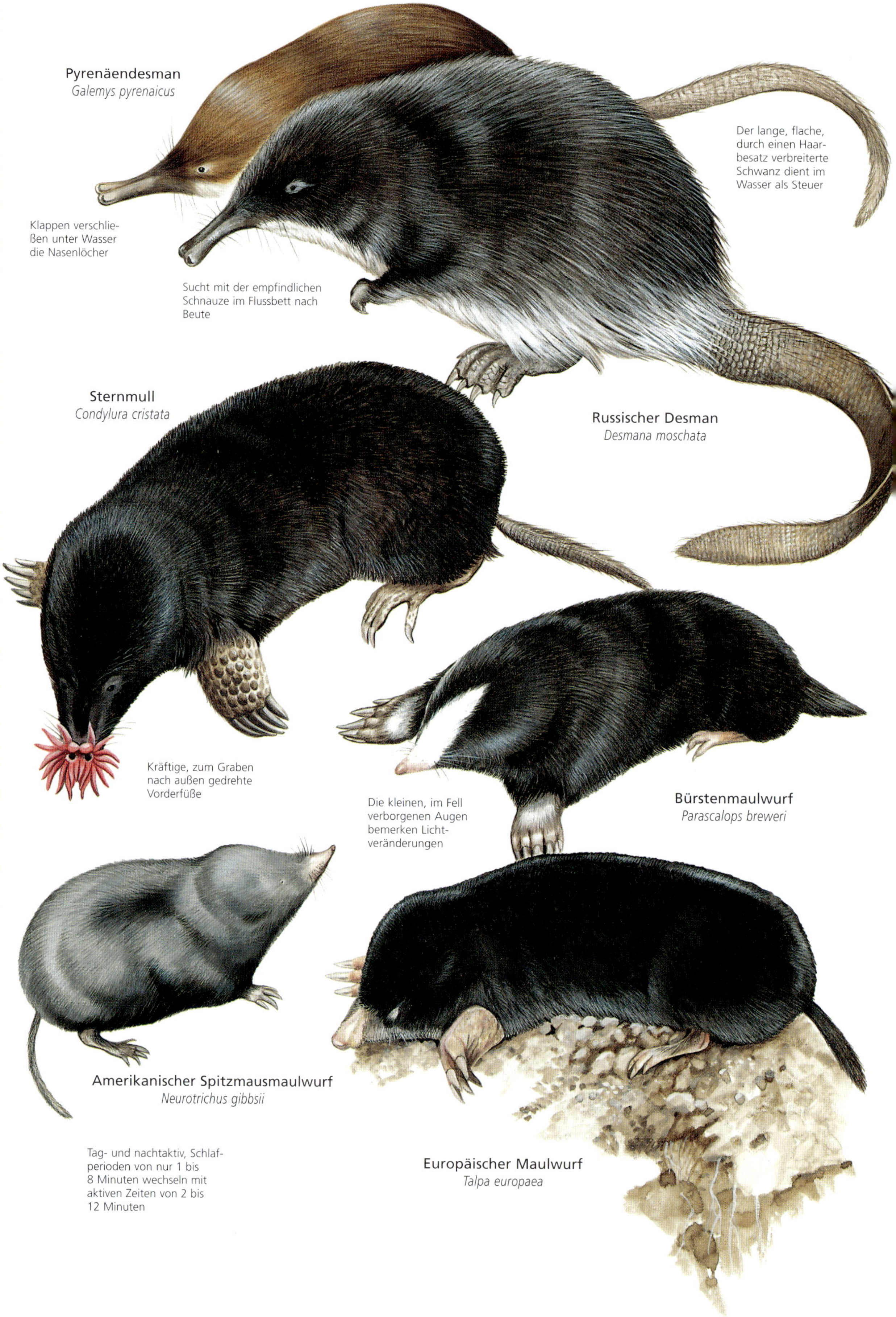

Pyrenäendesman
Galemys pyrenaicus
Klappen verschließen unter Wasser die Nasenlöcher
Sucht mit der empfindlichen Schnauze im Flussbett nach Beute
Der lange, flache, durch einen Haarbesatz verbreiterte Schwanz dient im Wasser als Steuer
Russischer Desman
Desmana moschata
Sternmull
Condylura cristata
Kräftige, zum Graben nach außen gedrehte Vorderfüße
Die kleinen, im Fell verborgenen Augen bemerken Lichtveränderungen
Bürstenmaulwurf
Parascalops breweri
Amerikanischer Spitzmausmaulwurf
Neurotrichus gibbsii
Tag- und nachtaktiv, Schlafperioden von nur 1 bis 8 Minuten wechseln mit aktiven Zeiten von 2 bis 12 Minuten
Europäischer Maulwurf
Talpa europaea

LEBEN UNTER DER ERDE

Oft erkennt man das Vorhandensein von Maulwürfen nur an den Maulwurfshügeln, die beim Graben eines senkrechten Ganges entstehen. Maulwürfe verbringen fast ihr ganzes Leben unter der Erde und besitzen dort ein Tunnelsystem mit Kammern, in denen sie schlafen und ihre Jungen versorgen. In den Gängen jagen sie Regenwürmer, Insektenlarven, Nacktschnecken und andere bodenlebende Wirbellose. Ein Maulwurf kann 20 Meter Tunnel pro Tag graben. Er kommt nur an die Oberfläche, um Gras und Laub zu sammeln oder wenn ein stärkeres Tier ihn vertrieben hat.

Im Dunkeln Maulwürfe paaren sich im Bau des Weibchens während einer Paarungszeit von nur 24 bis 48 Stunden. Einen Monat später kommen meist 3 Junge zur Welt, die einen Monat in der Nistkammer versorgt werden. Nach Erkundungsgängen mit der Mutter im Tunnelsystem müssen junge Maulwürfe bald ihr eigenes Tunnelsystem anderswo graben.

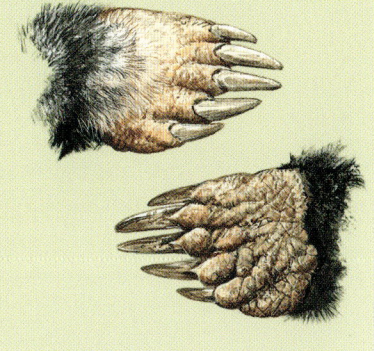

Zum Graben geschaffen Maulwürfe besitzen große, kräftige Vorderbeine mit nach außen gerichteten Händen und spatenähnlichen Krallen. Beim Graben wirft der Maulwurf Erde zur Seite und nach hinten, mit den kürzeren Hinterbeinen stützt er sich ab.

Tunnel zur Nahrungssuche, um Maden, Würmer und andere unter der Erde lebende Beute zu fangen

Ein senkrechter Schacht verbindet das System mit der Oberfläche, den Eingang kennzeichnet ein Maulwurfshügel

Das Tunnelsystem verbindet die Schlaf-, Nist- und Vorratskammer

Maulwurfstunnel können insgesamt 100 bis 200 m lang sein und 70 cm tief in den Boden reichen

Der Maulwurf ergreift wirbellose Beute, die im Tunnel gelandet ist

Die Jungen werden in einer mit Blättern gepolsterten Kammer geboren und aufgezogen

Tunnelfalle Das mehrstöckige Tunnelsystem des Maulwurfs besteht aus Haupt- und Seitentunnels mit einer einzigen Nistkammer. Die Tunnels bilden eine dauernde Falle, in der sich Regenwürmer und andere wirbellose Beute fängt, die sich durch die Erde bewegt. Ein Maulwurf köpft einen gefangenen Regenwurm rasch und zieht ihn dann durch seine vorderen Krallen, um Grit und Sand zu entfernen. Überzählige Würmer werden in einem Versteck lebend aufbewahrt, als Vorrat für härtere Zeiten.

Empfindliche Schnauze

Winzige Augen

Fell mit wechselndem Strich

Riesige Vorderfüße

Spatenähnliche Krallen

Unterirdisch Die Anatomie des Maulwurfs ist hervorragend an das Leben unter der Erde angepasst. Die muskulösen Schultern und die vergrößerten Vorderbeine ermöglichen kraftvolles Graben. Das dichte Fell kann in jede Richtung liegen, sodass das Tier sich leicht vorwärts oder rückwärts bewegen kann. Die im Fell versteckten kleinen Augen nehmen nur Lichtänderungen wahr. Mit der berührungsempfindlichen, beweglichen Schnauze sucht es Nahrung.

RIESENGLEITER

KLASSE	Mammalia
ORDNUNG	Dermoptera
FAMILIE	Cynocephalidae
GATTUNG	Cynocephalus
ARTEN	2

Wie ihr Name sagt, gleiten Riesengleiter durch die Luft. Sie bilden eine eigene kleine Ordnung, Dermoptera (»Hautflügel«). Die etwa katzengroßen Tiere sind am Boden hilflos und klettern linkisch und taumelnd, aber gleiten mit Leichtigkeit im heimischen Regenwald von Baum zu Baum. Riesengleiter sind nachtaktiv, das verringert die Gefahr, dass sie während eines Gleitflugs einem geschickten Greifvogel zum Opfer fallen. Am Tag ruhen sie: Sie kuscheln sich entweder in einen hohlen Baum oder hängen mit ihren scharfen Krallen an einem Stamm. Ein Riesengleiter-Weibchen wirft ein einziges, ziemlich unentwickeltes Junges und trägt es am Bauch, bis es entwöhnt ist. Die Gleitmembran lässt sich zu einer bequemen Tasche für das Junge falten. Wenn die Mutter kopfunter am Baum hängt, bildet sie eine Hängematte.

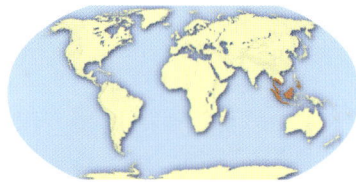

Auf kleinem Gebiet Der Malaien-Gleitflieger lebt in Malaysia, Thailand und Indonesien, während der Philippinen-Gleitflieger nur auf den Philippinen vorkommt. Einheimische jagen beide Arten wegen Fell und Fleisch. Auch die Zerstörung des Regenwalds bedroht die Arten.

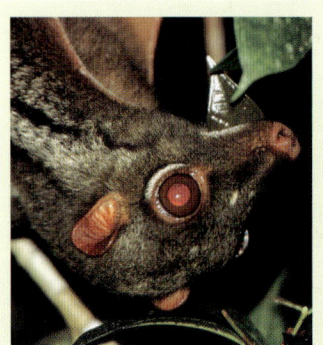

LAUBFRESSER
In ihrem spezialisierten Magen verdauen Riesengleiter die großen Mengen an Blättern, aus denen ihre Nahrung vorwiegend besteht. Sie fressen auch Knospen, Blüten, Früchte und wohl auch Baumsaft.

Die Gleitmembran bildet eine Hängematte für das Junge

Malaien-Gleitflieger
Cynocephalus variegatus

Klettert mit einer Reihe von Sprüngen am Stamm hoch und schlägt dabei die scharfen Krallen fest in die Rinde

Wie ein Drachen Die Gleitmembran erstreckt sich vom Hals zu den Fingern, Zehen und dem Schwanz. Sie ist bei den Riesengleitern größer als bei allen anderen Gleitfliegern. Ein Riesengleiter kann bis 135 m durch die Luft fliegen und dank des räumlichen Sehens eine exakte Landung schaffen. 4 weitere Säugetiergruppen können gleiten: Hörnchen (*Sciuridae*), Dornschwanzhörnchen (*Anomaluridae*), Gleitbeutler (*Petauridae*) und der Riesengleitbeutler (*Pseudocheiridae*).

Philippinen-Gleitflieger
Cynocephalus volans

SPITZHÖRNCHENARTIGE

KLASSE Mammalia

ORDNUNG Scandentia

FAMILIEN Tupaiidae

GATTUNGEN 5

ARTEN 19

In manchen asiatischen Tropenwäldern huschen kleine eichhörnchenähnliche Säugetiere, Spitzhörnchen, über den Boden und an Stämmen entlang und suchen Insekten, Würmer, kleine Wirbellose und Früchte. Ihre scharfen Krallen und gespreizten Zehen geben festen Halt an Rinde und Felsen, der lange Schwanz hilft beim Balancieren. Beim Fressen halten sie die Nahrung in den Pfoten, sitzen in der Hocke und achten auf Feinde wie Schlangen, Greifvögel und Mangusten. Im Schnitt kommen 3 Junge in einem Nest aus Blättern zur Welt, das oft der Vater in einem hohlen Baum baut. Die Mutter besucht die Jungen meist nur alle 2 Tage. Man betrachtet Spitzhörnchen als einfache Form der Plazentatiere. Einige verbringen fast die ganze Zeit in Bäumen, die meisten leben teilweise am Boden, andere klettern nie auf Bäume.

Geteilte Familie Spitzhörnchen leben in den tropischen Regenwäldern von Süd- und Südostasien. Zunächst rechnete man sie zu den Insektenfressern, später zu den Primaten, heute bilden sie eine eigene Ordnung (Scandentia) mit einer einzigen Familie (Tupaiidae), die sich in zwei Unterfamilien gliedert. Zur Unterfamilie Ptilocercinae gehört nur eine Art, der Federschwanz, der auf Borneo und der Malaysischen Halbinsel lebt. Die Unterfamilie Tupaiinae umfasst die 18 anderen Arten der Spitzhörnchen. Die meisten dieser Arten leben auf Borneo, während die restlichen über Ostindien und Südostasien verteilt sind.

Everetts Spitzhörnchen
Urogale everetti

Federschwanz
Ptilocercus lowii

Einziges rein nachtaktives Spitzhörnchen

Der schuppige Schwanz zuckt ständig

Gewöhnliches Spitzhörnchen
Tupaia glis

Mit der langen Schnauze sucht er in der Laubstreu am Waldboden nach Insekten und Samen

Tana
Tupaia tana

Treue Partner Während ihres 2 bis 3 Jahre dauernden Lebens bilden die Gewöhnlichen Spitzhörnchen eine dauerhafte Partnerschaft. Bei Tag sucht jeder Partner allein Nahrung, doch das Paar teilt ein Revier und verteidigt es gegen Artgenossen. Um ihr Besitztum zu kennzeichnen, markieren sie strategische Punkte und neue Objekte mit Urin, Kot oder einem Duft, den Drüsen auf Brust und Unterleib abgeben, wenn sie ihren Körper an Blättern oder anderen Oberflächen reiben. Spitzhörnchen setzen auch bei ihrem Partner und ihren Jungen Duftmarken. Wird der Duft abgerieben, kann es passieren, dass ein Weibchen seine Jungen nicht mehr erkennt und sie frisst.

SCHUTZSTATUS

Von 19 Arten Spitzhörnchen stehen 32 % auf der Roten Liste der IUCN, und zwar unter dem Schutzstatus:

2 Stark gefährdet

4 Gefährdet

FLEDERTIERE

KLASSE	Mammalia
ORDNUNG	Chiroptera
FAMILIE	18
GATTUNGEN	177
ARTEN	993

Als einzige Säugetiere mit schlagenden Flügeln und daher als einzige, die richtig fliegen können, fliegen Fledermäuse mit bis zu 50 km/h. So können sie große Strecken zurücklegen und Nahrungsquellen in einem weiten Bereich nützen. Sie kommen in den meisten Teilen der Welt vor, auch auf fernen Inseln wie Neuseeland und Hawaii, wo sie die einzigen heimischen Landsäugetiere sind. Etwa 1000 Fledermausarten bilden die Ordnung Chiroptera, die zweitgrößte Säugetierordnung. Diese Ordnung gliedert sich in 2 Unterordnungen: Megachiroptera und Microchiroptera, zu der vorwiegend Insekten fressende Tiere gehören.

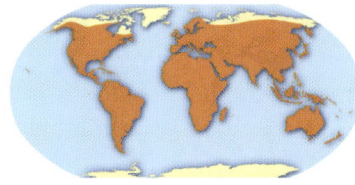

In der ganzen Welt Fledertiere umfassen fast ein Viertel aller Säugetierarten. Am zahlreichsten sind sie in wärmeren Regionen, doch es gibt sie weltweit, außer in den Polargebieten und auf einigen isolierten Inseln. Fledertiere im Wald besitzen meist relativ große, breite, sehr manövrierfähige Flügel, während Fledertiere in offenen Lebensräumen kleine, schmale Flügel zum schnellen Fliegen haben.

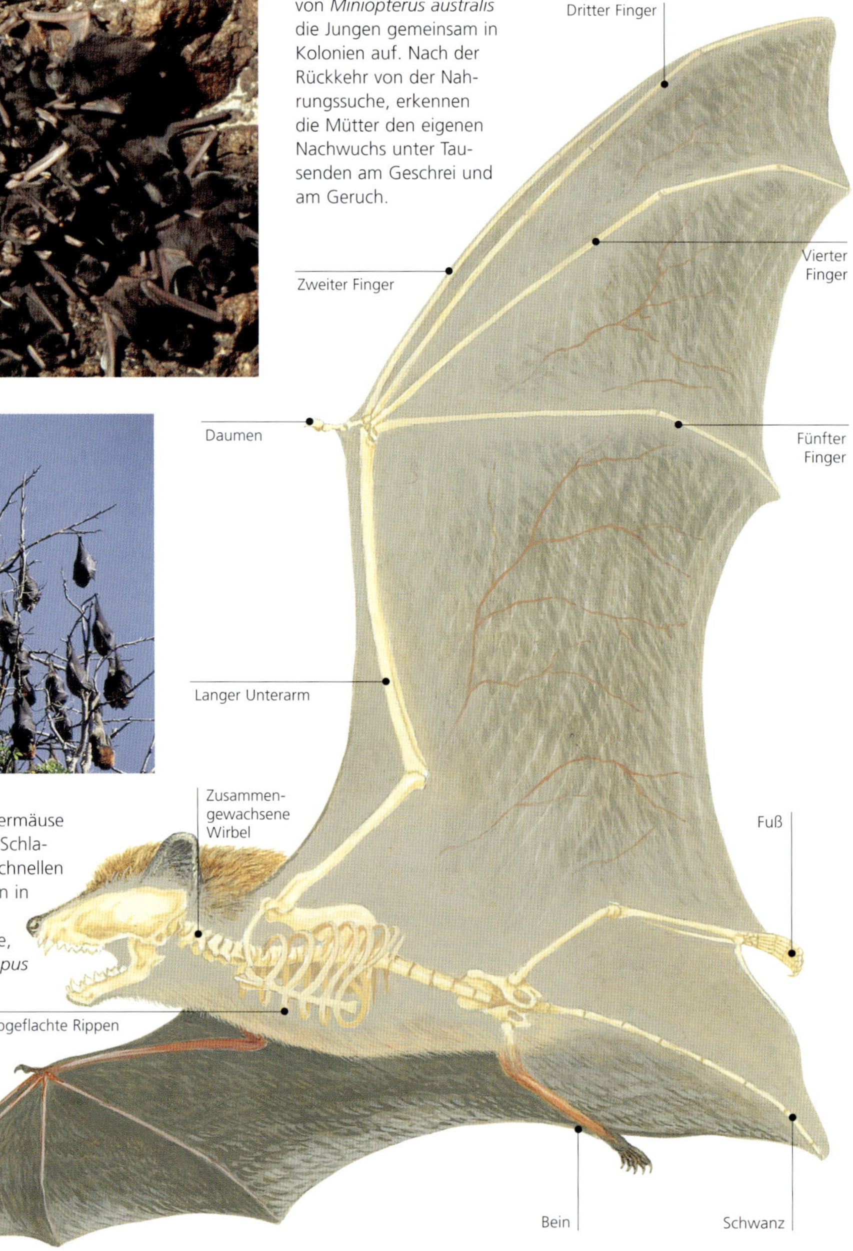

Im Flug Eine Fledermaus besitzt lange Arme und stark veränderte Hände, bei denen alle Finger, mit Ausnahme des Daumens, sehr verlängert sind, um die Flugmembran, das Patagium, zu stützen. Dieses besteht aus einer doppelten Schicht Haut und ist gleichzeitig flexibel und fest.

Kindergarten Wie bei vielen Fledermausarten ziehen auch Weibchen von *Miniopterus australis* die Jungen gemeinsam in Kolonien auf. Nach der Rückkehr von der Nahrungssuche, erkennen die Mütter den eigenen Nachwuchs unter Tausenden am Geschrei und am Geruch.

Dritter Finger

Zweiter Finger

Vierter Finger

Daumen

Fünfter Finger

Langer Unterarm

Zusammengewachsene Wirbel

Fuß

Herumhängen Die meisten Fledermäuse hängen tagsüber kopfunter zum Schlafen, in einer Stellung, die einen schnellen Start erlaubt. Während viele Arten in Höhlen, Minen oder Gebäuden ruhen, bevorzugen andere Bäume, wie der Graukopfflughund (*Pteropus poliocephalus*) im Foto oben.

Abgeflachte Rippen

Bein

Schwanz

JÄGER DER NACHT

Fledertiere stellt man meist als blutsaugende Dämonen dar, doch nur drei Arten trinken Blut und gerade sie sind bereit ihre Nahrung mit ihren hungrigen Artgenossen zu teilen. Die meisten Fledertiere leben gesellig, manche in Kolonien mit Tausenden oder Millionen Tieren.

Mehr als 70% der Fledertiere fressen nachtaktive Insekten, eine Nahrungsquelle, die kaum andere Tiere nutzen. Die nächtlichen Jäger vertrauen auf ihr Flugvermögen und die Echoortung, durch die sie Hindernisse und Beute mithilfe von extrem hohen Tönen entdecken. In vielen Ökosystemen spielen Fledertiere eine wichtige Rolle, um den Insektenbestand einzudämmen.

Die meisten anderen Fledertiere sind Pflanzenfresser, die mit ihrem guten Geruchssinn und ihrer Fähigkeit, nachts zu sehen, Früchte, Blüten, Nektar und Blütenstaub finden. Sie sind von Bedeutung für die Bestäubung und die Verbreitung von Samen. Manche Pflanzen locken sie durch große Früchte und nachts blühende, duftende Blüten an.

Um den Energieverbrauch zu reduzieren, senken viele Fledertiere, wenn sie tagsüber ruhen, ihre Körpertemperatur. Wegen Nahrungsknappheit im Winter halten manche Arten in gemäßigten Zonen einen Winterschlaf und leben dabei von gespeichertem Körperfett. Andere ziehen in wärmere Gegenden; der Große Abendsegler legt dabei bis zu 2000 km zurück.

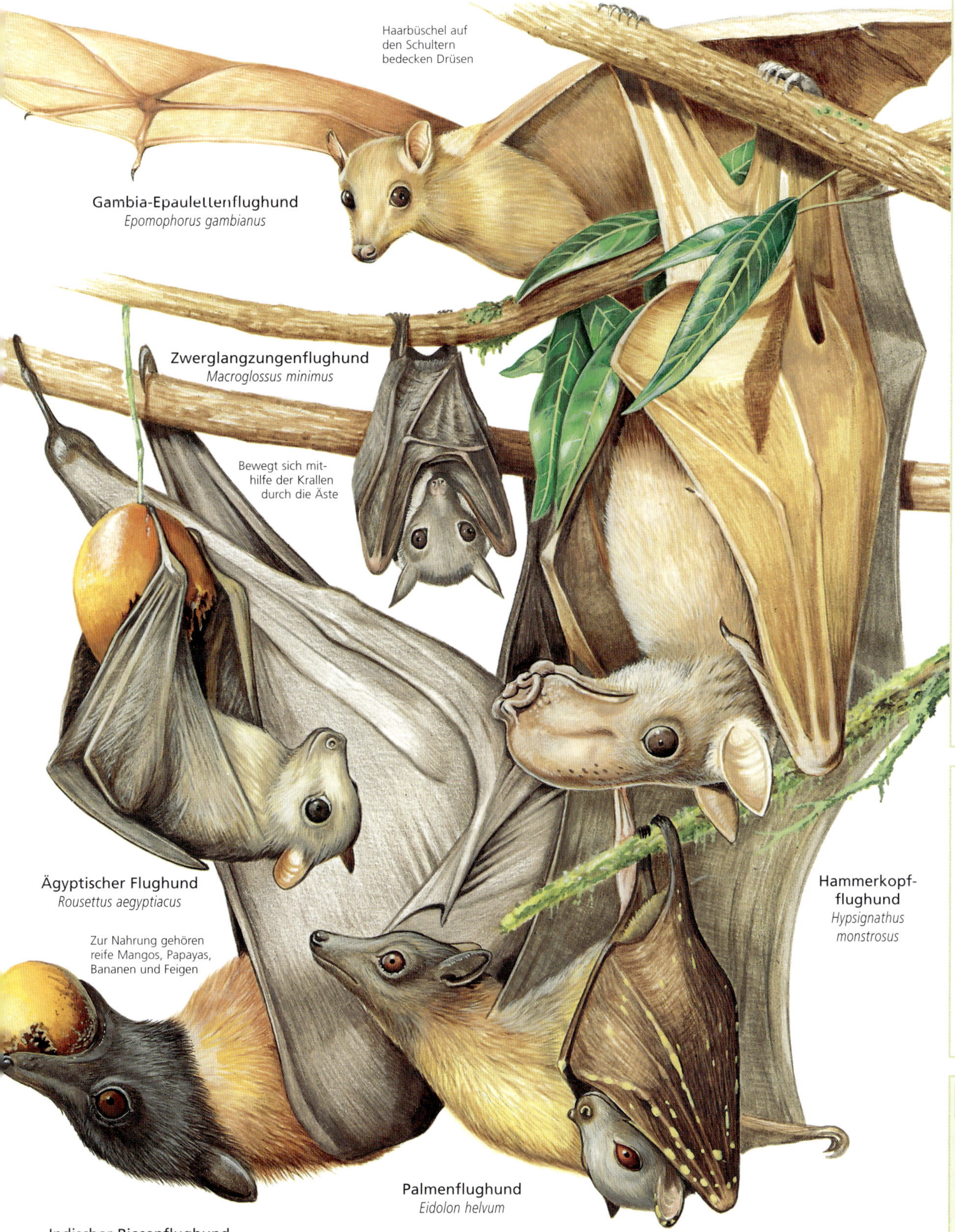

Haarbüschel auf
den Schultern
bedecken Drüsen

Gambia-Epauletlenflughund
Epomophorus gambianus

Zwerglangzungenflughund
Macroglossus minimus

Bewegt sich mit-
hilfe der Krallen
durch die Äste

Ägyptischer Flughund
Rousettus aegyptiacus

Zur Nahrung gehören
reife Mangos, Papayas,
Bananen und Feigen

**Hammerkopf-
flughund**
*Hypsignathus
monstrosus*

Indischer Riesenflughund
Pteropus giganteus

Palmenflughund
Eidolon helvum

Robinson-Röhrennasenflughund
Nyctimene robinsoni

AUF EINEN BLICK

Zwerglangzungenflughund Diese
kleine Art holt mit der langen Zunge
Nektar und Blütenstaub aus den Blüten
von Bananen-, Kokos- und Mangrove-
bäumen. Beim Flug von Baum zu Baum
hilft sie beim Bestäuben.

- Bis 7 cm
- Bis 1 cm
- Bis 18 g
- Einzelgänger, paarw.
- Regional häufig

N-Australien, Neuguinea, einige Inseln

Ägyptischer Flughund Er verlässt sich
weitgehend auf das Sehen, doch ist er
eine der wenigen Arten von Megachiroptera mit primitiver Echoortung,
nützlich in dämmerigen Ruhehöhlen.

- Bis 14 cm
- Bis 2 cm
- Bis 160 g
- Kolonien
- Häufig

Afrika und Nahost

Hammerkopfflughund Männchen
dieser großen Art, die in der Kronenschicht rastet, besitzen einen großen
Kehlkopf. Sie sind sehr stimmgewaltig.

- Bis 30 cm
- Ohne
- Bis 420 g
- Kolonien, Leks
- Regional häufig

W- und Zentralafrika

EINGESCHLAGEN

Beim Ruhen schlagen
Flughunde die Flügel um
den Körper und hal-
ten den Kopf
rechtwinklig zur
Brust. Fleder-
mäuse falten die
Flügel seitlich
vom Körper und
hängen den Kopf
oder halten ihn
rechtwinklig
zum Rücken.

SCHUTZSTATUS

Gefährdung Die meisten Fledertiere
haben jährlich nur ein Junges – eine
sehr geringe Fortpflanzungsrate für
ihre Größe. So sind sie besonders
gefährdet und der Bestand kann
leicht stark zurückgehen. Flughunde
jagt man in weiten Teilen Afrikas,
Asiens und des Pazifik wegen ihres
Fleischs. Auch Lebensraumzerstörung und Pestizide bedrohen sie.

AUF EINEN BLICK

Gelbflügelige Großblattnase Drehfrüchtige Akazien gehören zu ihren liebsten Ruheplätzen. Die Tiere dämmen die Insektenschwärme ein, die zur Zeit der Blüte an die Bäume kommen.

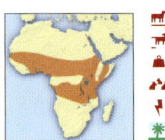

🐂 Bis 8 cm
🐂 Ohne
⚖ Bis 36 g
🐾 Paarweise, Kolonien
🌿 Regional häufig

Afrika südlich der Sahara

Großes Hasenmaul Es fliegt im Zickzack über Teiche, Flüsse und Küstengewässer. Es orientiert sich mit Echoortung und fängt mit den Krallen Fische.

🐂 Bis 13 cm
🐂 Bis 4 cm
⚖ Bis 90 g
🐾 Kolonien
🌿 Regional häufig

Zentral- und Südamerika, Karibik

EIN EIGENES ZELT

Die Weiße Fledermaus hängt nicht in einer Höhle oder einem Baum, sondern sie schafft sich einen eigenen Unterschlupf. Sie biegt ein Palmblatt, indem sie die Verbindung zwischen Mittelrippe und Blatträndern durchbeißt.

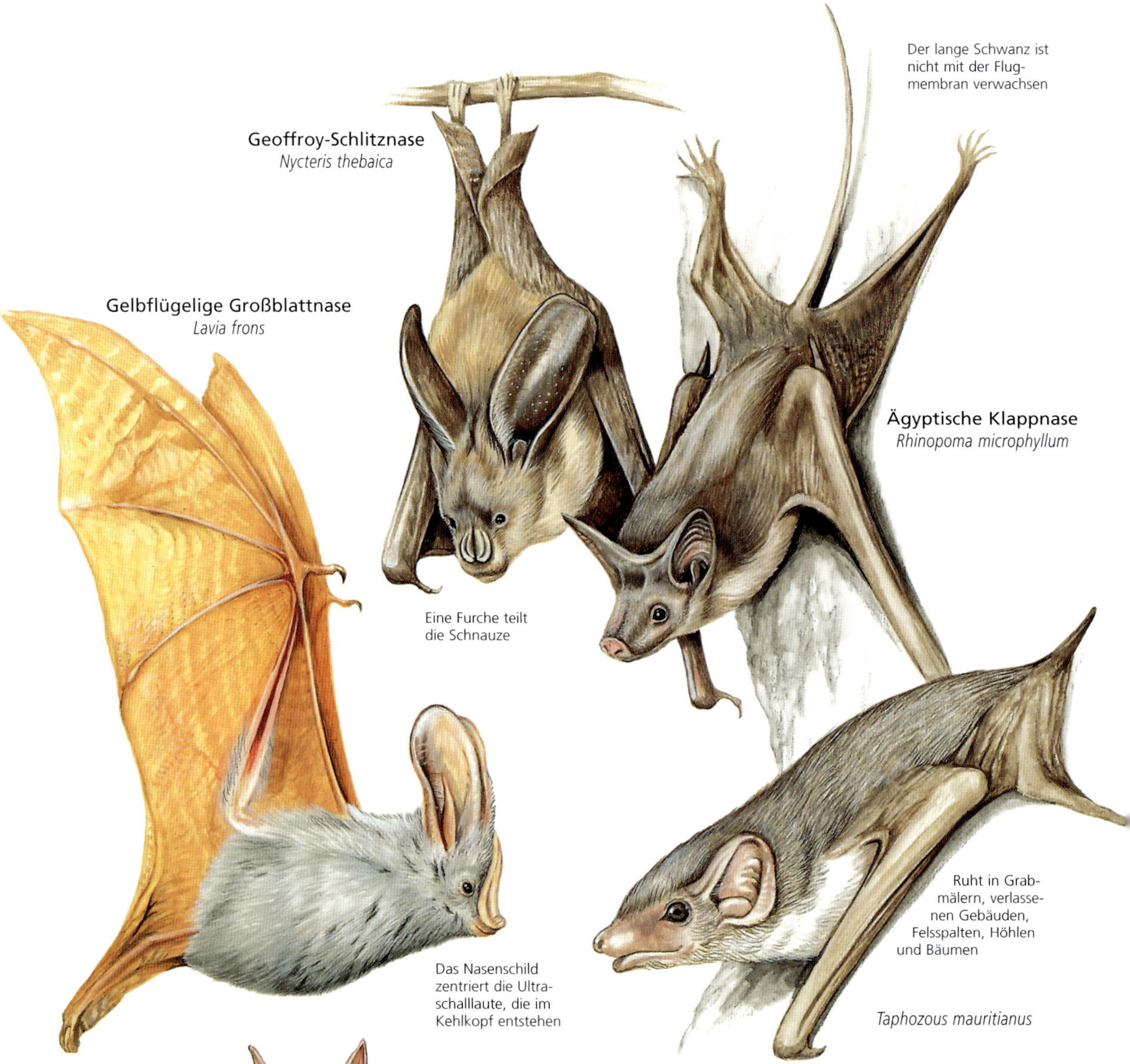

SCHUTZSTATUS

Von den 993 Fledertierarten stehen 52 % auf der Roten Liste der IUCN, unter folgendem Schutzstatus:

- 12 Ausgestorben
- 29 Vom Aussterben bedroht
- 37 Stark gefährdet
- 173 Gefährdet
- 209 Weniger gefährdet
- 61 Keine Angabe

Geoffroy-Schlitznase
Nycteris thebaica

Der lange Schwanz ist nicht mit der Flugmembran verwachsen

Gelbflügelige Großblattnase
Lavia frons

Ägyptische Klappnase
Rhinopoma microphyllum

Eine Furche teilt die Schnauze

Das Nasenschild zentriert die Ultraschalllaute, die im Kehlkopf entstehen

Ruht in Grabmälern, verlassenen Gebäuden, Felsspalten, Höhlen und Bäumen

Taphozous mauritianus

In den Backentaschen wird gekauter Fisch aufbewahrt, damit das Tier weiterfischen kann

Großes Hasenmaul
Noctilio leporinus

Die langen Hinterbeine mit den großen Füßen und den kräftigen Krallen fangen Fisch aus dem Wasser

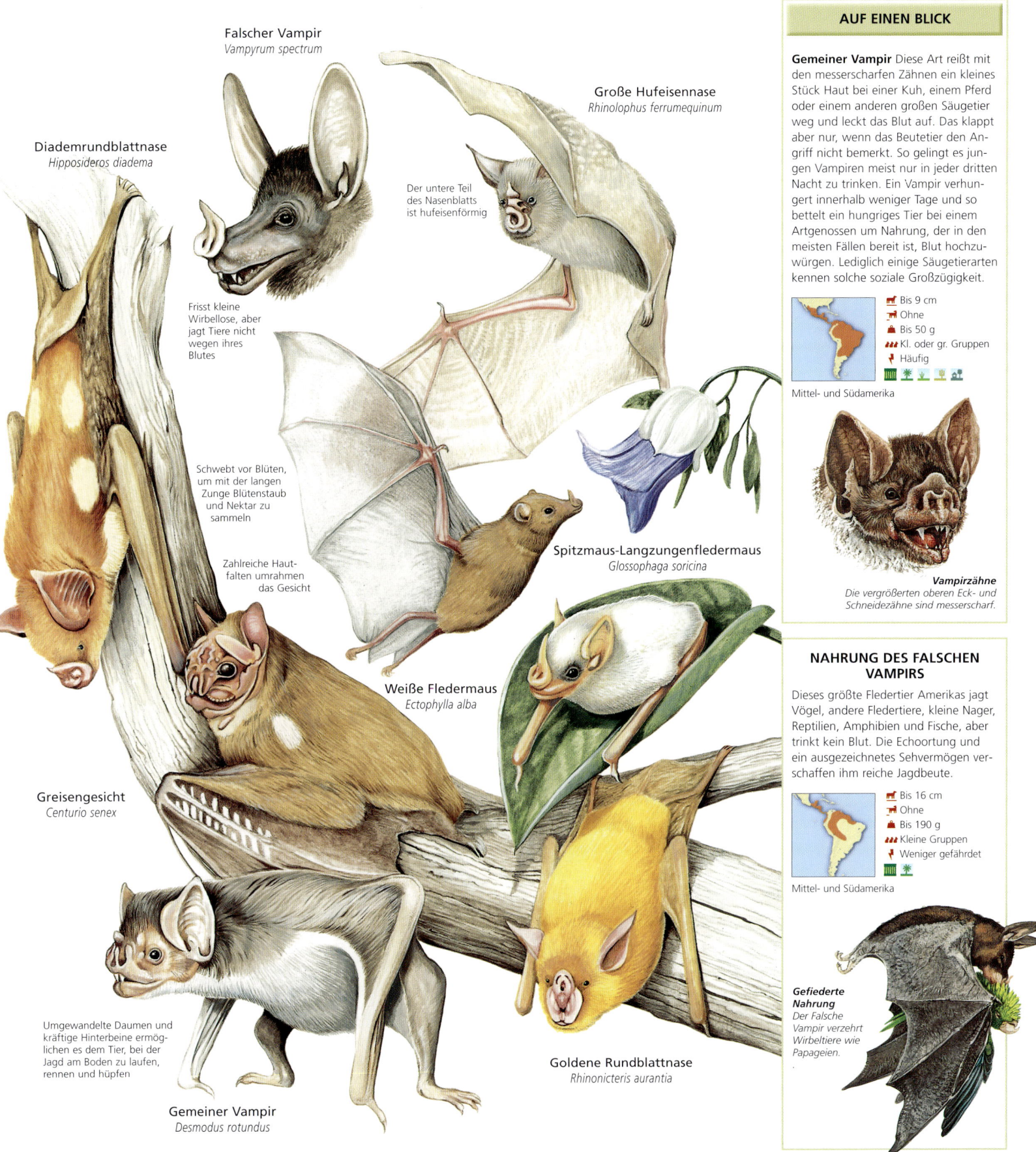

Diademrundblattnase
Hipposideros diadema

Falscher Vampir
Vampyrum spectrum

Große Hufeisennase
Rhinolophus ferrumequinum

Der untere Teil
des Nasenblatts
ist hufeisenförmig

Frisst kleine
Wirbellose, aber
jagt Tiere nicht
wegen ihres
Blutes

Schwebt vor Blüten,
um mit der langen
Zunge Blütenstaub
und Nektar zu
sammeln

Zahlreiche Haut-
falten umrahmen
das Gesicht

Spitzmaus-Langzungenfledermaus
Glossophaga soricina

Weiße Fledermaus
Ectophylla alba

Greisengesicht
Centurio senex

Umgewandelte Daumen und
kräftige Hinterbeine ermöglichen es dem Tier, bei der
Jagd am Boden zu laufen,
rennen und hüpfen

Gemeiner Vampir
Desmodus rotundus

Goldene Rundblattnase
Rhinonicteris aurantia

AUF EINEN BLICK

Gemeiner Vampir Diese Art reißt mit
den messerscharfen Zähnen ein kleines
Stück Haut bei einer Kuh, einem Pferd
oder einem anderen großen Säugetier
weg und leckt das Blut auf. Das klappt
aber nur, wenn das Beutetier den Angriff nicht bemerkt. So gelingt es jungen Vampiren meist nur in jeder dritten
Nacht zu trinken. Ein Vampir verhun-
gert innerhalb weniger Tage und so
bettelt ein hungriges Tier bei einem
Artgenossen um Nahrung, der in den
meisten Fällen bereit ist, Blut hochzu-
würgen. Lediglich einige Säugetierarten
kennen solche soziale Großzügigkeit.

Bis 9 cm
Ohne
Bis 50 g
Kl. oder gr. Gruppen
Häufig

Mittel- und Südamerika

Vampirzähne
*Die vergrößerten oberen Eck- und
Schneidezähne sind messerscharf.*

NAHRUNG DES FALSCHEN VAMPIRS

Dieses größte Fledertier Amerikas jagt
Vögel, andere Fledertiere, kleine Nager,
Reptilien, Amphibien und Fische, aber
trinkt kein Blut. Die Echoortung und
ein ausgezeichnetes Sehvermögen ver-
schaffen ihm reiche Jagdbeute.

Bis 16 cm
Ohne
Bis 190 g
Kleine Gruppen
Weniger gefährdet

Mittel- und Südamerika

**Gefiederte
Nahrung**
*Der Falsche
Vampir verzehrt
Wirbeltiere wie
Papageien.*

Mopsfledermaus Dieses mittelgroße Fledertier ruht in Höhlen, Minen, Kellern, hohlen Bäumen oder unter loser Rinde. In der Abenddämmerung beginnt es die Jagd auf Nachtfalter. In geringer Zahl ist es weit verbreitet.

🐂 Bis 6 cm
🦇 Bis 4 cm
⚖ Bis 10 g
🐾 Kleine Gruppen
⚡ Gefährdet

W-Europa, Marokko, Kanarische Inseln

Langflügelfledermaus In manchen Gebieten zieht diese Art im Winter an wärmere Plätze. Sie ruht bei Tag in Höhlen oder Gebäuden, dabei bilden die Jungen eine gemeinsame Gruppe, getrennt von den erwachsenen Tieren.

🐂 Bis 6 cm
🦇 Bis 6 cm
⚖ Bis 20 g
🐾 Große Gruppen
⚡ Weniger gefährdet

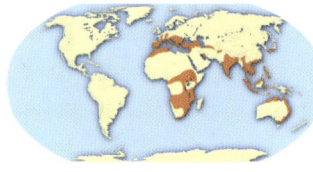

Europa, Afrika, S-Asien, Australien, Ozeanien

Großes Mausohr Das Tier nimmt jede Nacht etwa die Hälfte seines Körpergewichts an Käfern und Nachtfaltern zu sich. Mausohren ruhen in Höhlen und Dachböden. Die Jungen kommen von April bis Juni zur Welt und müssen für den Winterschlaf Fett speichern.

🐂 Bis 8 cm
🦇 Bis 6 cm
⚖ Bis 45 g
🐾 Kl. bis gr. Gruppen
⚡ Weniger gefährdet

Europa und Israel

Glattnasen Hier sind einige Arten der Familie der Glattnasen (Vespertilionidae) abgebildet. Zu dieser größten, weitestverbreiteten Fledertierfamilie gehört auch eine Art, die an der arktischen Baumgrenze lebt. Die Tiere sind nicht wählerisch in Bezug auf Ruheplätze. Trotzdem sind 2 Arten ausgestorben, viele benötigen Schutzmaßnahmen (7 Arten vom Aussterben bedroht, 20 stark gefährdet und 52 gefährdet). Selbst die häufigsten Fledertiere Großbritanniens, die Zwergfledermäuse, nahmen seit 1986 um 60 % ab.

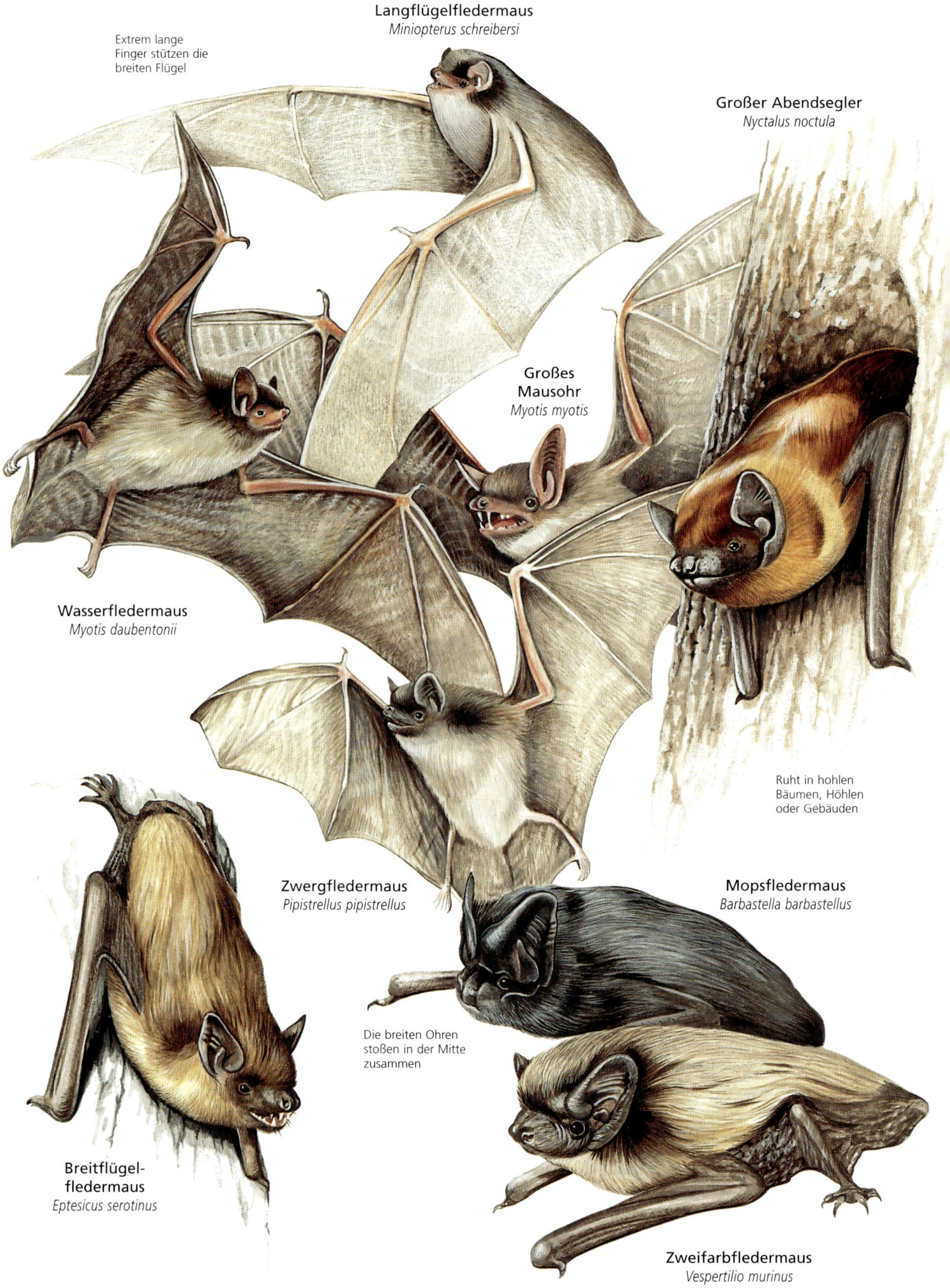

Langflügelfledermaus
Miniopterus schreibersi

Extrem lange Finger stützen die breiten Flügel

Großer Abendsegler
Nyctalus noctula

Großes Mausohr
Myotis myotis

Wasserfledermaus
Myotis daubentonii

Ruht in hohlen Bäumen, Höhlen oder Gebäuden

Zwergfledermaus
Pipistrellus pipistrellus

Mopsfledermaus
Barbastella barbastellus

Die breiten Ohren stoßen in der Mitte zusammen

Breitflügel-fledermaus
Eptesicus serotinus

Zweifarbfledermaus
Vespertilio murinus

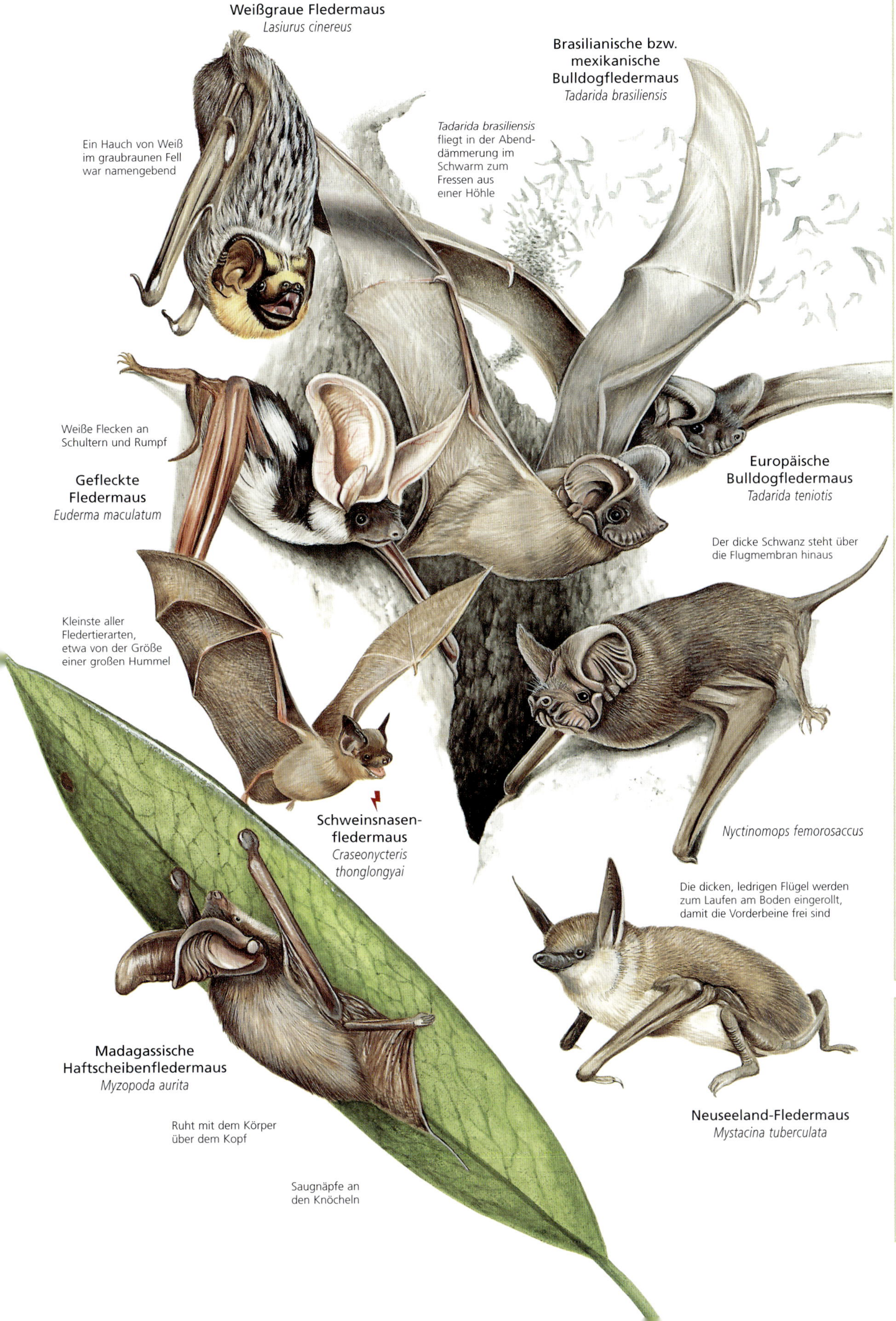

Weißgraue Fledermaus
Lasiurus cinereus
Ein Hauch von Weiß im graubraunen Fell war namengebend
Brasilianische bzw. mexikanische Bulldogfledermaus
Tadarida brasiliensis
Tadarida brasiliensis fliegt in der Abenddämmerung im Schwarm zum Fressen aus einer Höhle
Weiße Flecken an Schultern und Rumpf
Gefleckte Fledermaus
Euderma maculatum
Europäische Bulldogfledermaus
Tadarida teniotis
Der dicke Schwanz steht über die Flugmembran hinaus
Kleinste aller Fledertierarten, etwa von der Größe einer großen Hummel
Schweinsnasenfledermaus
Craseonycteris thonglongyai
Nyctinomops femorosaccus
Die dicken, ledrigen Flügel werden zum Laufen am Boden eingerollt, damit die Vorderbeine frei sind
Madagassische Haftscheibenfledermaus
Myzopoda aurita
Ruht mit dem Körper über dem Kopf
Neuseeland-Fledermaus
Mystacina tuberculata
Saugnäpfe an den Knöcheln

AUF EINEN BLICK

Brasilianische Bulldogfledermaus Viele Fledertierarten ruhen in kleineren oder größeren Gruppen, aber diese Art hält den Rekord mit 20 Millionen Exemplaren in der Bracken Cave, Texas, USA. Jeden Abend fliegt ein beeindruckender Schwarm auf Nahrungssuche aus der Höhle. Man schätzt, dass die Tiere pro Nacht mehr als 250 Tonnen Insekten verzehren. Viele Tiere dieser Art ziehen in jedem Frühjahr von Mexiko nach Texas, um sich zu paaren. Im Herbst kehren sie nach Süden zurück.

- Bis 7 cm
- Bis 4 cm
- Bis 15 g
- Kolonien
- Weniger gefährdet

Nord- und Südamerika, Karibik

Madagassische Haftscheibenfledermaus Sie trägt Saugnäpfe an Hand- und Fußknöcheln, damit sie sich – gestützt von ihrem Schwanz – an Blättern halten kann. Die Haftscheibenfledermäuse (Gattung *Thyroptera*) Mittel- und Südamerikas tragen ebenfalls Saugnäpfe am Ende ihrer Gliedmaßen. Diese Eigenheit entwickelte sich in der Neuen und Alten Welt unabhängig.

- Bis 6 cm
- Bis 5 cm
- Bis 10 g
- Unbekannt
- Gefährdet

O- und N-Madagaskar

Neuseeland-Fledermaus Zusammen mit einer größeren Fledermausart, die bereits im frühen 20. Jahrhundert ausstarb, sind diese Fledermäuse die einzigen einheimischen Landsäugetiere Neuseelands. Sie suchen ihre Nahrung am Boden und in Baumstümpfen. Sie fliegen nur, wenn es sein muss.

- Bis 7 cm
- Bis 1 cm
- Bis 15 g
- Kolonien
- Gefährdet

Neuseeland

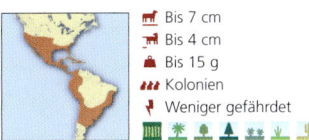

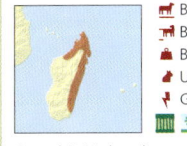

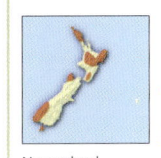

SEHEN MIT DEN OHREN

Um im Dunkeln den Weg oder Beute zu finden, setzen viele Fledertiere Echoortung ein. Sie stoßen beim Fliegen eine Reihe von Ultraschallrufen aus. Am Echo erkennen sie, wie weit ein Hindernis oder eine Beute entfernt ist. Kleine Veränderungen des Echos zeigen Richtung und Größe an.

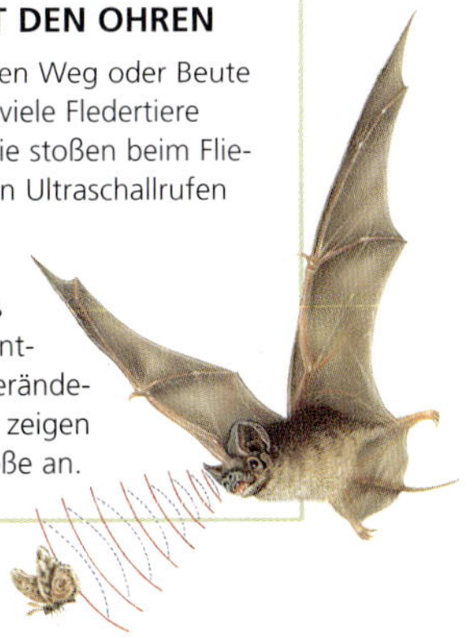

PRIMATEN

KLASSE Mammalia	
ORDNUNG Primates	
FAMILIEN 13	
GATTUNGEN 60	
ARTEN 295	

Lemuren, Affen, Menschenaffen und ihre nahen Verwandten bilden die Ordnung der Primaten. Die frühesten Primaten lebten auf Bäumen und passten sich an diese Lebensweise an: nach vorne gerichtete Augen mit der Fähigkeit zu räumlichem Sehen, das ein Abschätzen der Distanz ermöglicht, geschickte Hände und Füße zum Fassen von Ästen und lange bewegliche Gliedmaßen für größere Beweglichkeit bei der Nahrungssuche. Die meisten Primaten leben immer noch weitgehend auf Bäumen, doch auch jene, die am Boden leben, zeigen noch einige dieser Anpassungen. Doch am faszinierendsten bei dieser Ordnung ist das komplexe Sozialverhalten vieler Arten.

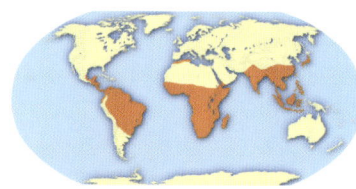

In den Tropen Die meisten Primaten leben in den tropischen Regenwäldern 25° nördlicher und 30° südlicher Breite. Eine Hand voll Arten gibt es auch in anderen Weltgegenden wie Nordafrika, China und Japan.

EVOLUTION DER PRIMATEN

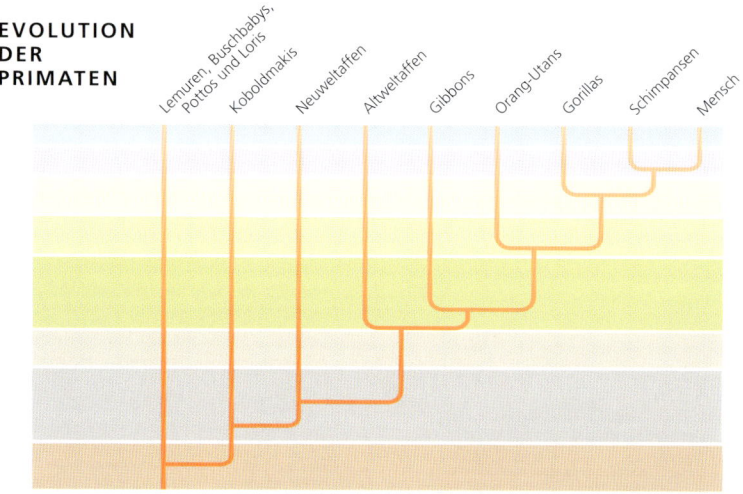

Lemuren, Buschbabys, Pottos und Loris · Koboldmakis · Neuweltaffen · Altweltaffen · Gibbons · Orang-Utans · Gorillas · Schimpansen · Mensch

Halbaffen Wie andere Angehörige der Unterordnung Strepsirhini, zeichnet sich der Rattenmaki durch eine feuchte, spitze Schnauze und einen scharfen Geruchssinn aus. Der nachtaktive Einzelgänger ernährt sich von Blüten, Früchten und Insekten.

Fleischfresser Die Nahrung der meisten Primaten besteht aus Blättern, Früchten und Insekten. Doch Paviane und Schimpansen jagen auch große Wirbeltiere. Hier trägt ein Pavian, *Papio hamadryas anubis*, eine erbeutete junge Gazelle.

GROSSE VIELFALT

Einige Primaten suchen ihre Nahrung als Einzelgänger, sie verstecken sich und sind nachtaktiv, um Feinden zu entkommen. Viele größere Primaten sind tagaktiv und bilden Gruppen zur Sicherheit. In einer Gruppe halten viele Augen nach Feinden Ausschau. Selbst bei einem Angriff besteht eine Chance, dass ein anderes Gruppenmitglied gefangen wird. Einige Primaten wehren sich gemeinsam – Paviane töteten schon angreifende Leoparden.

Größe und Organisation der Primatengruppen unterscheiden sich deutlich. Einige Arten leben in monogamen Paaren, andere bilden Gruppen aus mehreren Weibchen und einem oder mehreren Männchen. Gruppen von 150 Dscheladas schließen sich manchmal zu Herden von 600 Tieren zusammen. Im Mit-

telpunkt der häufigsten Gruppierung stehen verwandte Weibchen und ihr Nachwuchs, oft mit einem Männchen als Anführer. In der Gruppe herrscht Konkurrenz um Nahrung und Partner, die durch komplizierte Hierarchien geregelt wird. Dieses ausgeklügelte soziale Netz bedarf exakter Kommunikation – mit visuellen und vokalen Signalen. Im Verhältnis zur Körpergröße besitzen Primaten ein größeres Hirn als die meisten Säugetiere. Vielleicht hängen damit ihre komplexen Sozialstrukturen zusammen.

Das Leben eines Primaten geht langsam. Die Tragzeiten sind lang; die Geburtenziffer niedrig mit nur 1 oder 2 Jungen pro Wurf; das Wachstum dauert Jahre und die Jungen hängen lange Zeit von der Mutter ab; ein hohes Lebensalter wird erreicht. Das liegt wohl am großen Hirn der Primaten, das Energie braucht, die sonst Wachstum und Fortpflanzung dienen könnte.

Primaten reichen vom Zwergmausmaki (*Microcebus myoxinus*) mit 10 cm Länge und 30 g Gewicht bis zum Gorilla, der im Stehen über

Haplorhini Mit Affen und Menschen bilden die Gorillas und andere Menschenaffen die Unterordnung Haplorhini. Die geselligen Gorillas leben in Gruppen mit 1 oder 2 Silberrücken, einigen jüngeren Männchen, mehreren Weibchen und Jungen.

Kälteschutz Die Rotgesichtmakaken in Japan gehören zu den wenigen Primaten, die nicht in Tropen oder Subtropen leben. In schneereichen Wintern wird ihr Fell dicker, sie leben von Rinde, Knospen und Vorräten und wärmen sich in heißen Quellen.

Aufrechter Gang Menschenaffen sitzen und gehen mitunter aufrecht. Dabei stützt sie ein kürzerer Rücken, ein breiterer Brustkorb und ein kräftigeres Becken als es Tieraffen und Lemuren besitzen. Die Arme, oft zur Fortbewegung benützt, sind länger als die Beine, die Handgelenke beweglich.

Mit Schwung von Baum zu Baum Gibbons schwingen mithilfe ihrer extrem langen Arme durch die Bäume. Dank ihres guten räumlichen Sehens können sie die Entfernung ihres nächsten Zieles ganz genau abschätzen.

Geselliges Leben Das große Gehirn der Primaten, wie z. B. der Paviane, hilft die komplizierten Sozialstrukturen in der hierarchischen Gruppe zu organisieren. Das Leben in der Gruppe führt zu größerer Nahrungskonkurrenz, verringert aber auch das Risiko feindlicher Angriffe.

Überleben der Primaten Etwa ein Drittel aller Primatenarten ist vom Aussterben bedroht – Opfer von Lebensraumverlust und Jagd. Vor allem große Arten, wie der Orang Utan, sind gefährdet, weil Jäger sie problemlos aufspüren.

1,5 m groß ist und 180 kg wiegt. Viele kleine Primaten fressen vorwiegend Insekten, die ihren schnellen Stoffwechsel rasch versorgen. Größere Arten brauchen viel Nahrung und konzentrieren sich häufig auf Blätter, Triebe und Früchte, die langsam verdaut werden, aber reichlich vorhanden sind. Die Vorliebe für diese pflanzliche Nahrung und Insekten beschränkt Primaten weitgehend auf die Tropen, wo das ganze Jahr kein Mangel herrscht.

Die Ordnung der Primaten teilt man in 2 Unterordnungen: Strepsirhini (Lemuren und Verwandte) sowie Haplorhini (Affen/Tieraffen, Menschenaffen und Menschen), nach neuerer Forschung zählt man nun auch die Koboldmakis dazu.

HALBAFFEN

KLASSE Mammalia	
ORDNUNG Primates	
FAMILIEN 8	
GATTUNGEN 22	
ARTEN 63	

Die Bezeichnung Halbaffen bezieht sich auf die vielen Ähnlichkeiten, die diese Arten mit den frühen Affen besitzen. In Amerika kommen sie nicht vor. Zu den Halbaffen zählen die Lemuren in Madagaskar, die Galagos und Pottos in Afrika und die Loris in Asien – alle Angehörige der Unterordnung Strepsirhini. Diese Arten besitzen eine feuchte, spitze Schnauze, eine reflektierende Schicht im Auge und eine lange Kralle für die Fellpflege; die Zähne des Unterkiefers bilden den so genannten Zahnkamm. Koboldmakis zählen heute zur Unterordnung Haplorhini, doch gelten sie aufgrund ihres Aussehens und ihrer einzelgängerischen nachtaktiven Lebensweise oft als Halbaffen.

SPEZIALISIERTE SINNE

Die meisten Halbaffen sind relativ kleine, nachtaktive Baumbewohner, die allein Nahrung suchen, aber manchmal auch Gruppen bilden. Die meisten fressen vorwiegend Insekten, dazu Früchte, Blätter, Blüten, Nektar und Kautschuk. Für die Fellpflege verfügen sie über zwei Besonderheiten: eine lange Kralle an der zweiten Zehe des Fußes und den Zahnkamm, eine verbundene Reihe vorstehender unterer Zähne. Mit dem Zahnkamm kratzen sie wohl auch Harz aus den Bäumen.

Lemuren, Loris und die meisten anderen Halbaffen erhalten mithilfe ihrer feuchten, hundeähnlichen Schnauze vielerlei Geruchsinformationen. Auch das Sehen besitzt Bedeutung, obwohl ihnen das totale Farbensehen fehlt. Darauf können die Tiere, die meistens im Dämmer-

licht der Nacht Nahrung suchen, verzichten. Stattdessen besitzen die meisten Halbaffen das Tapetum lucidum, d. h. eine Kristallschicht am Augenhintergrund, die Licht reflektiert und das typische Leuchten der Augen von nachtaktiven Säugetieren erzeugt.

Das Gehör spielt in der Kommunikation eine Rolle – Alarm- und Revierschreie –, doch wichtiger ist der Geruchssinn. Urin, Fäkalien oder Duftstoffe aus speziellen Drüsen dienen zum Markieren des Reviers und vermitteln Informationen zu Individuum und Geschlecht.

Leben im Baum Halbaffen, wie hier der Schlanklori, sind perfekt an das Leben in den Bäumen angepasst. Seine großen, nach vorn gerichteten Augen ermöglichen räumliches Sehen und seine geschickten Hände und Füße ergreifen die Äste sicher.

Gut ausgestattet Dem Fingertier fehlt als einzigem Halbaffen der Zahnkamm und die Kralle zur Fellpflege. Es hat große, ständig wachsende Schneidezähne und einen dünnen Mittelfinger, um Maden zu erwischen.

Am Boden Kattas sind tagaktiv und verbringen die meiste Zeit am Boden, beides kommt bei Halbaffen kaum vor. Weibchen dominieren in den Gruppen von 3 bis 20 Tieren, ein Matriarchat, wie man es auch bei einigen anderen Primaten findet. Die Weibchen bringen 1 oder 2 Junge zur Welt, für deren Aufzucht die ganze Gruppe sorgt.

Breitschnauzenhalbmaki
Hapalemur simus

Mongozmaki
Eulemur mongoz

Katta
Lemur catta

Große, nach
vorn gerichtete
Augen

Mohrenmaki
Eulemur macaco

Rattenmaki
Microcebus coquereli

Langer Schwanz
als Fettspeicher

Brauner Maki
Eulemur fulvus

Typischer gegabelter
Streifen auf der Stirn

**Gabelstreifiger
Katzenmaki**
Phaner furcifer

AUF EINEN BLICK

Breitschnauzenhalbmaki Mehr als 95 Prozent seiner Nahrung besteht aus Bambustrieben, -blättern und -stängeln. Er gehört zu den seltensten Säugetieren der Welt, galt ein Jahrhundert lang als ausgestorben, bis man ihn im Jahr 1972 wieder entdeckte.

- Bis 45 cm
- Bis 56 cm
- Bis 2,5 kg
- Familiengruppen
- Vom Aussterben bedr.

SO-Madagaskar

Mongozmaki Der in der trockenen Zeit nachtaktive Maki ändert seine Lebensweise in der kälteren nassen Zeit und sucht am Tag Nahrung. Er lebt in Familiengruppen aus einem Männchen und einem Weibchen mit Nachwuchs.

- Bis 45 cm
- Bis 64 cm
- Bis 3 kg
- Familiengruppen
- Gefährdet

NW-Madagaskar (S der Narinda Bay), Komoren

Mohrenmaki Lange hielt man Männchen und Weibchen wegen des unterschiedlichen Aussehens für verschiedene Arten. Männchen sind schwarz, Weibchen kastanienbraun mit weißem Bauch und Ohrbüscheln. Die Tiere fressen Früchte, Blüten und Nektar.

- Bis 45 cm
- Bis 64 cm
- Bis 3 kg
- Familiengruppen
- Gefährdet

NW-Madagaskar (N der Narinda Bay)

LEMUREN AUF MADAGASKAR

Jahrmillionen lebten die Lemuren isoliert auf Madagaskar. Sie passten sich an viele ökologische Nischen im Wald an und entwickelten große Artenvielfalt. Heute variiert ihre Größe von der einer Maus bis zu der eines mittleren Haushundes. Der vor kurzem ausgestorbene *Archaeoindris fontoynontii* war größer als ein Gorilla-Männchen. Die meisten Lemuren sind baumlebend und nachtaktiv, einige bodenlebend und tagaktiv. Sie leben als Einzelgänger, in Paaren oder größeren Gruppen.

Lebensraumverlust Wie alle madagassischen Lemuren nimmt auch der Bestand an Rotbauchmakis (Eulemur rubriventer) *durch die Zerstörung des Regenwalds ab.*

HÄNDE UND FÜSSE

Die Form ihrer Hände und Füße verdeutlicht die verschiedenen Lebensweisen der Primaten. Der Indri und die Koboldmakis hängen senkrecht und springen von Baum zu Baum, während das Fingertier entlang der Äste klettert. Der Gorilla kann klettern, verbringt aber die meiste Zeit am Boden.

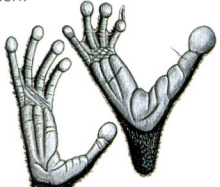

Greifender Indri
Mit den kräftigen Daumen und großen Zehen hält sich der Indri an Baumstämmen.

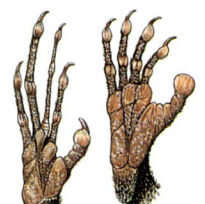

Klammerndes Fingertier
Das Fingertier schlägt beim Klettern seine langen Krallen in die Rinde.

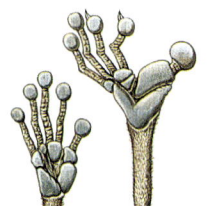

Reibung der Koboldmakis
Die Reibung der scheibenförmigen Ballen an Fingern und Zehen gibt Koboldmakis Halt.

Breite Hände des Gorillas
Die breiten Hände und Füße des vorwiegend bodenlebenden Gorillas tragen sein großes Gewicht.

 SCHUTZSTATUS

Von den 63 Arten Halbaffen findet man 76 % auf der Roten Liste der IUCN:

　3　Vom Aussterben bedroht
　8　Stark gefährdet
　12　Gefährdet
　17　Weniger gefährdet
　8　Keine Angabe

Großer Wieselmaki
Lepilemur mustelinus

Kleiner Wieselmaki
Lepilemur ruficaudatus

Macht in aufrechter Position kurze Sprünge von einem Baum zum anderen

Fingertier oder Aye-Aye
Daubentonia madagascariensis

Lange kräftige Hinterbeine ermöglichen kraftvolle Sprünge

Langer Mittelfinger zum Bohren nach Maden

Das Fell des Vari kann schwarz-rot oder schwarz-weiß sein

Gesicht, Hände, Füße und Schwanz sind bei jeder Fellfarbe schwarz

Vari
Varecia variegata

Wollmaki
Avahi laniger

Dichtes,
wolliges
Fell

Große schwarze
Ohren mit Büscheln

Indri
Indri indri

Nacktes schwarzes
Gesicht

Einziger Lemur
mit einem kurzen
Schwanz

Larvensifaka
Propithecus verreauxi

Diademsifaka
Propithecus diadema

Lebt fast
vollständig
auf Bäumen

AUF EINEN BLICK

Wollmaki Der ansteigende Alarmruf
dieser Art klingt wie »Ava Hy« und
stand beim lateinischen Namen der
Gattung *Avahi* Pate. Familiengruppen,
Eltern und ihr Nachwuchs, verbringen
den Tag schlafend zwischen Ranken.

- Bis 45 cm
- Bis 40 cm
- Bis 1,2 kg
- Paarweise
- Weniger gefährdet

O-Madagaskar

Indri Der größte überlebende Lemur
sucht bei Tag in den Bäumen nach
Früchten und Blüten. Er zeigt seine Anwesenheit mit lauten, klagenden Rufen
an und markiert sein Revier mithilfe der
Duftdrüsen in den Wangen.

- Bis 90 cm
- Bis 5 cm
- Bis 10 kg
- Familiengruppe
- Stark gefährdet

NO-Madagaskar

DUFTSPUREN

Lemuren kennzeichnen ihr
Revier mit Sekreten aus
Duftmarken an Kopf,
Händen oder Hin-
terteil. Die Duft-
drüsen beim
Indri liegen in
den Wangen,
beim Wollmaki
am Hals.

GREIFEN UND SPRINGEN

Indri, Sifakas und Wollmaki hängen
und springen alle senkrecht. Sie halten
sich aufrecht, wenn ihre langen kräftigen Beine sie beim Sprung von Baum
zu Baum bis zu 10 m in die Luft kata-
pultieren. Kommen sie einmal auf den
Boden, hüpfen sie auf zwei Beinen und
halten die Arme zum Balancieren über den Kopf.

*Sifaka
am Boden*
*Am Boden hüpft
der Larvensifaka mit
erhobenen Armen
seitwärts. Kleine
Membranen unter
den Armen helfen,
wenn er geschickt
zwischen den
Bäumen gleitet.*

AUF EINEN BLICK

Senegalgalago Das nachtaktive Tier frisst vorwiegend Heuschrecken und andere Insekten. Sind diese in Dürrezeiten rar, ernährt es sich nur vom Gummiharz der Akazien und überlebt so auch in trockenen Lebensräumen.

- Bis 20 cm
- Bis 30 cm
- Bis 300 g
- Familiengruppe
- Häufig

Zentral- und südliches Afrika

Zwerggalago Tagsüber schläft es in einem kunstvollen kugelförmigen Nest aus Blättern. Als einer der kleinsten Primaten hat es einen raschen Stoffwechsel und braucht energiereiche Nahrung. Davon sind 70 % Insekten.

- Bis 15 cm
- Bis 21 cm
- Bis 120 g
- Familiengruppen
- Regional häufig

Zentralafrika

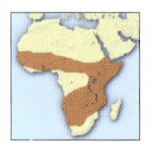

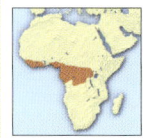

GEGENSÄTZE

Galagos gehören zur Familie Galagonidae. Beim geschickten Springen von Baum zu Baum (unten) geben die langen Hinterbeine den Antrieb und der lange buschige Schwanz die Balance. Im Gegensatz dazu klettern Loris und Pottos aus der Familie Loridae langsam die Äste entlang. Wie andere Primaten, die sich auf allen vieren bewegen, besitzen sie etwa gleich lange Gliedmaßen und einen kurzen Schwanz.

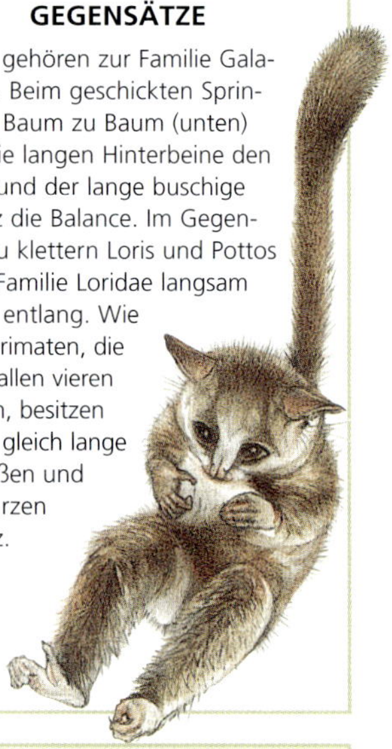

SCHUTZSTATUS

Bedrohte Galagos Nur eine Art der Galagos, der Rondogalago (*Galago rondoensis*), gilt als stark gefährdet, 6 andere als weniger gefährdet. Von den restlichen weiß man größtenteils zu wenig, um ihren Schutzstatus genau festzulegen. Einige Arten entdeckte man erst in den letzten Jahren und wahrscheinlich wird man noch mehr neue finden. In der Zwischenzeit geht ihr Lebensraum, der tropische Wald, rasch zurück, weil man ihn für die Holzwirtschaft und für Ackerland rodet.

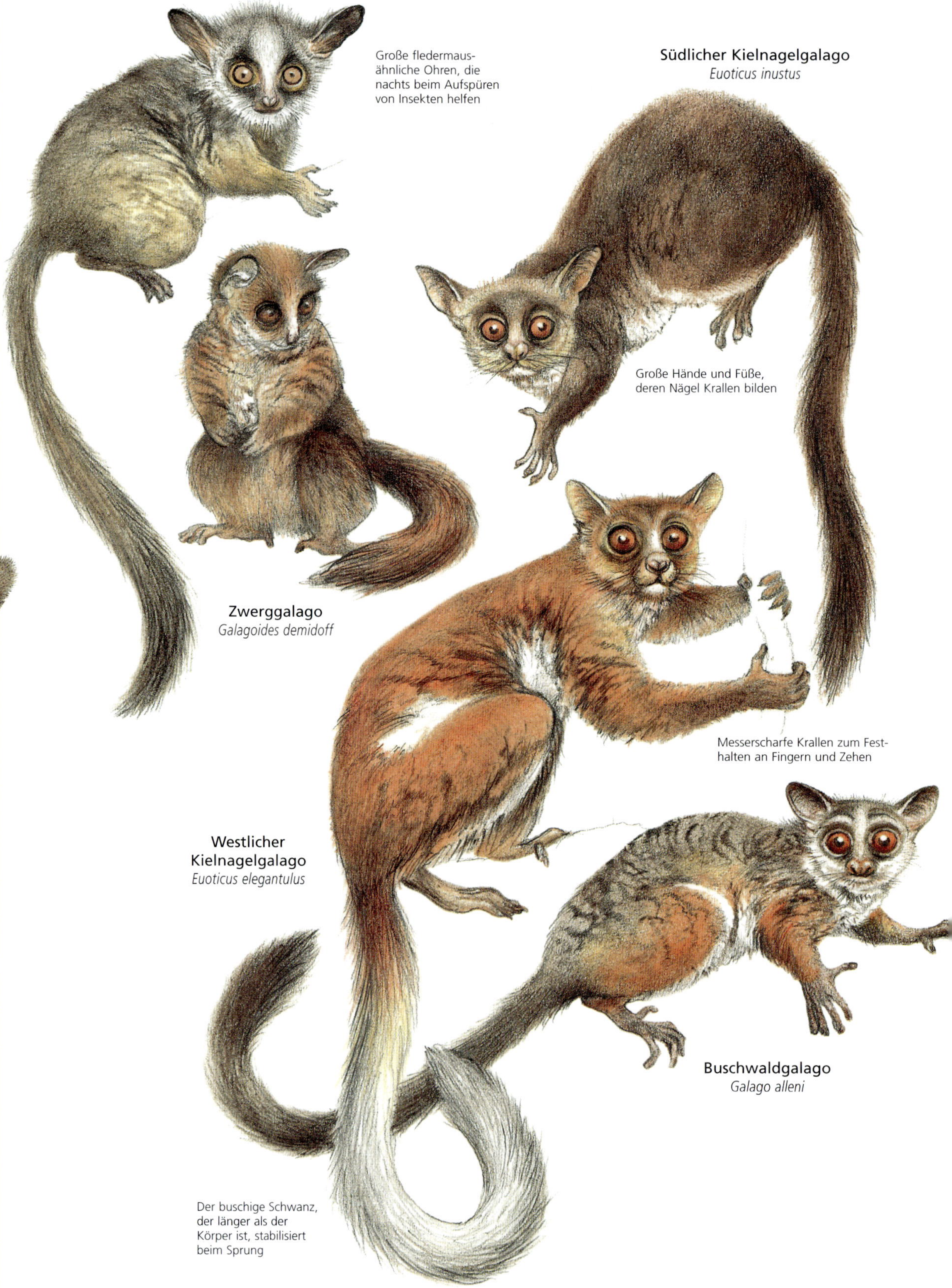
Senegalgalago
Galago senegalensis
Große fledermausähnliche Ohren, die nachts beim Aufspüren von Insekten helfen
Südlicher Kielnagelgalago
Euoticus inustus
Große Hände und Füße, deren Nägel Krallen bilden
Zwerggalago
Galagoides demidoff
Messerscharfe Krallen zum Festhalten an Fingern und Zehen
Westlicher Kielnagelgalago
Euoticus elegantulus
Buschwaldgalago
Galago alleni
Der buschige Schwanz, der länger als der Körper ist, stabilisiert beim Sprung

Die Augen sind unbeweglich,
doch der Kopf lässt sich um
fast 360 Grad drehen

Nackter Schwanz
mit einem Haarbüschel
an der Spitze

Schlanklori
Loris tardigradus

Sunda-Koboldmaki
Tarsius bancanus

Klettert mit schlanken,
gleich langen Glied-
maßen langsam auf
allen vieren

Potto
Perodicticus potto

Bärenmaki
Arctocebus calabarensis

Bewegt sich langsam,
auf allen vieren durch
die Äste

Celebeskoboldmaki
Tarsius spectrum

Sehr lange, hautige
Finger und Zehen, zum
Ergreifen von Ästen

Plumplori
Nycticebus coucang

AUF EINEN BLICK

Potto Durch sehr langsame Bewegungen oder stundenlanges regloses
Verharren vermeidet er, entdeckt zu
werden. In einigen Bereichen seiner
Hände und Füße kann viel Blut aufge-
nommen werden, damit er ohne Mus-
kelermüdung still halten kann. Steht
ein Feind vor ihm, geht der Potto in die
Defensive, beißt aber beim Angriff.

🦓 Bis 45 cm
🐃 Bis 10 cm
⚖️ Bis 1,5 kg
👤 Einzelgänger
🚩 Regional häufig

Zentralfrika

***Verteidigungs-
pose***
*Ein bedrohter Potto
steckt den Kopf nach unten
und bietet den Hals dar, der
einen Schutz aus stacheligen
Wirbeln mit Hornhaut hat.*

KOBOLDMAKI

Koboldmakis gehören eigentlich mit
Tier- und Menschenaffen zur Unterordnung Haplorhini. Ihnen fehlt die
feuchte Schnauze der Strepsirhini, doch
sie besitzen viele andere Ähnlichkeiten
mit dieser Gruppe. Mit den langen
Beinen, schlanken Fingern und Zehen,
großen Ohren und riesigen Augen
sehen sie aus wie ein Galago mit dün-
nem Schwanz. Die einzigen Fleisch-
und Insektenfresser unter den Primaten
fressen Insekten, Eidechsen, Schlangen,
Vögel und Fledermäuse.

Sunda-Koboldmaki Wie bei anderen
Koboldmakis fehlt auch hier die reflek-
tierende Schicht für gutes Sehen im
Dunkeln, doch die Augen sind riesig.
Ein Auge ist größer als das Gehirn.

🦓 Bis 15 cm
🐃 Bis 27 cm
⚖️ Bis 165 g
👤 Einzelgänger
🚩 Keine Angaben

Sumatra, Borneo, Bangka, Belitung, Serasan

Celebeskoboldmaki Wenn er sich mit
seinen sehr langen Beinen abdrückt,
kann er bis zu 6 m zwischen den
Bäumen zurücklegen. Am Boden hüpft
er auf seinen Hinterbeinen.

🦓 Bis 15 cm
🐃 Bis 27 cm
⚖️ Bis 165 g
👤 Einzelgänger
🚩 Weniger gefährdet

Sulawesi, Sangihe, Peleng, Salayar

AFFEN (TIERAFFEN)

KLASSE	Mammalia
ORDNUNG	Primates
FAMILIEN	3
GATTUNGEN	33
ARTEN	214

Die Geografie bestimmt zwei getrennte Linien der Affen, die beide der Unterordnung Haplorhini angehören: die Neuweltaffen aus Amerika, die Platyrhini, und die Altweltaffen aus Afrika und Asien, die man mit Menschenaffen und Menschen als Catarhini zusammenfasst. Neu- und Altweltaffen lassen sich am besten an Nasenform und Zahnschema unterscheiden. Alle Neuweltaffen leben auf Bäumen und besitzen kräftige Greifschwänze. Auch die meisten Altweltaffen sind baumlebend, doch trägt keiner einen Greifschwanz und manche Arten leben teilweise am Boden. Einige Altweltaffen haben schwielige Polster am Rumpf, dies gibt es bei keinem Neuweltaffen.

Alt und neu
Altweltaffen (oben) besitzen vorstehende Nasen mit nach vorn gerichteten Nasenlöchern. Die Nasen der Neuweltaffen (rechts) sind abgeflacht mit seitlich gerichteten Nasenlöchern.

Leben auf den Bäumen Südamerikas *Lagothrix cana* ist blendend für das Leben in den Bäumen ausgestattet. Mit seinen muskulösen Schultern und Hüften, den langen, kräftigen Gliedmaßen, den Greifhänden und dem Greifschwanz schwingt er problemlos von Ast zu Ast. Der Schwanz besitzt ein kahles Greifpolster am Ende.

Rangkämpfe Viele Paviane leben in großen Gruppen mit vielen Männchen und kämpfen um Vorherrschaft und Recht zur Paarung. Die Rangordnung in einer Gruppe, die durch Kämpfe und eine Art Bündnisse geklärt wird, ändert sich, wenn dominante Männchen älter werden, Männchen gehen oder neu hinzukommen.

GESELLIGE AFFEN

Affen sind meistens mittelgroß; die Skala reicht vom Zwergseidenäffchen mit einer Größe von 15 cm und einem Körpergewicht von 140 g bis zum Mandrill, der 76 cm groß und 25 kg schwer ist. Die meisten leben in Gruppen, sind tagaktiv und fressen vor allem Früchte und Blätter. Alle Altwelt- und viele der Neuweltaffen besitzen voll entwickeltes Farbensehen, sodass sie Früchte im Laub leicht entdecken.

Wie Menschenaffen unterscheiden sich auch Tieraffen von den Lemuren und anderen Halbaffen durch ihre trockene, leicht behaarte Schnauze, die größere Bedeutung des Sehens gegenüber dem Hören und ein größeres Gehirn im Verhältnis zur Körpergröße. Der Neokortex, die äußere Schutzschicht des Gehirns, ist gut ausgebildet. Den Neokortex bringt man mit dem kreativen Denken in Verbindung, das in den Turbulenzen des Gruppenlebens wichtig ist. Man weiß von Affen, dass sie bewusst andere Gruppenmitglieder täuschen, z. B. falschen Alarm auslösen, um sie von einer Nahrungsquelle zu vertreiben.

Die Sozialstrukturen der Affen weisen viele Varianten auf: kleine Familiengruppe bestehend aus einem monogamem Paar samt Nachwuchs, Harem mit mehreren Weibchen und einem dominanten erwachsenen Männchen und große Gruppen mit einigen erwachsenen Männchen und vielen Weibchen. In großen Gruppen finden oft heftige Rangkämpfe, aber auch ausgeprägtes Zusammenwirken statt. Beziehungen unter Affen sind eng und dauerhaft, regelmäßige gegenseitige Fellpflege stützt u. a. die Bindung.

Goldgelbes Löwenäffchen
Leontopithecus rosalia

Auffallend rötlich goldenes Fell mit langer Mähne, die das schwarze Gesicht umrahmt

Goldkopflöwenaffe
Leontopithecus chrysomelas

Zwergseidenäffchen
Callithrix pygmaea

Krallen an Fingern und Zehen außer der großen Zehe, die einen flachen Nagel trägt

Weiße Haarbüschel an den Ohren tragen nur Erwachsene und Heranwachsende, bei Jungen fehlen sie

Lisztäffchen
Saguinus oedipus

Geoffroy-perückenaffe
Saguinus geoffroyi

Weißbüschelaffe
Callithrix jacchus

Goldgelbes Löwenäffchen In der Natur gibt es nur noch etwa 800 Tiere. Ihr bestechendes Aussehen machte sie zu beliebten Heim- und Zootieren. Dadurch fielen viele dem Tierhandel zum Opfer, bis er in den 1970er Jahren illegal wurde. Die Rodung des Waldes richtet auch schweren Schaden an.

- Bis 28 cm
- Bis 40 cm
- Bis 650 g
- Familiengruppe
- Stark gefährdet

Küstenwälder in Brasilien

Zwergseidenäffchen Dieser kleinste Affe der Welt bohrt Löcher in Bäume, um seine liebste Nahrung, Saft und Kautschuk, zu bekommen. Er läuft auf allen vieren über Äste und springt von Baum zu Baum. Gruppenangehörige verständigen sich durch hohe Triller.

- Bis 15 cm
- Bis 22 cm
- Bis 140 g
- Familiengruppe
- Regional häufig

Westliches Amazonasbecken

Lisztäffchen Nach einer gemeinsam in den Astgabeln ihres Schlafbaums verbrachten Nacht sucht eine Gruppe von 3 bis 9 Lisztäffchen in der Kronenschicht des Regenwaldes nach Insekten, Früchten und Gummiharz.

- Bis 25 cm
- Bis 40 cm
- Bis 500 g
- Familiengruppe
- Stark gefährdet

N-Kolumbien

GEMEINSAME KINDERPFLEGE

Krallenäffchen leben meist in kleinen Gruppen von mehreren nicht verwandten erwachsenen Männchen und Weibchen. Nur ein Weibchen paart sich, doch oft mit mehreren Männchen, und wirft dann Zwillinge. Einzigartig unter den Primaten sorgen alle Angehörigen der Gruppe für die Jungen, auch nicht verwandte Männchen.

Babysitter
Ein Männchen des Geoffroy-perückenaffen trägt auch Junge seiner Gruppe, die es nicht gezeugt hat.

Nachtaffe Die einzigen nachtaktiven Affen der Welt suchen mit scharfem Geruchssinn und großen Augen Insekten, Früchte, Nektar und Blätter in der Dunkelheit. Sie leben in monogamen Paaren, das Männchen übernimmt den Großteil der Aufzucht der Jungen.

- Bis 47 cm
- Bis 41 cm
- Bis 1,2 kg
- Paarweise
- Häufig

SW-Venezuela, NW-Brasilien

Grauer Springaffe Springaffen leben in Familiengruppen. Paare sitzen oft mit ineinander geschlungenen Schwänzen beieinander. Sie sind tagaktiv und fressen große Mengen Früchte.

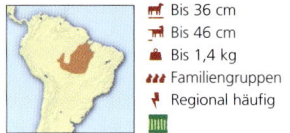

- Bis 36 cm
- Bis 46 cm
- Bis 1,4 kg
- Familiengruppen
- Regional häufig

Zentrales Amazonasbecken

Blasskopfsaki Die langen Hinterbeine dieses aktiven Baumbewohners schnellen zwischen den Bäumen bis zu 10 m in die Höhe. Nachts schlafen die Tiere auf Bäumen, eingerollt wie Katzen.

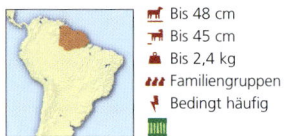

- Bis 48 cm
- Bis 45 cm
- Bis 2,4 kg
- Familiengruppen
- Bedingt häufig

Guyanas, Venezuela, N-Brasilien

Kahlkopf-Uakari Er lebt in Gruppen von bis zu 50 Tieren, zu denen mehrere adulte Männchen gehören. Adulte Weibchen und Junge beteiligen sich an der gegenseitigen Fellpflege. Für einen Baumbewohner ist der Schwanz kurz.

- Bis 50 cm
- Bis 21 cm
- Bis 4 kg
- Große Gruppen
- Selten

Oberes Amazonasbecken

Von den 214 Arten Affen stehen 56 % auf der Liste der IUCN, und zwar unter den Gefährdungsgraden:

14	Vom Aussterben bedroht
32	Stark gefährdet
32	Gefährdet
2	Schutz nötig
26	Weniger gefährdet
13	Keine Angabe

Nachtaffe
Aotus trivirgatus

Große Augen für besseres Sehen in der Nacht

Grauer Springaffe
Callicebus moloch

Blasskopfsaki
Pithecia pithecia

Weißnasensaki
Chiropotes albinasus

Kahlkopf-Uakari
Cacajao calvus

Schwarzkopf-Uakari
Cacajao melanocephalus

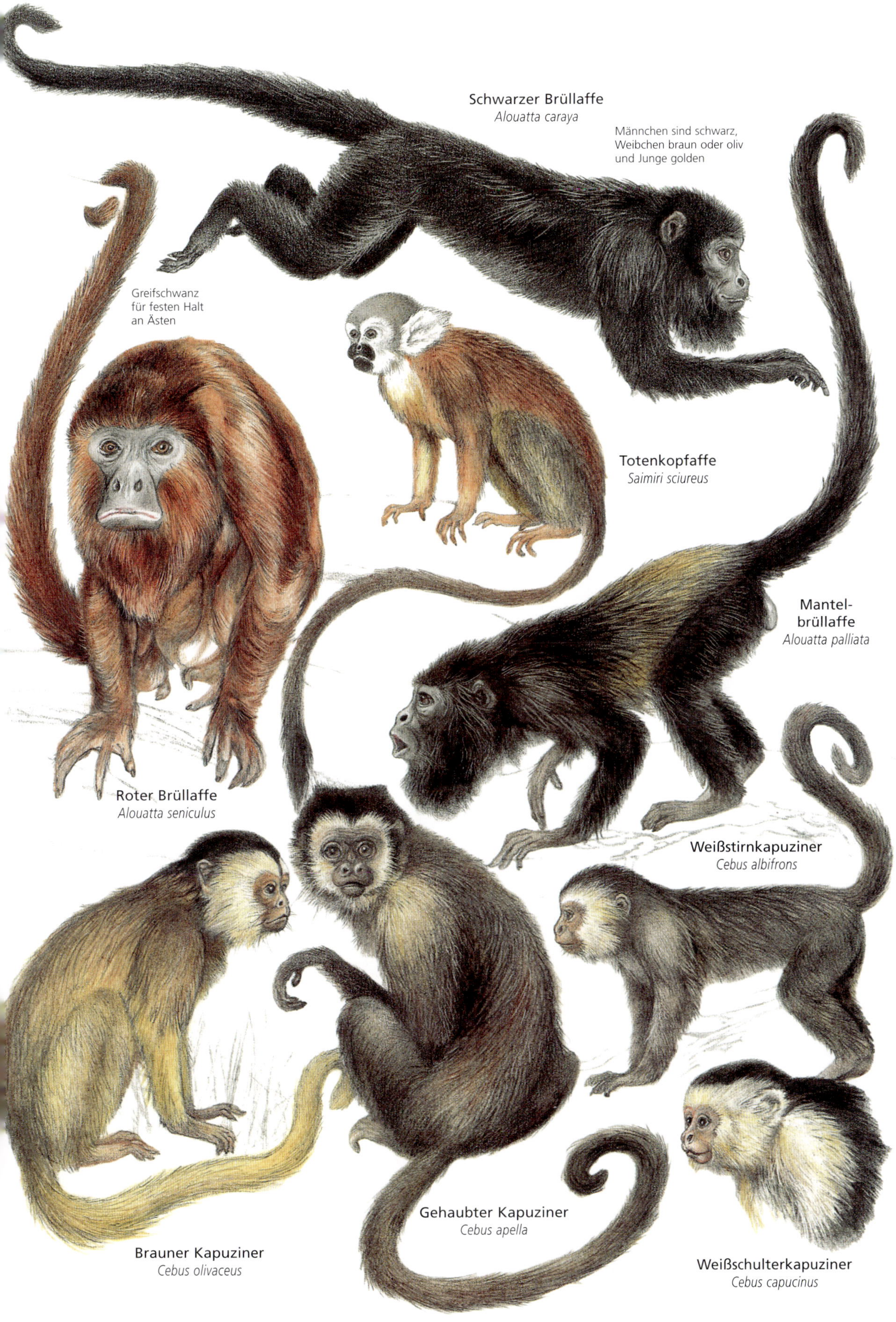
Schwarzer Brüllaffe
Alouatta caraya
Männchen sind schwarz, Weibchen braun oder oliv und Junge golden
Greifschwanz für festen Halt an Ästen
Totenkopfaffe
Saimiri sciureus
Mantel-brüllaffe
Alouatta palliata
Roter Brüllaffe
Alouatta seniculus
Weißstirnkapuziner
Cebus albifrons
Gehaubter Kapuziner
Cebus apella
Brauner Kapuziner
Cebus olivaceus
Weißschulterkapuziner
Cebus capucinus

AUF EINEN BLICK

Totenkopfaffe Diese wendigen Affen leben in großen Gruppen von 50 oder mehr Tieren. Im Gegensatz zu den meisten anderen Affen paaren sie sich in einer bestimmten Zeit (September bis November) intensiv innerhalb der Gruppe. Die Jungen kommen zwischen Februar und April zur Welt, wenn es dank der Nässe reichlich Nahrung gibt.

- Bis 32 cm
- Bis 43 cm
- Bis 1,4 kg
- Gr. Gruppen, Herden
- Häufig

Amazonasbecken, Guyanas

Roter Brüllaffe Er ist die größte Art der 9 Brüllaffen-Arten. Brüllaffen besitzen einen tief angesetzten Unterkieferknochen zum Zerkauen ihrer Hauptnahrung, Blätter, und einen riesigen Darm, um sie zu verdauen.

- Bis 69 cm
- Bis 79 cm
- Bis 11 kg
- Familiengruppen
- Regional häufig

Venezuela bis oberes Amazonasbecken

Gehaubter Kapuziner Gruppen von etwa 12 Tieren suchen tagsüber gemeinsam nach Nahrung. Anführer ist ein dominantes Männchen, das sich als Erster bedient. Sie verwenden manchmal Werkzeuge, z. B. einen Stein zum Nüsseknacken.

- Bis 48 cm
- Bis 48 cm
- Bis 4,5 kg
- Kleine Gruppen
- Regional häufig

Nordöstliches Südamerika

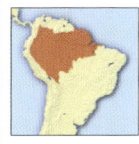

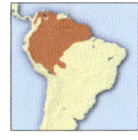

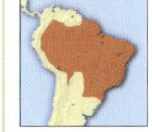

BRÜLLEN

Brüllaffen geben einen der lautesten Schreie in der Tierwelt von sich. In der Morgendämmerung geben sie ihre Anwesenheit mit einem ohrenbetäubenden Konzert von Schreien bekannt, die bis zu 5 km weit durch den Wald klingen. So können die Gruppen einander aus dem Weg gehen und vermeiden Revierstreitigkeiten, die Zeit und Energie kosten würden, die besser für Fressen oder Ruhen verbraucht werden.

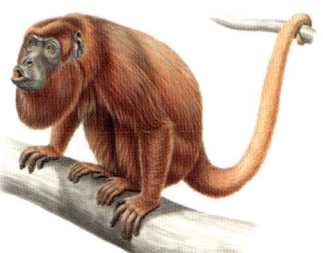

AUF EINEN BLICK

Wollaffe Der schwere Affe verbringt die meiste Zeit auf Bäumen, kommt aber auch oft zum Waldboden, wo er aufrecht auf den Hinterbeinen geht. Große Gruppen (bis zu 70 Tiere) mit vielen Männchen ruhen nachts gemeinsam, teilen sich zur Nahrungssuche am Tag aber in kleinere Familiengruppen.

- Bis 58 cm
- Bis 80 cm
- Bis 10 kg
- Variabel
- Selten

Oberes Amazonasbecken

Spinnenaffe Man findet diese Art ausschließlich im ungestörten Regenwald, der zu 95 % vernichtet ist. In der freien Natur gibt es nur noch weniger als 500 Tiere. Für Primaten ungewöhnlich bleiben die Männchen ein Leben lang bei der Gruppe, in der sie zur Welt kamen, während die Weibchen sich, mit Beginn der Geschlechtsreife, eine andere Gruppe suchen müssen.

- Bis 63 cm
- Bis 80 cm
- Bis 15 kg
- Variabel
- Stark gefährdet

SO-Brasilien

Schwarzer Klammeraffe Gruppen von 20 Tieren verteidigen gemeinsam ihr Revier oder gehen gegen einen Feind vor. Gruppen von bis zu 6 Tieren suchen miteinander Nahrung.

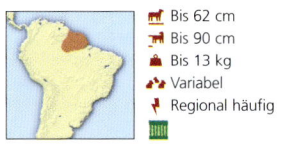

- Bis 62 cm
- Bis 90 cm
- Bis 13 kg
- Variabel
- Regional häufig

Nördl. des Amazonas und östl. des Rio Negro

GESCHICKTE GREIFER

Klammeraffen, extrem wendige Kletterer, besitzen einen schlanken Körper, lange Gliedmaßen, Hände ohne Daumen, die wie Haken einzusetzen sind, und einen beweglichen Greifschwanz. Sie eilen auf allen vieren die Äste entlang, schwingen aber auch an Händen und Schwanz durch die Bäume. Eine Gruppe ist im Gänsemarsch unterwegs, der Erste testet die Festigkeit der Äste.

Die Hand ohne Daumen wirkt beim Schwingen als Haken

Wollaffe
Lagothrix lagotricha

Sehr langer Greifschwanz, der genug Kraft besitzt, um das Gewicht des Affen zu halten

Spinnenaffe
Brachyteles arachnoides

Das Fell kann rötlich, dunkel- bis hellbraun oder dunkel- bis hellgrau sein

Goldstirn-klammeraffe
Ateles belzebuth

Das Gesicht zeigt Farben von Rosa bis Schwarz

Schwarzer Klammeraffe
Ateles paniscus

Geoffroy-Klammeraffe
Ateles geoffroyi

Schopflangur
Trachypithecus pileatus

Hanumanlangur
Semnopithecus entellus

Das Fell kann
dunkelbraun,
beige oder
grau sein

Kleideraffe
Pygathrix nemaeus

Das Gesicht des Weibchens ist braun, das
des Männchens blau

Die Pendelnase des
Männchens gibt den
Rufen Resonanz

Goldstumpfnase
Rhinopithecus roxellana

Die leichten Schwimmhäute
zwischen den Zehen machen
den Nasenaffen zu einem
ausgezeichneten Schwimmer

Nasenaffe
Nasalis larvatus

RIVALENBESEITIGUNG

Rivalenbeseitigung oder besser gesagt Kindermord ist bei den Hanumanlanguren zwar am besten erforscht, kommt aber auch bei anderen Primaten vor. Wenn ein neues Männchen die Herrschaft in einer Gruppe übernimmt, tötet es alle noch nicht entwöhnten Jungen – wohl, weil das Säugen bei den Weibchen die Empfängnis verhindert. Die Muttertiere versuchen ihre Jungen zu verteidigen, meist ohne Erfolg. Sind die Jungen tot, versiegt bei den Weibchen der Milchfluss und das neue dominante Männchen kann eigene Junge zeugen.

Wettbewerb und Zusammenarbeit
Die heftige Rivalität unter Hanumanlanguren steht in starkem Widerspruch zur intensiven Pflege und zum engen Zusammenhalt in bestehenden Gruppen.

Rivalen *Werden junge Hanumanlanguren-Männchen aus der Truppe, in die sie geboren sind, vertrieben, bilden sie Junggesellengruppen. Sie brechen in andere Gruppen ein und übernehmen die Position des dominanten Männchens.*

STUMMELAFFEN

Wie die asiatischen Languren besitzen die Stummelaffen Afrikas einen speziellen Magen, dank dessen sie die reichlichste Nahrungsquelle des Waldes, die Blätter, nützen können. Der Magen ist in eine sehr große, mehrkammerige obere Region und eine untere saure Region geteilt. Er fasst bis zu einem Drittel des Gewichts des Tiers in Blättern und enthält Bakterien, die Pflanzen aufschließen und Gifte neutralisieren. Stummelaffen sausen geschickt die Äste entlang und landen mit großen Sprüngen auf benachbarten Bäumen – dabei haken sie sich mit den daumenlosen Händen ein. Die meisten Stummelaffen leben in Gruppen von etwa 10 Tieren, mit einem festen Stamm an verwandten Weibchen. Weibchen passen oft auch auf Babys anderer Weibchen auf und säugen sie sogar.

Start *Stummelaffen vollführen oft spektakuläre Sprünge von einem Baum zum anderen, um eine neue Nahrungsquelle zu erreichen oder vor Feinden zu fliehen.*

Gemischte Gesellschaft
Stummelaffen schließen sich oft zeitweilig oder dauerhaft mit anderen Affenarten zusammen. Rote Stummelaffen und Grüne Meerkatzen trinken oft gemeinsam an einem Wasserloch und passen abwechselnd auf, damit sie nicht von Fressfeinden überrascht werden.

⚡ SCHUTZSTATUS

Gefahr im Verzug Alle 8 Unterarten des Roten Stummelaffen gelten als stark gefährdet oder vom Aussterben bedroht. Eine andere Unterart, *Procolobus badius waldroni*, erklärte man im Jahr 2000 für ausgestorben. Damit wurde zum ersten Mal seit 1900 das Aussterben eines Primaten dokumentiert. Rote Stummelaffen, die man des Fleisches wegen jagt, sind durch ihre leuchtende Farbe ein leichtes Ziel. Auch gehen weite Teile ihres Lebensraums durch Rodung rasch verloren.

Schopfstummelaffe
Procolobus verus

Bildet oft dauerhafte Verbindungen mit Dianameerkatzen, die als Wachposten fungieren

Mantelaffe
Colobus guereza

U-förmiger weißer Mantel an den Flanken und am Rücken

Die hakenförmige, daumenlose Hand ermöglicht rasche Bewegungen in den Bäumen

Roter Stummelaffe
Procolobus badius

Typischer feierlicher Gesichtsausdruck

Schwarzer Stummelaffe
Colobus satanas

Weiße Quaste an der Schwanzspit

Bärenstummelaffe
Colobus polykomos

Rhesusaffe
Macaca mulatta

In den Backentaschen
lagert Nahrung

Berberaffe
Macaca sylvanus

Schweinsaffe
Macaca nemestrina

Graue Mähne

Bartaffe
Macaca silenus

Das Fell wird im
Winter dichter

Rotgesichtsmakak
Macaca fuscata

Der kurze
Schwanz ist
fast nackt

Bärenmakak
Macaca arctoides

AUF EINEN BLICK

Rhesusaffe Bis zu 200 der geselligen Affen leben in einer Gruppe. Sie kommen in vielerlei Lebensräumen zurecht und ändern ihre Nahrung je nach Jahreszeit und Ort. Einige leben in Städten und plündern Gärten und Mülleimer. Die Art setzte man häufig in der medizinischen Forschung ein.

- Bis 65 cm
- Bis 30 cm
- Bis 10 kg
- Große Gruppen
- Weniger gefährdet

Afghanistan und Indien bis China

Berberaffen In einem Revier leben Gruppen von bis zu 40 Tieren mit mehreren Männchen. Weibchen paaren sich mit allen diesen Männchen. Jedes Männchen hilft bei der Aufzucht eines Jungen, oft nicht seines eigenen.

- Bis 70 cm
- Ohne
- Bis 10 kg
- Variabel
- Gefährdet

N-Marokko, N-Algerien; in Gibraltar eingeführt

SCHNEEAFFEN

Rotgesichtsmakaken leben weiter nördlich als alle anderen Primaten (außer dem Menschen). Während der schneereichen Winter ernähren sie sich von Knospen und Rinde sowie von ihrem Körperfett. Ein dominantes Männchen leitet eine Gruppe von 20 bis 30 Tieren. Sie leben meistens in Harmonie, betreiben gegenseitige Fellpflege und teilen sich die Pflege der Jungen.

- Bis 60 cm
- Bis 15 cm
- Bis 10 kg
- Variabel
- Keine Angaben

Japan

Schnee-bälle
Ganze Gruppen von Rotgesichtsmakaken formen Schneebälle. Sie formen mit den Händen einen kleinen Ball und rollen ihn über den Boden, damit er an Größe zunimmt.

Das Männchen ist graubraun mit zottigen silbrigen Haaren auf dem Kopf

Mantelpavian
Papio hamadryas

Das Weibchen ist olivbraun

Das Männchen trägt eine Mähne

Dschelada
Theropithecus gelada

Leuchtend rote Schwielen am Hinterteil

Herzförmiger nackter Fleck auf der Brust

Die hoch entwickelten gegenständig stehenden Daumen ermöglichen das geschickte Greifen von Gräsern, Wurzeln und Samen

Bärenpavian
Papio ursinus

Wachsam Das dominante Männchen der Gruppe achtet auf Bedrohungen von Junggesellengruppen.

GRASFRESSER

Die Gras fressenden Dscheladas sind die einzige Art einer einst in ganz Afrika weit verbreiteten Gattung. Heute leben sie nur noch im Hochland des nordwestlichen Äthiopien. Hier schlafen sie auf Felsen, außerhalb der Reichweite von Feinden. Am Tag suchen sie im nahe gelegenen Grasland Nahrung. Sie fressen fast nur Gras, deshalb gefährdet es sie, dass sich die menschliche Bevölkerung immer stärker ausbreitet und mehr Weideland für ihr Vieh braucht.

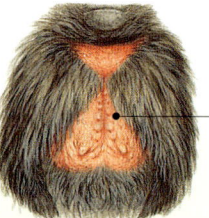

Perlenförmige Warzen beim Weibchen zeigen die Paarungsbereitschaft an

Knallrote Signale Männliche und weibliche Dscheladas besitzen eine nackte Brust, die abhängig von der Paarungsbereitschaft des Weibchens Farbe und Aussehen verändert. Sie können daher in einer wärmenden hockenden Stellung bleiben, während bei anderen Pavianarten die Veränderung am Hinterteil auftritt.

Soziale Wesen Die kleinste soziale Einheit bei den Dscheladas umfasst ein Männchen, mehrere Weibchen und ihren Nachwuchs. Einige Familien bilden zur Nahrungssuche eine Gruppe von etwa 70 Tieren. Manchmal schließen sich mehrere Gruppen zu Herden von 600 und mehr Tieren zusammen.

Der lange, schlanke Greifschwanz hilft beim Leben in den Bäumen

Mantelmangabe
Lophocebus albigena

Das Männchen ist zweimal so groß wie das Weibchen

Leuchtend gefärbtes Hinterteil mit kurzem Schwanz

Drill
Mandrillus leucophaeus

Leuchtend rot und blaues Gesicht beim Männchen, Gesicht in gedämpfterem Blau bei Weibchen und Heranwachsenden

Die Farbpalette des nackten Hinterteils reicht von Blau bis Purpurrot

Mandrill
Mandrillus sphinx

Haubenmangabe
Cercocebus galeritus

AUF EINEN BLICK

Mandrill Der größte aller Affen lebt in Afrika und ist durch sein rotes und blaues Gesicht unverkennbar. Am Tag klettert er von seinem Schlafbaum, um Früchte, Samen, Insekten und kleine Wirbeltiere zu suchen. Große Gruppen von bis zu 250 Mandrills bestehen aus Gruppen von etwa 20 Tieren mit mehreren Männchen, die von einem dominanten Männchen angeführt werden, das die meisten Jungen zeugt.

Bis 76 cm
Bis 7 cm
Bis 25 kg
Fam.-Gruppe, Gruppe
Gefährdet

Westliches Äquatorialafrika

Angabe
Um einen Rivalen oder einen Feind zu bedrohen, breitet ein Mandrill-Männchen die Arme weit aus, gähnt und zeigt dabei erschreckende Zähne.

Tolle Farben Mandrill-Männchen besitzen außer ihren auffälligen Gesichtern einen gelben Bart, ein malvenfarbenes Hinterteil, einen roten Penis und einen lilafarbenen Hodensack. Die Farben sind bei dominanten Männchen am intensivsten – sie scheinen vom Testosteronspiegel abzuhängen und Männlichkeit zu signalisieren.

SCHUTZSTATUS

Bedrohte Drills und Mandrills Beide Arten bedroht die Zerstörung ihres Lebensraums durch Holzeinschlag, Ackerbau und menschliche Siedlungen. Man jagt Drills und Mandrills des Fleischs wegen. Große Gruppen und laute Rufe machen sie leicht auffindbar. Drills gelten heute als stark gefährdet, ihre Anzahl ging in den letzten Jahren um 80 % zurück. Die Zahl der Mandrills, die man heute als gefährdet betrachtet, soll in nächster Zeit ähnlich sinken.

AUF EINEN BLICK

Diademmeerkatze Ein adultes Männchen dominiert 10 bis 40 Weibchen mit Nachwuchs. Die Weibchen helfen einander bei der Aufzucht der Jungen.

🐃 Bis 67 cm
🐃 Bis 85 cm
⚖ Bis 12 kg
🐾 Fam.-Gruppe, variabel
🌴 Regional häufig

Zentral-, O- und südliches Afrika

Grüne Meerkatze Sie lebt bevorzugt im Wald an Flussufern, passt sich aber auch an andere Lebensräume an und lebt sogar in menschlichen Siedlungen.

🐃 Bis 62 cm
🐃 Bis 72 cm
⚖ Bis 9 kg
🐾 Herden, Gruppen
🌴 Gefährdet

Afrika südlich der Sahara

Dianameerkatze Diese Art verbringt ihr Leben hoch oben in den Bäumen. Sie lebt in Gruppen von 15 oder mehr Tieren, mit einem Männchen. Die Jungen lernen Klettern in ständigem Spiel.

🐃 Bis 60 cm
🐃 Bis 80 cm
⚖ Bis 7,5 kg
🐾 Familiengruppen
🌴 Stark gefährdet

Küsten W-Afrikas

Monameerkatze Wie viele andere Altweltaffen speichert diese kleine Art Früchte und Insekten während der Nahrungssuche in den Backentaschen.

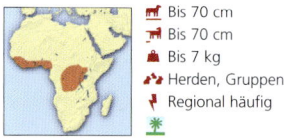

🐃 Bis 70 cm
🐃 Bis 70 cm
⚖ Bis 7 kg
🐾 Herden, Gruppen
🌴 Regional häufig

W- und Zentralafrika

ARTENGEMISCH

In großen Affengruppen findet man oft mehr als eine Art. In Ostafrika gehen z. B. Diadem- und Rotschwanzmeerkatzen dauerhafte Verbindungen ein; sie sind gemeinsam unterwegs und suchen Nahrung. So verringert sich die Gefahr eines Angriffs von Feinden und die Konkurrenz ist nicht so stark wie in einer Gruppe mit nur einer Art.

Diademmeerkatze
Cercopithecus mitis

Das Fell kann blau, rötlich braun oder graubraun sein

Grüne Meerkatze
Chlorocebus aethiops

Das Männchen besitzt einen türkisblauen Hodensack

Der weiße Streifen auf der Stirn inspirierte zu dem Namen, weil man ihn dem Bogen der Göttin Diana ähnlich fand

Dianameerkatze
Cercopithecus diana

Lange weiße Büschel an den Ohren

Erstarrt bei Gefahr

Monameerkatze
Cercopithecus mona

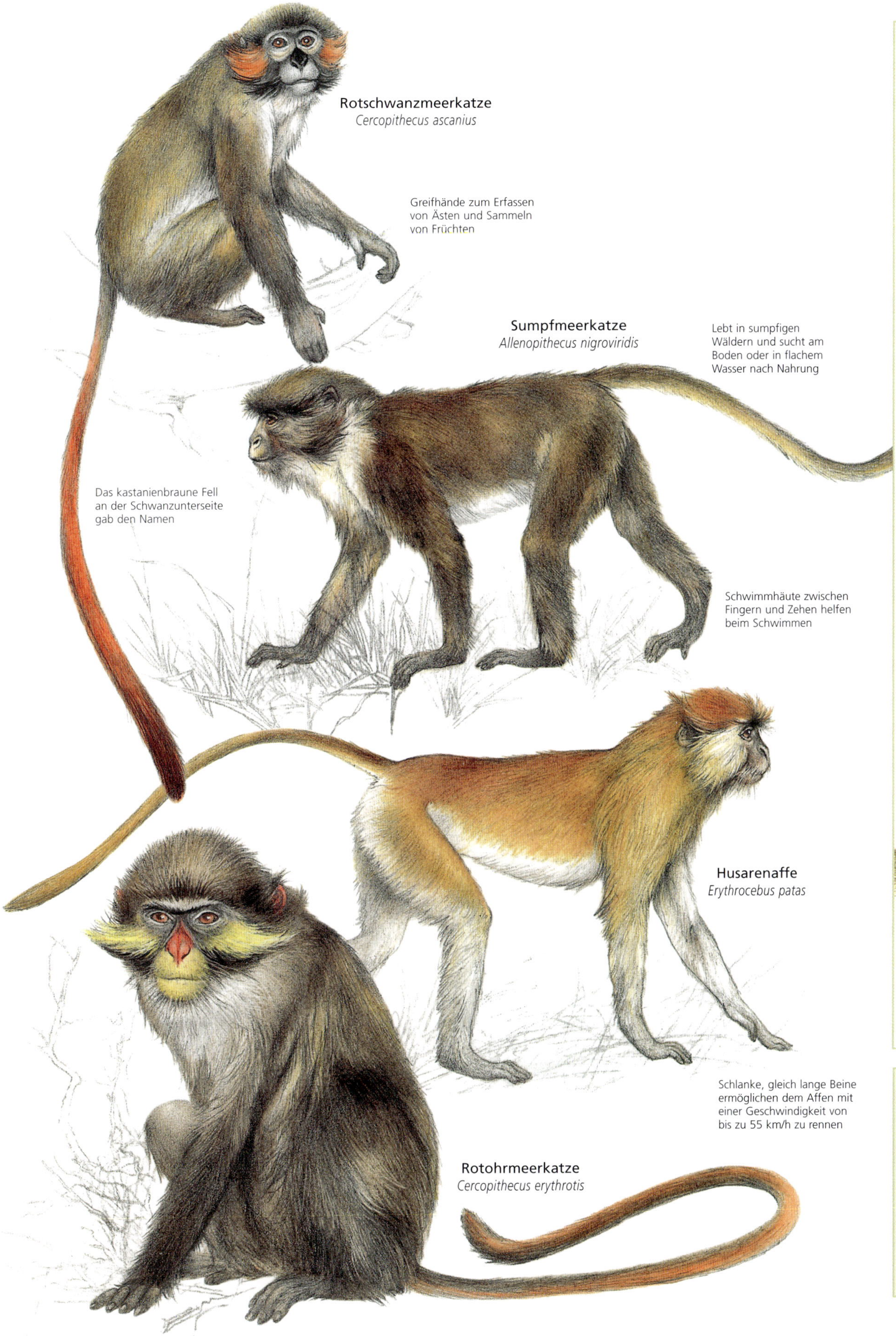

Rotschwanzmeerkatze
Cercopithecus ascanius

Greifhände zum Erfassen
von Ästen und Sammeln
von Früchten

Sumpfmeerkatze
Allenopithecus nigroviridis

Lebt in sumpfigen
Wäldern und sucht am
Boden oder in flachem
Wasser nach Nahrung

Das kastanienbraune Fell
an der Schwanzunterseite
gab den Namen

Schwimmhäute zwischen
Fingern und Zehen helfen
beim Schwimmen

Husarenaffe
Erythrocebus patas

Schlanke, gleich lange Beine
ermöglichen dem Affen mit
einer Geschwindigkeit von
bis zu 55 km/h zu rennen

Rotohrmeerkatze
Cercopithecus erythrotis

SIGNALE DER MEERKATZEN

Alle Meerkatzen der Gattung *Cercopithecus* verwenden eine Reihe von Signalen, um mit Artgenossen zu kommunizieren. Neben Lautsignalen wie Bellen, Grunzen, Schreien, Brüllen und Piepsen gibt es auch taktile und visuelle Signale. Das Aneinanderreihen der Nasen gilt bei vielen Arten als freundlicher Gruß. Die Schwanzstellung gibt über das Selbstvertrauen des Tiers Auskunft. Starren, Kopfnicken und Gähnen dienen oft als Drohgebärden gegenüber einem potenziellen Gegner, während das Zeigen zusammengebissener Zähne auf Furcht schließen lässt und als Geste der Beschwichtigung gemeint ist.

Gruß Auf ein begrüßendes Reiben der Nasen folgt bei zwei Rotschwanzmeerkatzen häufig gegenseitige Fellpflege oder Spiel.

Selbstvertrauen Bei Grünen Meerkatzen zeigt die Schwanzstellung an, ob ein Tier Angst hat. Steht der Affe auf allen vieren und biegt den Schwanz über den Körper, zeigt das Selbstvertrauen.

Warnschrei Um die Gruppe vor einem Feind zu warnen, stoßen Grüne Meerkatzen spezielle Alarmrufe aus: Bei einem fauchenden Geräusch für Schlangen stehen die Tiere auf und prüfen das Gras, bei einem doppelten Husten für Adler gehen die Blicke zum Himmel und sie suchen Unterschlupf, bei einem Bellen für Leoparden klettern die Affen auf die Bäume.

⚡ SCHUTZSTATUS

Gefährdung des Husarenaffen Diese bodenbewohnende Art lebt in den Savannen Zentralafrikas. Die starken Schwankungen in der Niederschlagsmenge bedeuten in der trockenen Region eine Gefährdung. Zudem jagt man diese Affen wegen ihres Fleischs und als Ernteschädlinge. Ihr Lebensraum wird zunehmend durch menschliche Aktivitäten zerstört.

MENSCHENAFFEN

KLASSE	Mammalia
ORDNUNG	Primates
FAMILIEN	2
GATTUNGEN	5
ARTEN	18

Wie Menschen sind Menschenaffen intelligent, bilden komplexe soziale Strukturen und verbringen Jahre mit der Pflege ihrer Jungen. Es gibt zwei Familien: Gibbons, Hylobatidae, und Menschenartige – Orang Utans, Schimpansen, Gorillas –, Hominidae, zu denen auch die Menschen gehören. Menschen- und Altweltaffen ähneln einander in Nasenform und Zahnschema und werden als Catarhina zusammengefasst, doch sie unterscheiden sich auch. Menschenaffen können aufrecht sitzen oder stehen. Ihnen fehlt ein Schwanz, die untersten Wirbel sind zum Steißbein verwachsen. Die Wirbelsäule ist kürzer, die Brust fassförmig, Schultern und Handgelenke sind sehr beweglich.

LIEDER DER GIBBONS

Gibbon-Paare beginnen den Tag mitunter mit Duetten, bei denen das Weibchen anstimmt und das Männchen folgt. Diese Lieder verstärken die Paarbindung, kennzeichnen aber auch das Revier und sorgen für den nötigen Abstand zu anderen Paaren bei der Nahrungssuche am Tag. Viele Gibbon-Arten tragen Kehlsäcke, die als Verstärker dienen. Bei den Siamangs, den größten Gibbons, besitzen Männchen und Weibchen riesige Kehlsäcke. Die Säcke produzieren beim Aufblasen ein brüllendes Geräusch, dem ein ohrenbetäubendes Bellen oder Kreischen folgt.

KLUGE MENSCHENAFFEN

Die Sozialstrukturen unterscheiden sich bei den Menschenaffen. Die monogamen Gibbons leben paarweise mit Nachwuchs in Gruppen von bis zu 6 Tieren. Bei den Orang Utans überschneiden sich Reviere, die Tiere treffen sich gelegentlich. Das Männchen geht meist allein auf Nahrungssuche, das Weibchen lebt mit seinem einzigen Jungen. Zu Schimpansen-Gruppen gehören 40 bis 80 Tiere, doch suchen sie meist in kleineren Gruppen Nahrung. Gorillas leben in Harems, mit 1 dominanten und 1 oder 2 weiteren adulten Männchen, mehreren Weibchen und ihrem Nachwuchs.

Gibbons und Menschenaffenartige entwickelten sich vor etwa 20 Mio. Jahren zu verschiedenen Familien. Schimpansen gelten als engste Verwandte des Menschen,

Eltern Die Jungen aller Menschenaffen brauchen ihre Eltern lange. Gorilla-Weibchen werfen meist ein Junges, das erst nach 3 Jahren entwöhnt ist. Da mehr als ein Drittel aller Gorilla-Jungen früher stirbt, haben die meisten Weibchen erst nach 6 bis 8 Jahren überlebenden Nachwuchs.

mit einem gemeinsamen Ahnen vor etwa 6 Mio. Jahren. Menschenaffenartige scheinen bei der Problemlösung dem Menschen zu ähneln. Man weiß, dass Orang Utans in der Natur Werkzeuge verwenden, in Forschungszentren brachte man allen Menschenaffenartigen deren Verwendung bei. Diese Tiere erkennen sich im Spiegel, das heißt sie besitzen eine Vorstellung von sich. Einige hat man das Erkennen und die Verwendung von Symbolen wie der Zeichensprache gelehrt.

Menschenaffen in Bewegung Während alle Menschenaffen längere Arme als Beine haben, sind nur bei Orang Utans und Gibbons die Arme überlang im Verhältnis zum Rumpf. Beim Orang Utan beträgt die Körper-Kopf-Länge etwa 1,5 m, während die Arme ausgebreitet 2,2 m erreichen. Gibbons bewegen sich mithilfe der Arme fort, sie schwingen an ihnen von Ast zu Ast. Bei der Bewegung der Orang Utans dominieren die Arme nicht so stark, sie klettern langsam mithilfe aller vier Gliedmaßen durch die Bäume. Schimpansen verbringen bis zu drei Viertel ihrer Zeit am Boden, aber hangeln sich an den Armen durch Bäume. Gorillas bewegen sich vorwiegend am Boden, sie klettern kaum.

Vielseitiger Griff
Die kräftigen Hände und Füße des Orang Utans sind hakenähnlich, Daumen und große Zehe kurz, die anderen Finger und Zehen lang.

Herumhängen
Obwohl der Orang Utan an Ästen hängt, setzt er beim Klettern in den Bäumen alle vier Gliedmaßen ein.

Geringer Energieverbrauch
Dank der langen Arme kann der Orang Utan Früchte mit wenig Anstrengung erreichen.

⚡ SCHUTZSTATUS

Starker Holzeinschlag und Rodung des Tropenwaldes bedroht die meisten Menschenaffen, ferner die Jagd wegen ihres Fleischs. Von 18 Menschenaffenarten stehen 100 % auf der Roten Liste der IUCN:

3	Vom Aussterben bedroht
7	Stark gefährdet
3	Gefährdet
4	Weniger gefährdet
1	Keine Angaben

Mentawai-Gibbon
Hylobates klossii

Hulock
Hylobates hoolock

Weißer Ring um das
Gesicht, weiße Hände
und Füße mit
rötlichem oder
schwarzem
Fell

Lar
Hylobates lar

Der Kehlsack ist
größer als der Kopf

Männchen sind
schwarz; adulte
Weibchen golden
oder gelbbraun,
manchmal mit
schwarzen Flecken

Schopfgibbon
Hylobates concolor

Siamang
Hylobates syndactylus

Verlängerter Arm
mit hakenförmiger
Hand

AUF EINEN BLICK

Mentawai-Gibbon Dieser Gibbon hangelt sich an den Armen durch den Wald und kann über 10 m weit von Baum zu Baum schwingen. Er frisst vorwiegend Früchte, vor allem sehr süße Feigen, nimmt aber auch Blüten und Insekten.

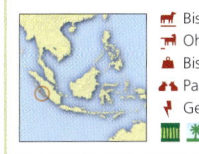

🐃	Bis 65 cm
🐂	Ohne
⚖	Bis 8 kg
👣	Paarweise
⚡	Gefährdet

Mentawai-Insel (Indonesien)

Hulock Diese große Art kommt weiter nördlich und östlich vor als alle anderen Gibbons. Sie vermeidet die Konkurrenz mit anderen Primaten, indem sie vor allem reife Früchte bevorzugt. Die Anzahl ist jedoch aufgrund von Jagd und Lebensraumzerstörung rückläufig.

🐃	Bis 65 cm
🐂	Ohne
⚖	Bis 8 kg
👣	Paarweise
⚡	Stark gefährdet

NO-Indien, Bangladesch, SW-China, Myanmar

Lar Dieser Gibbon schwingt sich zum Rand der Kronenschicht und sucht reife Früchte, junge Blätter und Knospen, die seine ganze Nahrung ausmachen und dort besonders häufig sind.

🐃	Bis 65 cm
🐂	Ohne
⚖	Bis 8 kg
👣	Paarweise
⚡	Weniger gefährdet

S-China, Myanmar, Thail., Malaysia, Sumatra

Schopfgibbon Er kommt mit goldenem oder gelbbraunem Fell zur Welt, das mit etwa 6 Monaten schwarz wird. Männchen bleiben schwarz, Weibchen werden bei der Geschlechtsreife wieder golden oder gelbbraun.

🐃	Bis 65 cm
🐂	Ohne
⚖	Bis 8 kg
👣	Paarweise
⚡	Stark gefährdet

S-China, N-Vietnam

Siamang Dieser größte Gibbon verbringt 5 Stunden am Tag mit Fressen – dabei hängt er oft an einem Arm. Er verzehrt zwar auch viele Früchte, einige Insekten und kleine Wirbeltiere, doch die Hälfte seiner Nahrung sind Blätter.

🐃	Bis 90 cm
🐂	Ohne
⚖	Bis 13 kg
👣	Paarweise
⚡	Weniger bedroht

Malaysia, Sumatra

AUF EINEN BLICK

Orang Utan Die einzigen Menschenaffenartigen Asiens sind die größten baumbewohnenden Tiere der Welt. Sie kommen kaum jemals auf den Waldboden, sondern bewegen sich durch den Wald, indem sie an einem Baum so lange hin- und herschwingen, bis sie den nächsten fassen. Sie bauen sich jede Nacht kunstvolle Nester in Baumwipfeln und decken sich mit Laub zu.

- 🐾 Bis 1,5 m
- 🐾 Ohne
- 🐾 Bis 90 kg
- 🐾 Einzelgänger, Paarw.
- 🐾 Stark gefährdet

Borneo, Sumatra

Westlicher Gorilla Gorilla-Männchen, die größten aller Primaten, wachsen etwa bis zum Alter von 12 Jahren. Sie entwickeln am Rücken silbrig-weißes Fell, daher nennt man geschlechtsreife Männchen »Silberrücken«. Gorillas verbringen viel Zeit am Boden, sie legen große Strecken auf allen vieren zurück.

- 🐾 Bis 1,8 m
- 🐾 Ohne
- 🐾 Bis 180 kg
- 🐾 Variabel
- 🐾 Stark gefährdet

Zentralafrika

ARBEIT MIT WERKZEUGEN

Erfindungsreichtum und Geschick von Schimpansen zeigen sich im Umgang mit Werkzeugen. Sie streifen Blätter von Zweigen und Grashalmen ab, um Stäbe zum Tasten in Ameisen- und Termitenhügeln daraus zu machen. Mit speziell ausgewählten Steinen öffnen sie Nüsse und hartschalige Früchte. Beim Imponieren oder Jagen verwenden einige Tiere Stöcke und Steine als Geschosse. Werkzeuggebrauch ist anerzogen und variiert von Population zu Population.

- 🐾 Bis 93 cm
- 🐾 Ohne
- 🐾 Bis 50 kg
- 🐾 Große Gruppe, Herde
- 🐾 Stark gefährdet

Zentral- und W-Afrika

Schimpanse
Pan troglodytes

Die Arme sind länger als die Beine, die Finger länger als beim Menschen

Orang Utan
Pongo pygmaeus

Das Männchen besitzt große Backenwülste und einen Kehlsack mit Bart und Schnurrbart

Kraftvoller Griff

Die sehr beweglichen Arme und Beine können in die meisten Richtungen schwingen

Läuft auf den Fußsohlen und Fingerknöcheln

Westlicher Gorilla
Gorilla gorilla

Bonobo
Pan paniscus

Schmälerer Körper und schlankere Gliedmaßen als der Schimpanse

Aussterben *Procolobus badius waldroni* kam einst in Ghana und an der Elfenbeinküste vor. Er ist der einzige Primat, dessen Aussterben man im 20. Jahrhundert dokumentierte. Die Jagd für den Fleischhandel löste vermutlich seine Ausrottung aus, verschärft durch den Holzeinschlag, der früher unzugängliche Wälder erreichbar machte. Viele heute noch existierende Primatenarten sehen sich ähnlichen Bedrohungen gegenüber. Der Handel mit lebenden Tieren wurde für gefährdete Arten verboten, doch fangen Wilderer immer noch einige Primaten, um sie als Haustiere oder für die medizinische Forschung zu verkaufen. Viele finden wegen ihres Fleisches den Tod.

PRIMATEN-SCHUTZ

Nach Angaben von Conservation International laufen 195 Primatenarten und -unterarten – etwa ein Drittel aller Primatenarten – Gefahr, in den nächsten Jahrzehnten auszusterben. Etwa die Hälfte aller Stummelaffen und Gibbons sind bedroht, nur das Überleben des Menschen ist in der Familie Hominidae gesichert, alle Menschenaffenartigen gelten als stark gefährdet. Der Handel mit lebenden Tieren als Heimtiere oder für die medizinische Forschung trug zu den abnehmenden Bestandszahlen bei, ebenso die Jagd auf Primaten wegen ihres Fleisches. Die größte Bedrohung liegt aber in der Lebensraumzerstörung durch Rodung. Da Primaten sich sehr langsam fortpflanzen, erholen sich die Populationen nur allmählich. Fast alle leben als tropische Tiere in ärmeren Ländern; dort fallen Schutzmaßnahmen oft den Bedürfnissen der wachsenden Bevölkerung zum Opfer.

Lebensraumzerstörung Wird ein Stück Regenwald gerodet, können mehrere Primatenarten betroffen sein und der Schaden ist von Dauer. Die Erdschicht im Regenwald ist dünn und nährstoffarm, bringt aber üppige Vegetation hervor, weil das Ökosystem die Nährstoffe hervorragend recycelt. Fehlen die Bäume, wäscht der Regen den Boden fort und das Gebiet wird bald kahl.

Hilfe für Orang Utans Wenn man Primaten rettet, die illegal als Haustiere gehalten werden, besitzen sie nicht mehr die Fähigkeiten, um in der freien Natur zu überleben. Im Sepilok Orangutan Rehabilitation Centre auf der Insel Borneo trainiert man gerettete Orang Utans darauf, für sich selbst zu sorgen, bevor man sie wieder in den Wald entlässt. Mehr als 100 Orang Utans schlossen sich nach ihrem Training der wilden Population von Sepilok an.

3. Schule der Wildnis
Die Angestellten der Station verringern allmählich die Futtermenge und ermutigen die Orang Utans für sich selbst zu sorgen.

Asiatische Primaten Etwa 45 % der stark gefährdeten Primaten leben in Asien, vorwiegend in Indonesien (35 stark gefährdete Primatenarten), China, Indien und Vietnam (je 15). Das Foto zeigt den Delacourlangur (*Trachypithecus delacouri*), eine der vietnamesischen Arten, die in Gefahr sind.

1. Quarantäne *Neuankömmlinge hält man 3 bis 6 Monate in Quarantäne, damit sie nicht die anderen Orang Utans in der Station mit Krankheiten infizieren.*

2. Kinderstube *Ranger trainieren junge Orang Utans (bis zu 3 Jahren) in grundlegenden Fähigkeiten zum Überleben, wie Klettern auf Bäume, Bauen von Schlafnestern und Finden von Früchten und anderer Nahrung im Wald.*

4. Überlebenstraining
Zeigt ein Orang Utan Zeichen von Selbstständigkeit, bekommt er noch weniger Futter angeboten. Zuletzt schließen sich die meisten geretteten Tiere der wilden Orang-Utan-Population Sepiloks an.

FLEISCHFRESSER

KLASSE	Mammalia
ORDNUNG	Carnivora
FAMILIEN	11
GATTUNGEN	131
ARTEN	278

Von gewichtigen Eisbären bis zu kleinen Wieseln, schnellen Geparden bis zu schwerfälligen Seeelefanten, im Rudel lebenden Wölfen bis zu einzelgängerischen Tigern herrscht in der Ordnung Carnivora eine beträchtliche Vielfalt. Man nennt die Tiere zwar meist Fleischfresser, doch fressen manche kaum – oder nie – Fleisch. Allen Tieren der Ordnung Carnivora ist ein räuberischer Ahn mit 4 Reißzähnen – scharfkantigen Molaren, die Fleisch zerteilen – gemeinsam. Die meisten Fleischfresser besitzen diese Reißzähne, die sie von anderen Fleisch fressenden Säugetieren unterscheiden. Bei Insekten- oder vorwiegenden Pflanzenfressern sind die Reißzähne zum Mahlen umgebildet.

Schleckermaul Früher zählte der Wickelbär zu den Primaten, doch er ist ein nachtaktiver baumbewohnender Fleischfresser. Am Greifschwanz hängt er beim Fressen von Früchten kopfunter. Mit der langen Zunge sammelt er Nektar oder Honig. Manchmal jagt und frisst er auch Insekten.

Jagd nach Fleisch Wie die meisten Tiere der Ordnung Carnivora ist der Jaguar ein Beutegreifer und frisst meist selbst gefangenes Fleisch. Der einsame Jäger vertraut beim lautlosen Anschleichen auf seine scharfen Sinne. Die großen Ohren nehmen Schallwellen auf, die großen Augen sehen bei Tag und Nacht ausgezeichnet.

Beinahe-Vegetarier Der Große Panda frisst zwar mitunter Kleinsäuger, Fische und Insekten, doch seine Nahrung besteht zu 99 % aus Bambus. Diesen findet er das ganze Jahr lang reichlich, doch muss er 10 bis 12 Stunden pro Tag fressen, damit eine ausreichende Menge dieser nährstoffarmen Pflanze die nötige Energie liefert.

ERSTKLASSIGE JÄGER

Als wichtigste Land-Beutegreifer auf allen Erdteilen mit Ausnahme der Antarktis sind Fleischfresser für die Jagd ausgestattet. Mit scharfem Sehen, gutem Gehör und Geruchssinn entdecken sie ihre Beute. Das Ohr, oft mit inneren Kammern versehen, empfängt die Frequenzen, die Beutetiere aussenden.

Intelligenz, Geschick und Tempo helfen den Fleischfressern beim Anschleichen, beim Jagen und Fangen der Beute. Selbst scheinbar schwerfällige Arten wie Bären legen sehr beachtliche Sprints hin. Der Gepard ist das schnellste Landtier der Welt. Alle Fleischfresser verfügen über zusammengewachsene Handwurzelknochen, die Stöße beim Rennen abfedern. Das verkürzte Schlüsselbein erhöht die Beweglichkeit der Schultermuskeln, es erlaubt ein weites Ausgreifen und höheres Tempo.

Fleischfresser töten ihre Beute meist mit den kräftigen Kiefern und den scharfen Zähnen. Wiesel zertrümmern der Beute den Schädel, indem sie in den Hinterkopf beißen. Katzen schlagen kleiner Beute in den Nacken, um die Wirbelsäule zu brechen. Hunde renken einem

Anpassungsfähige Tiere Fleischfresser gibt es in fast allen Lebensräumen. Eisbären, Polarfüchse und Alaska-Tundra-Wölfe (oben) überleben in der eisigen Arktis; Otter und Seehunde verbringen viel Zeit im Wasser; Großkatzen jagen in Dschungel und Savanne; Schakale leben in Wüsten.

Beutetier den Hals aus, indem sie es heftig zwischen den Kiefern schütteln. Dank der gemeinsamen Jagd können Wölfe, Löwen und andere Rudeltiere deutlich größere Beute, wie Gnus und Büffel, angreifen.

Fast alle größeren Fleischfresser jagen Wirbeltiere. Kleinere Fleischfresser verzehren meist Wirbellose, die leichter zu fangen sind, aber für große Tiere nicht ausreichen. Einige Fleischfresser bevorzugen Termiten, Würmer, Fische und Krustentiere, einige sind vorwiegend vegetarisch. Kein Fleischfresser verzichtet auf ein leicht zu erhaltendes Mahl.

Vor etwa 50 Mio. Jahren teilte sich die Ordnung Carnivora in 2 Linien. Zu den Katzenähnlichen gehören Zibetkatzen (Familie Viverridae), Katzen (Felidae), Hyänen (Hyaenidae) und Mangusten (Herpestidae). Zu den Hundeähnlichen gehören Hunde (Canidae), Bären (Ursidae), Waschbären (Procyonidae), Marder (Mustelidae) und Robben und Seelöwen (Otariidae und Phocidae). Lange galten Robben als eigene Ordnung Pinnipedia, doch genetische Studien beweisen, dass sie gemeinsame Vorfahren mit den anderen Fleischfressern haben.

Gruppenleben Für viele kleine Fleischfresser verringert die Gruppe das Risiko einem Feind zum Opfer zu fallen. Bei Erdmännchen-Gruppen, die aus 2 bis 3 Familien bestehen, wachen die Tiere abwechselnd.

Fürs Jagen eingerichtet Das Katzenskelett zeigt Charakteristika, die Fleischfresser zu guten Jägern machen. Eine bewegliche Wirbelsäule, lange Gliedmaßen, zusammengewachsene Handwurzelknochen und ein kurzes Schlüsselbein tragen zu Tempo und Wendigkeit bei.

FREMDE FLEISCHFRESSER

Dass Fleischfresser ausgezeichnete Jäger sind, führte zu vielen gescheiterten Versuchen, sie zur Schädlingsbekämpfung in Gegenden anzusiedeln, in denen sie nicht heimisch sind. Die Folgen waren meistens verheerend. Wiesel (rechts), die man in den 1880er Jahren wegen des Kaninchenproblems in Neuseeland einführte, bedrohen die natürliche Fauna. Auf den Karibik-Inseln und auf Hawaii verbreitete der eingeführte Kleine Mungo (*Herpestes javanicus*) die Tollwut, statt wie beabsichtigt Nager und Schlangen im Zaum zu halten. Auf einigen entlegenen Inseln töteten verwilderte Katzen nicht wie geplant die Ratten, sondern nahmen flugunfähige Vögel als leichte Beute und zerstörten deren Bestand.

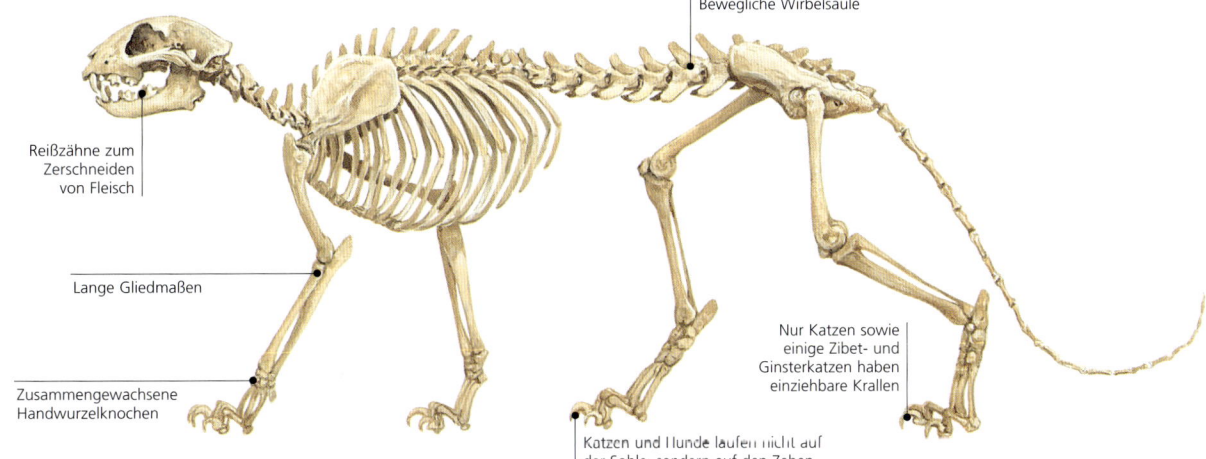

Bewegliche Wirbelsäule

Reißzähne zum Zerschneiden von Fleisch

Lange Gliedmaßen

Zusammengewachsene Handwurzelknochen

Nur Katzen sowie einige Zibet- und Ginsterkatzen haben einziehbare Krallen

Katzen und Hunde laufen nicht auf der Sohle, sondern auf den Zehen

HUNDE

KLASSE	Mammalia
ORDNUNG	Carnivora
FAMILIE	Canidae
GATTUNGEN	14
ARTEN	34

Hunde, Wölfe, Kojoten, Schakale und Füchse bilden die Familie Canidae, die mit den Menschen eine höchst vielschichtige Beziehung verbindet. Hunde wurden vor wenigstens 14 000 Jahren domestiziert, erlebten als erste Tiere eine Partnerschaft mit den Menschen und helfen bis heute häufig bei der Jagd, als Wach- oder Begleithunde. Gleichzeitig jagte der Mensch gnadenlos wilde Mitglieder der Familie Canidae wegen des Verlusts von Vieh, der Ausbreitung der Tollwut oder als Sport. Einige Arten, wie Rotfüchse oder Kojoten, passten sich an und leben mitten in Stadtgebieten, andere, wie der Rotwolf, sind vom Aussterben bedroht.

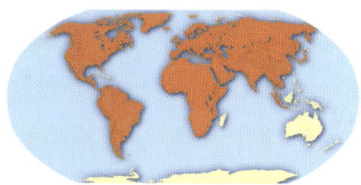

Weite Verbreitung Vor 34 bis 55 Mio. Jahren entwickelten sich die wilden Hunde in Nordamerika, doch heute leben sie auf allen Kontinenten außer der Antarktis. Sie fehlen auf einigen Inseln, darunter Madagaskar, Hawaii, Philippinen, Borneo und Neuseeland. In prähistorischer Zeit führte man sie in Neuguinea und Australien ein. Der Haushund kommt heute weltweit vor.

IM GRASLAND

Die meisten Hunde leben im offenen Grasland, wo sie ihre Beute entweder durch einen plötzlichen Angriff oder ausdauerndes Verfolgen fangen. Der schlanke, muskulöse Körper mit tiefer Brust und die langen kräftigen Beine geben große Ausdauer. Neben der Verschmelzung der Handwurzelknochen, die auch anderen Fleischfressern zu Eigen ist, verhindert bei Hunden eine Sperrung der Knochen im Vorderfuß ein Rotieren. In der spitzen Schnauze liegt der Geruchssinn, der es Hunden ermöglicht, Beute über weite Strecken zu verfolgen. Große stehende Ohren tragen zum guten Gehör bei.

Gemeinsame Jagd Wölfe leben meist in Familiengruppen von 5 bis 12 Tieren, die ein Alphapaar anführt. Das Rudel jagt gemeinsam größere Beute wie Hirsche. Häufig wird ein junges, altes oder schwaches Tier bis zur Erschöpfung verfolgt.

Die anpassungsfähigen Hunde bevorzugen frisch getötetes Fleisch, nehmen aber, was immer greifbar ist, auch Fische, Aas, Beeren und menschlichen Abfall. Die Sozialstruktur ist flexibel, sie unterscheidet sich je nach Art und spiegelt oft die Ernährung wider. Kleinere Arten, wie Schakale und Füchse, fressen meist kleine Tiere und leben oft allein oder in Paaren. Größere Arten, wie Wölfe oder Afrikanische Wildhunde, leben und jagen in hierarchisch aufgebauten Rudeln und erlegen Beute, die größer ist als sie selbst. Hunde, die besonders große Tiere jagen, leben in den größten Gruppen, während Wölfe in Gebieten, wo kleinere Beute reichlich vorhanden ist, in Paaren leben.

Manche Tiere jagen allein, leben aber in einer Gruppe und nutzen die Vorteile des Gruppenlebens wie die gemeinschaftliche Sorge für die Jungen und die Verteidigung ihres Reviers gegenüber Rivalen.

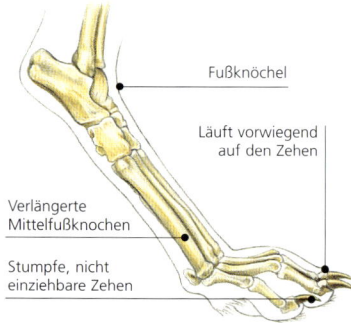

Fußknöchel

Läuft vorwiegend auf den Zehen

Verlängerte Mittelfußknochen

Stumpfe, nicht einziehbare Zehen

Auf Zehenspitzen Angehörige der Familie Hunde besitzen verlängerte Füße und sind Zehengänger: Sie laufen auf den Zehen, nicht auf der gesamten Sohle. Da Hunde die Krallen nicht einziehen können, laufen diese sich ab. Im Vorderfuß der Hunde federn die zusammengewachsenen Handwurzelknochen die Stöße beim Laufen ab.

FAMILIENLEBEN

Grundelement der Sozialstruktur bei Schakalen ist ein monogames Paar. Es kümmert sich gemeinsam um die Jungen, die 8 Wochen lang gesäugt und dann noch einige Wochen mit hochgewürgter Nahrung der Eltern gefüttert werden. Bei vielen Schakalfamilien bleiben 1 oder 2 Junge nach Erreichen der Geschlechtsreife noch ein Jahr bei den Eltern, um bei der Aufzucht des nächsten Wurfs zu helfen.

Schmale, spitze
Schnauze

Kojote
Canis latrans

Hängender buschiger
Schwanz mit
schwarzer Spitze

Vorderbeine, Füße
und Schnauze
sind rötlich braun

Rotwolf
Canis rufus

Kleiner als der
Europäische Wolf
mit längeren
Ohren und
kürzerem Fell

Größe und Fellfarbe des
Europäischen Wolfs
variieren je nach Ort

Alaska-Tundrawolf
Canis lupus tundrarum

Europäischer Wolf
Canis lupus lupus

KOJOTEN-KOMMUNIKATION

Viele Kojoten sind Einzelgänger, doch
andere leben und jagen in Paaren oder
Rudeln. Auch Kojoten kommunizieren
mit Duftmarken, Gesichtsausdruck,
Körper- und Schwanzstellung sowie
vielerlei Quieken, Jaulen und Heulen.

Freundlich

Unterwürfig

Verspielt

Angriffslustig

Verteidi-
gungsbereit

SCHUTZSTATUS

Weniger Wölfe Während die anpassungsfähigen Kojoten sich zahlreicher und weiter verbreiten, erging
es den Wölfen schlecht. Einst fand
man sie auf der ganzen Nordhalbkugel, heute gibt es sie nur noch in
einigen begrenzten Gebieten in
Nordamerika und Eurasien. Rot-
wölfe sind vom Aussterben bedroht,
es gibt nur noch 200 Tiere in der
Natur. Bei allen Wölfen versucht
man, sie wieder auszuwildern.

Streifenschakal Das nachtaktive Tier verfolgt seine Beute meist nicht, sondern springt rasch auf Insekten, Mäuse und Vögel oder bedient sich bei der Beute anderer Beutegreifer. Jede Familie hat einen individuellen Kontaktlaut, den nur Familienmitglieder erkennen.

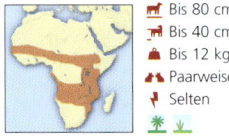

🐃 Bis 80 cm
🦬 Bis 40 cm
⚖ Bis 12 kg
🐾 Paarweise
⚡ Selten
🌿 🌱

Zentral- und südliches Afrika

Goldschakal Der am weitesten verbreitete Schakal lebt seit alter Zeit am Rand menschlicher Siedlungen. In jenen Tagen spielte er in der ägyptischen Mythologie eine wichtige Rolle.

🐃 Bis 100 cm
🦬 Bis 30 cm
⚖ Bis 15 kg
🐾 Paarweise
⚡ Häufig
🌿 🌱

N-Afrika, SO-Europa bis Thailand, Sri Lanka

Schabrackenschakal In der Nähe von Orten ist er nachtaktiv, sonst ist er tag- oder nachtaktiv. Die Hälfte seiner Nahrung besteht aus Insekten, dazu frisst er Kleinsäuger und Früchte. Männchen und Weibchen bilden dauerhafte Paare und teilen sich die Pflege der Jungen.

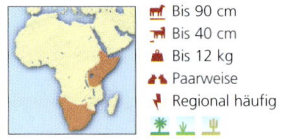

🐃 Bis 90 cm
🦬 Bis 40 cm
⚖ Bis 12 kg
🐾 Paarweise
⚡ Regional häufig
🌿 🌱 🌵

O- und südliches Afrika

Abessinischer Fuchs Die Art kommt nur in einem Dutzend eng begrenzter Gebiete in Äthiopien vor. Mit nur 500 adulten Tieren in der Natur gehört die Art zu den bedrohtesten überhaupt.

🐃 Bis 100 cm
🦬 Bis 30 cm
⚖ Bis 19 kg
🐾 Einzelg., kl. Gruppe
⚡ Vom Aussterben bedr.
🌾 🏞

Hochland von Äthiopien

Dingo Vermutlich brachten ihn asiatische Kaufleute vor 3500 Jahren nach Australien. Der Dingo entwickelte sich in vielen Gebieten zum dominanten Beutegreifer und jagt in Rudeln große Beuteltiere wie Kängurus und Wallabys.

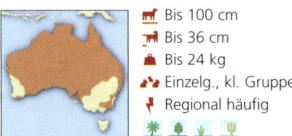

🐃 Bis 100 cm
🦬 Bis 36 cm
⚖ Bis 24 kg
🐾 Einzelg., kl. Gruppe
⚡ Regional häufig
🌿 🌱 🌵

Australischer Kontinent

Streifenschakal
Canis adustus

Kürzere Beine und Ohren als andere Schakale mit weißen und schwarzen Streifen an den Flanken im grauen Fell

Die Farbe variiert von Braun mit goldenen Spitzen in der Regenzeit bis zu mattem Gold in der Trockenzeit

Goldschakal
Canis aureus

Das schwarze Fell verläuft vom Nacken bis zum Schwanz

Schabrackenschakal
Canis mesomelas

Abessinischer Fuchs
Canis simensis

Lange spitze Schnauze zum Fangen kleiner Säugetiere

Dingo
Canis lupus dingo

Rothund
Cuon alpinus

Eisfuchs
Winterfell
Alopex lagopus

Dichtes Fell
bedeckt im
Winter die
Pfoten

Eisfuchs
Sommerfell
Alopex lagopus

Die kurze, breite
Schnauze ist
der Hauptbeute,
großen Wirbel-
tieren, angepasst

Das Gebiss besitzt bis zu
8 zusätzliche Molaren,
um Termiten, Mistkäfer
und andere Insekten zu
zermahlen

Löffelhund
Otocyon megalotis

Afrikanischer Wildhund
Lycaon pictus

Jeder Afrikanische
Wildhund besitzt eine
einmalige Zeichnung

Marderhund
Nyctereutes procyonoides

Zweimal im Jahr Fellwechsel:
Dem dichten Winterfell folgt ein
leichteres Sommerfell

AUF EINEN BLICK

Eisfuchs Im Winter passt sich dieser
Fuchs mit einem weißen Fell an seinen
verschneiten Lebensraum an und frisst
Meeressäugetiere, Seevögel, Fische,
Krustentiere und Vorräte. Im Sommer
wird das Fell braun oder schwarz zur
Tarnung in der Tundravegetation.

🐾 Bis 70 cm
🐾 Bis 40 cm
⚖ Bis 9 kg
🐕 Einzelgänger
🔥 Häufig

N-Nordamerika, N-Eurasien, Island, Grönland

Afrikanischer Wildhund Er ist ein
reiner Fleischfresser. Nach einer Mahlzeit würgen gesunde Erwachsene Nahrung für junge oder kranke Tiere hoch.

🐾 Bis 90 cm
🐾 Bis 40 cm
⚖ Bis 36 kg
🐕 Einzelg., kl. Gruppe
🔥 Stark gefährdet

O- und S-Afrika

UNGEWÖHNLICHER HUND

Der Marderhund ist der einzige Hund,
der eine Art Winterruhe (keinen
Winterschlaf) hält. Während die
meisten Arten im offenen Grasland
leben, bevorzugt er das dichte Unterholz der Wälder. Er stammt aus Ost-
asien und kam durch den
Pelzhandel nach
Europa.

Wie ein Waschbär
*Schwarze Maske, plumper
Körper, buschiger Schwanz
und Kletterkünste des Mar-
derhunds erinnern stark an
den Waschbären.*

SCHUTZSTATUS

Von den 34 Hundearten stehen
53 % auf der Roten Liste der IUCN,
in folgenden Gefährdungsstufen:

1 Ausgestorben
2 Vom Aussterben bedroht
1 Stark gefährdet
2 Gefährdet
1 Weniger gefährdet
2 Schutz nötig
9 Keine Angabe

AUF EINEN BLICK

Großohr-Kitfuchs Er kommt in ariden Gebieten vor und meidet die Hitze des Tages in seinem unterirdischen Bau. Nachts jagt er Kaninchen und Taschenratten. Dieser Fuchs nimmt die Feuchtigkeit über seine Beute auf und tötet deshalb mehr Tiere als nötig wären, um seinen Energiebedarf zu stillen.

- Bis 52 cm
- Bis 32 cm
- Bis 2,7 kg
- Einzelgänger
- Schutz nötig

SW-USA und N-Mexiko

ERFOLGREICHER ROTFUCHS

Der Rotfuchs – eine der am weitesten verbreiteten Arten der Welt – überlebt in Wald, Prärie, Ackerland und Stadtgebieten, denn er ist kein Nahrungsspezialist. Man hat dem Tier, das aus Sport gejagt und wegen des Fells gezüchtet wird, angelastet, Geflügel zu töten und Tollwut zu verbreiten. Wo man den Rotfuchs einführte, wie in Australien, ist er eine Gefahr für die einheimische Fauna.

- Bis 50 cm
- Bis 33 cm
- Bis 6 kg
- Einzelgänger, paarweise
- Häufig

Nordamerika, Europa, N- und Zentralasien, N-Afrika, Arabien; eingeführt in Australien

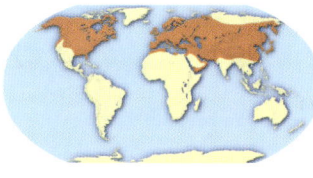

Mahlzeit
Rotfüchse fressen fast alles, von Nagern und Kaninchen bis zu Früchten und Abfall.

⚡ SCHUTZSTATUS

Wieder da Einst kam der Swift-Fuchs auf allen nordamerikanischen Prärien vor, doch er verlor Lebensraum an Ackerland und Siedlungen, auch jagte und vergiftete man ihn. 1978 war er aus Kanada vollkommen verschwunden, doch hat man ihn mittlerweile in kleinen Populationen in Alberta und Saskatchewan erfolgreich wieder eingeführt. Heute gilt die Art als weniger gefährdet.

Tibetfuchs
Vulpes ferrilata

Die breiten Ohren hören auf das Rascheln von Nagetieren

Steppenfuchs
Vulpes corsac

Afghanfuchs
Vulpes cana

Bewegt sich katzenartig

Großohr-Kitfuchs
Vulpes macrotis

Blassfuchs
Vulpes pallida

Rotfuchs
Nordamerikanische Unterart
Vulpes vulpes fulva

Im Winter ersetzt ein längeres, dickeres graues Fell das kurze rötliche Sommerfell

Swift-Fuchs
Vulpes velox

Bengalfuchs
Vulpes bengalensis

Rotfuchs
Mitteleuropäische Unterart
Vulpes vulpes crucigera

Festland-Graufuchs
Urocyon cinereoargenteus

Schwanz mit
schwarzer Spitze

Kräftige, gebogene
Krallen als Hilfe beim
Klettern

Waldfuchs
Cerdocyon thous

Mähne aus stehenden
schwarzen Haaren

Mähnenwolf
Chrysocyon brachyurus

Argentinischer Graufuchs
Pseudalopex griseus

Dank der langen
Beine kann er über
das hohe Gras der
Pampa hinwegsehen

Kurzohrfuchs
Atelocynus microtis

Andenfuchs
Pseudalopex culpaeus

Waldhund
Speothos venaticus

Schwimmhäute
an den Füßen
erleichtern die
Jagd im Wasser

Die Farbe des Fells
ist im Norden des
Verbreitungsgebiets
am intensivsten

Pampasfuchs
Pseudalopex gymnocercus

AUF EINEN BLICK

Waldfuchs Er ist in seiner Nahrung
nicht heikel. In der feuchten Jahreszeit
frisst er oft Krebse und andere Krustentiere, in der Trockenzeit wechselt er zu
Insekten. Er verzehrt auch Früchte,
Schildkröteneier, Kleinsäuger, Vögel,
Reptilien, Amphibien, Fische und Aas.

🦌 Bis 76 cm
🦎 Bis 33 cm
🏋 Bis 7,9 kg
👥 Paarweise
🌡 Häufig

Kolumbien bis Argent. ohne Amazonasbeck.

Mähnenwolf Dieser Allesfresser verzehrt große Mengen Bananen, Guaven
und andere Früchte, daneben Gürteltiere, Kaninchen, Nagetiere, Schnecken
und Vögel. Er jagt nachts und springt,
wie ein Fuchs, seine Beute plötzlich an.

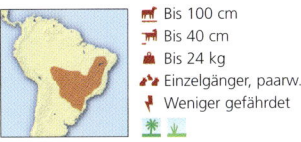

🦌 Bis 100 cm
🦎 Bis 40 cm
🏋 Bis 24 kg
👥 Einzelgänger, paarw.
🌡 Weniger gefährdet

Brasilien bis Paraguay und Argentinien

Argentinischer Graufuchs Das nachtaktive Tier lebt meist in Gruppen aus
einem Elternpaar, deren Jungen und
mitunter einem zweiten Weibchen, das
mit für die Jungen sorgt. Die Gruppe
beansprucht ganzjährig ein Revier.

🦌 Bis 66 cm
🦎 Bis 42 cm
🏋 Bis 5,4 kg
👥 Einzelgänger, paarw.
🌡 Regional häufig

Chile und Argentinien

Waldhund Mit dem gedrungenen Körper und dem kurzen Gesicht besitzt er
kaum Ähnlichkeit mit Hunden. Rudel
von bis zu 10 Tieren suchen im Unterholz nach Nahrung. Sie verständigen
sich mit hohem Piepen und Jaulen.

🦌 Bis 75 cm
🦎 Bis 13 cm
🏋 Bis 7 kg
👥 Einzelg. bis gr. Gruppe
🌡 Gefährdet

W-Panama bis Paraguay und N-Argentinien

Pampasfuchs Wird er von Menschen
bedroht, erstarrt er, bei Anfassen bleibt
er reglos. Paare sind in der Paarungszeit zusammen, versorgen gemeinsam
die Jungen, dann trennen sie sich.

🦌 Bis 72 cm
🦎 Bis 38 cm
🏋 Bis 7,9 kg
👥 Einzelgänger, paarw.
🌡 Regional häufig

O-Bolivien und S-Brasilien bis N-Argentinien

GROSSBÄREN

KLASSE	Mammalia
ORDNUNG	Carnivora
FAMILIE	Ursidae
GATTUNGEN	6
ARTEN	9

Trotz ihres Furcht erregenden Rufes fressen Bären so viele Pflanzen wie kein anderer Fleischfresser. Nur eine Art, der Eisbär, verzehrt vorwiegend Fleisch. Beeren, Nüsse und Knollen bilden den Hauptteil der Nahrung des Baribal. Der Lippenbär verzehrt vorwiegend Insekten und der Große Panda fast nur Bambus. Die erste Bärenart entwickelte sich in Eurasien vor 20 bis 25 Mio. Jahren aus der Hundefamilie heraus. Sie besaß etwa Waschbärgröße, trug einen langen Schwanz und Reißzähne, wie die meisten Angehörigen der Ordnung Carnivora. Im Lauf der Zeit wurden die meisten Bärenarten größer, ihr Schwanz kürzer und die Reißzähne zum Zermahlen von Pflanzen flacher.

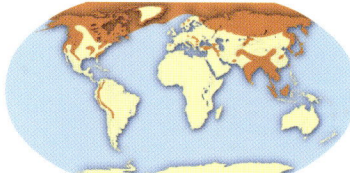

Nördliche Vielfalt Bären kommen vorwiegend auf der nördlichen Halbkugel vor, und zwar in Europa, Asien und Amerika. Bis nach 1800 fand man den Braunbär auch in Nordafrika. Heute sind – bis auf 2 – alle Bärenarten bedroht, Opfer von Lebensraumverlust und Jagd.

Fischfresser In den nordwestlichen Küstenregionen Nordamerikas warten Braunbären an Wasserfällen, um Lachse, die zum Ablaichen flussaufwärts schwimmen, zu fangen. Diese jährlichen Fischmahlzeiten liefern wichtige Proteine, bevor der Winter beginnt.

Zu voller Größe Grizzlybären (*Ursus arctos horribilis*) versuchen Rivalen oder Feinde abzuschrecken, indem sie sich auf die Hinterbeine stellen und ein Stück auf zwei Beinen gehen. Die aufrechte Haltung verstärkt ihre imposante Größe noch. Sie brummen auch und zeigen die langen Eckzähne.

KRAFT UND MASSE

Der Kleine Panda wiegt zwar nur etwa 3 kg, doch die meisten Bären der Familie Ursidae sind Schwergewichte. Eisbär und Braunbär konkurrieren um den Titel größtes Landsäugetier. Da Bären oft mehr Zeit mit Nahrungssuche als mit Jagd verbringen, ist ihr kräftiger muskulöser Körper mit den dicken Beinen und dem massiven Schädel mehr für Kraft als für Geschwindigkeit angelegt. Die verlängerte Schnauze zeigt den hervorragenden Geruchssinn an. Sehen und Gehör besitzen weniger Bedeutung, Augen und Ohren sind relativ klein.

Bären gibt es auch in den Tropen, doch am zahlreichsten gibt es sie in kalten nördlichen Regionen. Hier können sie sich dank ihrer Größe im Frühjahr und Sommer, wenn es reichlich Nahrung gibt, Fettpolster zulegen. Wenn es kalt wird, ziehen sich die Bären in eine Höhle zurück und schlafen bis zu einem halben Jahr. Während dieser Zeit leben sie nur von ihrem Körperfett, sie fressen, urinieren und

koten nicht; ihre Herz- und Atemfrequenz sinkt. Ihre Körpertemperatur bleibt – anders als beim echten Winterschlaf – fast konstant. Weibchen werfen in diesem Ruhezustand die Jungen, die so die Chance erhalten, vor dem nächsten Winter zu wachsen und Fettvorräte anzulegen.

Bären leben meist als Einzelgänger, auch wenn Junge oft 2 bis 3 Jahre bei der Mutter bleiben. Kämpfe unter rivalisierenden Männchen zur Paarungszeit können zu Verletzungen oder zum Tod führen.

BEDÄCHTIGE BEWEGUNG

Bären bewegen sich meist langsam auf allen vieren, können Beute aber auch mit hohem Tempo verfolgen. Sie sind Sohlengänger, setzen also beim Gehen die ganze Sohle auf. Dadurch wird ihr großes Gewicht gestützt und so können sie auch auf den Hinterfüßen stehen. Die meisten Bären klettern auch sehr geschickt.

Kompakter langer Schädel

Kurzer Schwanz

Stämmige Beine

Läuft auf der ganzen Fußsohle

Kräftige, gebogene, nicht einziehbare Krallen

Ursus arctos isabellinus

Das Fell des Braunbären kann braun, hellbraun, mit silbernen Spitzen oder fast schwarz sein

Deutlicher Schulterhöcker

Baribal
Ursus americanus

Das Fell des Baribal kann schwarz oder braun sein

Europäischer Braunbär
Ursus arctos arctos

Die kompakte Masse hilft dem Eisbären der Kälte zu trotzen und Fett für karge Zeiten zu speichern

Eisbär
Ursus maritimus

Größte Bärenart

Große paddelähnliche Pfoten zum Schwimmen

Größte aller Braunbär-Unterarten

Kodiakbär
Ursus arctos middendorffi

Das Männchen ist doppelt so groß wie das Weibchen

Kragenbär
Ursus thibetanus

AUF EINEN BLICK

Braunbär Diese Art lebte einst in ganz Eurasien und Nordamerika, im Süden bis Nordafrika und Mexiko. Zu den Unterarten gehören der Europäische Braunbär (*Ursus arctos arctos*), der Grizzlybär (*U. a. horribilis*), der Kodiakbär (*U. a. middendorffi*) und der im Himalaja vorkommende *Ursus arctos isabellinus*.

🐃 Bis 2,8 m
🐂 Bis 21 cm
🏋 Bis 600 kg
🚶 Einzelgänger
🚩 Regional häufig

🌿🌲🌵🟦🏭
Gebiete in NW-Nordamerika, Wyoming, W- und N-Europa, Himalaja, Japan

Baribal Dieser wohl häufigste Bär kann in vielerlei Lebensräumen leben und passt als Allesfresser seine Nahrung an die Jahreszeit an.

🐃 Bis 2,1 m
🐂 Bis 18 cm
🏋 Bis 240 kg
🚶 Einzelgänger
🚩 Regional häufig

🌿🌲🌵🟦
Waldgebiete Nordamerikas, benachbarte Inseln

Kragenbär Er frisst vorwiegend Pflanzen und klettert zum Sammeln von Früchten und Nüssen auf Bäume. Um Feinde wie Tiger zu erschrecken, zeigt er die weiße Zeichnung auf der Brust.

🐃 Bis 1,9 m
🐂 Bis 10 cm
🏋 Bis 170 kg
🚶 Einzelgänger
🚩 Gefährdet

🌿🌲🌵🟦
Afghanistan, Pakistan bis China, Korea, Japan

BÄRENTATZEN

Tatzen spiegeln Lebensraum und Nahrung wider. Baribals haben hakenförmige Krallen zum Klettern und Graben. Um Bambus zu greifen, haben Große Pandas einen L-förmigen Ballen, der auch den zum sechsten Finger umgeänderten Handwurzelknochen bedeckt.

Baribal
Großer Panda

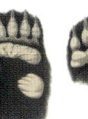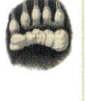

Vorderfuß   Hinterfuß   Vorderfuß   Hinterfuß

AUF EINEN BLICK

Großer Panda Er verzehrt täglich bis zu 40 % seines Gewichts an Bambus. Er bevorzugt Triebe im Frühjahr, Blätter im Sommer und Stängel im Winter. Er hält keinen Winterschlaf.

- Bis 1,5 m
- Bis 10 cm
- Bis 160 kg
- Einzelgänger
- Stark gefährdet

Isolierte Gebirge in W-China

Kleiner Panda Er zählte wegen der Ähnlichkeit zu den Waschbären, doch Studien ergaben, dass er mit dem Großen Panda verwandt ist. Er schläft nachts auf Bäumen und frisst am Tag Bambus und Früchte am Boden.

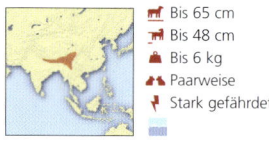

- Bis 65 cm
- Bis 48 cm
- Bis 6 kg
- Paarweise
- Stark gefährdet

Nepal bis Myanmar und W-China

Lippenbär Nach dem Aufreißen von Termiten- und Ameisenhügeln mit den langen gebogenen Krallen holt er mit der langen Zunge Insekten heraus. Er klettert zum Honigfressen auf Bäume.

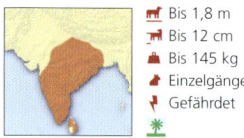

- Bis 1,8 m
- Bis 12 cm
- Bis 145 kg
- Einzelgänger
- Gefährdet

Sri Lanka, Indien, Nepal

BAMBUSBÄR

Das Anwachsen der Bevölkerung Chinas bedeutete, dass der Lebensraum des Großen Panda zerstört wurde. Es gibt nur etwa 1000 Pandas in der Natur, die alle in eng begrenzten Berggebieten mit Bambus leben. Er gilt weithin als Symbol für den Artenschutz, doch Wilderer jagen ihn noch immer.

SCHUTZSTATUS

Von den 9 Bärenarten stehen 7 auf der Roten Liste der IUCN, unter folgenden Gefährdungsstufen:

- 2 Stark gefährdet
- 3 Gefährdet
- 1 Schutz nötig
- 1 Keine Angabe

Großer Panda
Ailuropoda melanoleuca

Die typische schwarz-weiße Zeichnung macht den Großen Panda zu einem der bekanntesten Tiere weltweit

Brillenbär
Tremarctos ornatus

Einzige Bärenart in Südamerika

Die Vorderpfoten des Großen Panda besitzen einen »Pseudo-Daumen«, einen zusätzlichen gegenständig stehenden Finger zum Greifen von Bambus

Das zottige Fell kann in der tropischen Umgebung vor Hitze schützen

Lippenbär
Melursus ursinus

Bewegliche Schnauze mit langer Zunge, um Termiten und Ameisen zu fangen

Die lange Zunge schleckt Larven, Insekten und Honig

Der kleinste Bär außer dem Kleinen Panda

Malaienbär
Helarctos malayanus

Lange gebogene Krallen erleichtern dem baum-lebenden Bären das Klettern

Kleiner Panda
Ailurus fulgens

Das Fell besteht aus langen rauen Haaren und einem dichten Unterfell, das gegen die Kälte im hoch gelegenen Lebensraum isoliert

Einziger Bär mit einem langen Schwanz

EIN JAHR EISBÄRENLEBEN

Der Eisbär, der gut an das Leben im rauen Klima der Arktis angepasst ist, lebt nahe den eisbedeckten Gewässern, in denen er seine wichtigste Beute, die Eismeer-Ringelrobbe, findet. Im Gegensatz zu anderen Bären in kalten Zonen bleibt dieser zum Teil im Wasser lebende Fleischfresser im Winter aktiv. Er kann allerdings bei Nahrungsknappheit zu jeder Jahreszeit in einen schlafähnlichen Zustand verfallen und von den Fettvorräten seines Körpers leben. Bis auf die Paarungszeit lebt er allein, mitunter fasten mehrere Männchen in einer Gruppe.

Schutz für die Jungen Eisbären-Männchen töten manchmal Junge, damit das Weibchen wieder paarungsbereit ist. Mütter stellen sich oft schützend über ihr Junges und verteidigen es gegen größere Männchen.

Robbenjäger Eisbären warten oft stundenlang am Atemloch einer Robbe, um sich sofort auf ihre Beute zu stürzen. Sie fressen fast nur Robben und andere Meeressäuger.

Gute Schwimmer Der Eisbär kann mithilfe der riesigen Vorderpfoten als Paddel stundenlang schwimmen. An Land ist er sehr wendig und erreicht Geschwindigkeiten von 40 km/h. Dichtes Fell und eine Fettschicht unter der Haut isolieren gegen Kälte.

April–Juli: Fressen *Im Sommer lauern Eisbären den zahlreichen unvorsichtigen Jungen der Ringelrobben auf. Wenn das Eis im Meer Ende Juli schmilzt, kommen die Bären an Land und fasten, bis es wieder friert.*

April–Mai: Paarung *Eisbären-Weibchen verbringen so viel Zeit mit der Aufzucht ihrer Jungen, dass sie nur einmal in 3 Jahren paarungsbereit sind. Daher konkurrieren die Männchen sehr heftig um sie.*

Februar–April: Ausflüge *Wenn die Jungen groß genug sind, um sich auf die Eisschollen zu wagen, führt die Mutter sie aus der Höhle hinaus. Junge bleiben etwa 2½ Jahre bei ihrer Mutter und lernen die Jagdtechniken, die überlebenswichtig sind.*

November–Januar: Geburt *Während andere Eisbären im Winter aktiv bleiben, ziehen sich trächtige Weibchen in eine Schneehöhle zurück, wo ihre Jungen zur Welt kommen. Meistens bestehen die Würfe aus 2 Jungen, die bis Ende März gesäugt werden.*

MARDER

KLASSE	Mammalia
ORDNUNG	Carnivora
FAMILIE	Mustelidae
GATTUNGEN	25
ARTEN	65

Als Gruppe sind Wiesel, Otter, Stinktiere und Dachse aus der Familie Mustelidae die erfolgreichsten und vielfältigsten Fleischfresser, mit mehr Arten als jede andere Familie. Marder findet man in fast jedem Lebensraum, einschließlich Wälder, Wüsten, Tundras, Süß- und Salzwasser. Sie leben auf Bäumen, am Boden, teilweise im Wasser, ganz im Wasser oder graben Baue. Einige Arten, wie Meerotter und Vielfraß, können mehr als 25 kg wiegen, doch die meisten sind mittelgroß. Das kleinste Tier der Familie, das Mauswiesel, wiegt nur 30 g. Sie fressen sehr viel Fleisch und jagen gierig. Dabei greifen sie häufig Beute an, die viel größer ist als sie selbst.

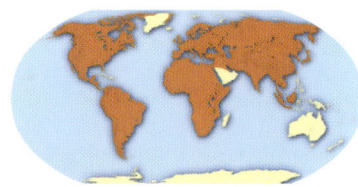

Weit verbreitete Familie Marder fehlen nur in Australien und der Antarktis. Es gibt sie in Europa, Asien, Afrika und Amerika. Trotz ihrer Häufigkeit erforschte man nur wenige gründlich. Marder wurden in vielen Gegenden eingeführt: Entweder entkamen sie zufällig von Pelzfarmen oder man holte sie bewusst, um Nager und Kaninchen in Schach zu halten.

Stinkende Verteidigung Fast alle Marder besitzen Duftdrüsen neben dem After, die Bisam, eine stark riechende Flüssigkeit zum Kennzeichnen des Reviers, produzieren. Stinktiere entwickelten daraus ein Verteidigungssystem, dem nur die entschlossensten Fressfeinde nicht weichen.

GNADENLOSE JÄGER

Mit dem lang gestreckten Körper und den kurzen Beinen können Marder Nagern und Kaninchen in den Bau folgen. Wiesel sind schlank und gelenkig mit einer beweglichen Wirbelsäule, die es ihnen ermöglicht zu hoppeln und zu springen. Dachse besitzen einen gedrungenen Körper und einen schwankenden Gang. Viele Marder schwimmen und klettern gut, sie nehmen neben bodenbewohnender auch wasser- oder baumlebende Beute.

Marder besitzen einen flachen Schädel und ein kurzes Gesicht mit kleinen Ohren und Augen. Der Geruchssinn ist der wichtigste Sinn zum Beuteaufspüren und zur Kommunikation. Das Revier kennzeich-

Wiesel im Sprung Die wendigen und sehr starken Tiere können beim Laufen Nahrung von der Hälfte des eigenen Gewichts tragen. Der kleinste Marder, das Mauswiesel, verfolgt Beute, Mäuse und Wühlmäuse gnadenlos durch dichtes Gras oder Schnee.

nen Duftmarken. Die meisten Marderarten tragen lange, gebogene, nicht einziehbare Krallen zum Graben. Arten, die teils oder ganz im Wasser leben, besitzen Schwimmhäute zwischen den Zehen.

Marder tragen ein doppeltes Fell mit einer Schicht weichem, dichtem Unterfell und längeren Deckhaaren. Dank dieses warmen, wasserabweisenden Fells können Marder im Wasser jagen und in kalten Wintern aktiv bleiben, doch machte es sie auch oft zum Opfer von Pelzjägern.

PAARUNGSVERHALTEN EINES EINZELGÄNGERS

Die meisten Marderarten sind absolute Einzelgänger, die sich nur zur Paarungszeit treffen. Die Paarung ist oft brutal und das Männchen zwingt das Weibchen. Die Begattung kann bis zu 2 Stunden dauern und löst beim Weibchen den Eisprung aus, einen Vorgang, der die Befruchtung fast garantiert. Ein befruchtetes Ei kann Wochen oder Monate ruhen, bevor es sich – bei günstigen Bedingungen – in der Gebärmutterschleimhaut einnistet. So paart sich z. B. der Baummarder (Bild) im Winter, doch das Einnisten findet im Frühjahr statt, sodass die Jungen erst im April zur Welt kommen.

Die Drüsen an der
Schwanzwurzel
produzieren Bisamduft

Europäischer Fischotter
Lutra lutra

Besitzt in seinem Revier
bestimmte Stellen als
Ein- und Ausgang zum
Wasser

Glattotter
Lutra perspicillata

Neotropischer Fischotter
Lontra longicaudis

An den Vorderpfoten fehlen
Schwimmhäute und Krallen,
doch sie besitzen einen gegenständig stehenden Daumen,
sind geschickt und empfindlich

Kapotter
Aonyx capensis

Die empfindlichen
Schnurrhaare helfen
beim Aufspüren der
Beute

Riesenotter
Pteronura brasiliensis

Fleckenhalsotter
Lutra maculicollis

Stein dient als
Werkzeug zum
Öffnen eines
Seeigels

Seeotter
Enhydra lutris

Die breiten, flossenähnlichen
Hinterpfoten tragen Schwimmhäute zwischen den Zehenspitzen

Zwischen den langen Deckhaaren
und dem dichten Unterfell ist eine
isolierende Luftschicht eingeschlossen

AUF EINEN BLICK

Neotropischer Fischotter Der Einzelgänger verbringt den Großteil des Tags
mit Tauchen nach Fisch. Kleine Beute
frisst er im Wasser, größere an Land.

Bis 81 cm
Bis 57 cm
Bis 15 kg
Einzelgänger
Keine Angabe

Mexiko bis Uruguay

Riesenotter Familiengruppen mit einigen Tieren teilen einen Bau am Ufer
und suchen nach Nahrung. Die Jagd
machte die Art zum seltensten Otter.

Bis 1,2 m
Bis 70 cm
Bis 34 kg
Familiengruppe
Stark gefährdet

S-Venezuela und Kolumbien bis N-Argentinien

Seeotter Diese oft einzeln lebenden
Tiere können ihr ganzes Leben im Meer
verbringen – sie schlafen an der Oberfläche und suchen bis zu 5 Stunden
täglich Nahrung. Sie leben aber auch in
nach Geschlecht getrennten Gruppen
an Land. Als einziges Tier außer den
Primaten verwendet es Werkzeuge: Es
öffnet Muscheln mit einem Stein.

Bis 1,2 m
Bis 36 cm
Bis 45 kg
Einzelg., ruht in Gr.
Stark gefährdet

Nordpazifik

SCHWIMMPFOTEN

Alle Otter besitzen geschickte Pfoten,
doch sie unterscheiden sich in punkto
Schwimmhäute und Krallen. Die Pfoten
der meisten in Flüssen lebenden Otter
(wie beim Europäischen Fischotter,
im Bild) tragen
Schwimm-
häute, Krallen
und sind fürs
Laufen an Land
abgerundet.

SCHUTZSTATUS

Gejagte Otter 1911 hatten Pelztierjä-
ger die Zahl der Seeotter auf knapp
2000 Tiere reduziert. Schutzmaßnahmen und Auswilderungspro-
gramme haben den Bestand wieder
auf 150 000 Tiere erhöht, doch die
Art ist weiterhin durch Wilderer,
Ölteppiche, Jagd durch Besatzungen
von Fischkuttern und Fressfeinde
wie Schwertwale gefährdet.

AUF EINEN BLICK

Schweinsdachs Er fällt zwar mitunter Leoparden und Tigern zum Opfer, aber nie kampflos. Wird er bedroht, bäumt er sich auf, stellt die Haare senkrecht und knurrt. Er gibt auch eine stinkende Flüssigkeit aus den Afterdrüsen ab.

- Bis 70 cm
- Bis 17 cm
- Bis 14 kg
- Keine Angabe
- Keine Angabe

NO-Indien bis NO-China und SO-Asien

Europäischer Dachs Die meisten Dachsarten sind Einzelgänger, doch diese Art lebt in großen Familiengruppen. Der kraftvolle Gräber bewohnt ausgedehnte Baue, die über Generationen weitergegeben werden.

- Bis 90 cm
- Bis 20 cm
- Bis 16 kg
- Familiengruppen
- Regional häufig

W-Europa bis China, Korea und Japan

Silberdachs Der Einzelgänger verbringt einen großen Teil seiner Zeit mit dem Graben nach Nagern wie Präriehunden oder Erdmännchen. Wenn ihn an der Oberfläche ein Feind bedroht, gräbt er sich rasch ein.

- Bis 72 cm
- Bis 15 cm
- Bis 12 kg
- Einzelgänger
- Regional häufig

N-Kanada bis Mexiko

KLETTERNDER DACHS

Der kleinste Dachs, der China-Sonnendachs, sucht nachts nach Würmern, Insekten, Fröschen, Nagern und Früchten. Tagsüber ruht er in einem Bau oder einer Felsspalte oder klettert mithilfe seiner langen Krallen auf einen Baum.

- Bis 43 cm
- Bis 23 cm
- Bis 3 kg
- Keine Angabe
- Regional häufig

O-Indien, SO-Asien, S-China, Taiwan

Teledu
Mydaus javanensis

Kann bei Bedrohung ein übel riechendes Sekret aus den Afterdrüsen versprühen

Schweinsdachs
Arctonyx collaris

Lang gestreckte Schnauze mit schweineähnlichen Nasenlöchern

Europäischer Dachs
Meles meles

Kräftige Vorderbeine und Krallen zum Graben

China-Sonnendachs
Melogale moschata

Langer, buschiger Schwanz

Burma-Sonnendachs
Melogale personata

Silberdachs
Taxidea taxus

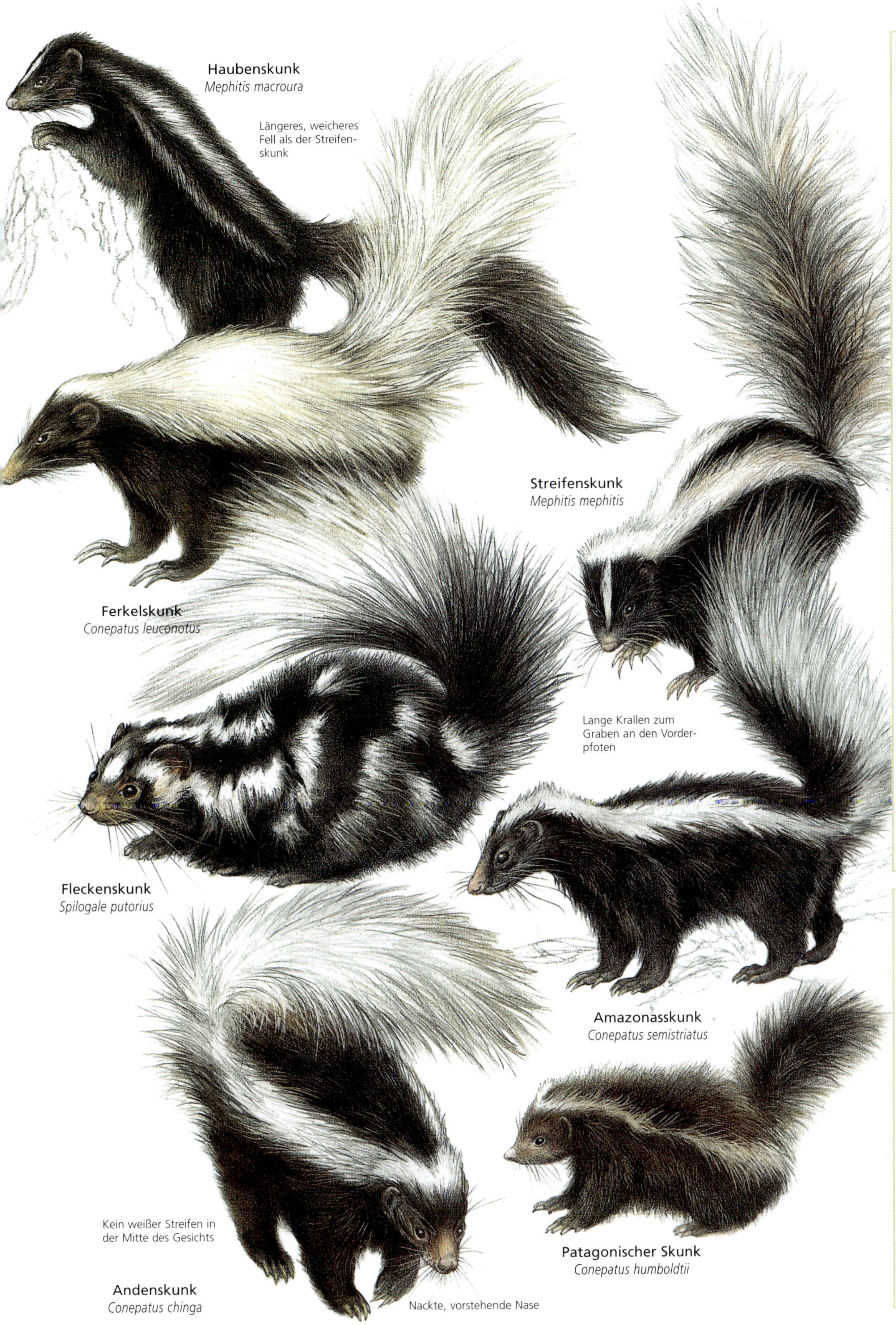
Haubenskunk
Mephitis macroura
Längeres, weicheres Fell als der Streifenskunk
Streifenskunk
Mephitis mephitis
Ferkelskunk
Conepatus leuconotus
Lange Krallen zum Graben an den Vorderpfoten
Fleckenskunk
Spilogale putorius
Amazonasskunk
Conepatus semistriatus
Patagonischer Skunk
Conepatus humboldtii
Kein weißer Streifen in der Mitte des Gesichts
Andenskunk
Conepatus chinga
Nackte, vorstehende Nase

AUF EINEN BLICK

Streifenskunk Das nachtaktive Tier ist bei seiner Nahrung nicht wählerisch; es frisst alles von kleinen Säugetieren über Fisch bis zu Früchten, Nüssen, Körnern und Gräsern. Im Winter ist es nur wenig aktiv und kommt kaum aus dem Bau heraus.

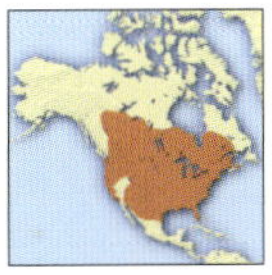

- Bis 80 cm
- Bis 39 cm
- Bis 6,5 kg
- Einzelgänger
- Häufig

N-Kanada bis Mexiko

Fleckenskunk Der einzige Skunk, der klettern kann, ist auch wachsamer und aktiver als andere Skunkarten. Während der Paarungszeit im März und April sprühen die Männchen oft ihr übel riechendes Sekret auf jedes große Tier, das ihnen über den Weg läuft.

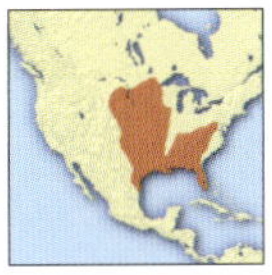

- Bis 33 cm
- Bis 28 cm
- Bis 900 g
- Einzelgänger
- Häufig

USA (Östlich der Rocky Mountains)

Andenskunk Diese Art lebt in Felsspalten, hohlen Bäumen oder Bauen, die andere Tiere verlassen haben. Sie jagt Insekten, aber auch kleine Wirbeltiere wie Nager, Eidechsen und Schlangen. Sie besitzt eine Art von Immunität gegen das Gift von Grubenottern.

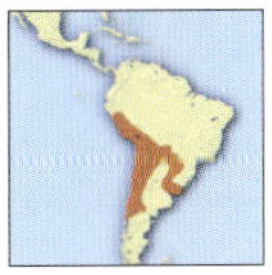

- Bis 33 cm
- Bis 20 cm
- Bis 3 kg
- Einzelgänger
- Häufig

Südamerika

SKUNK-VERTEIDIGUNG

Bevor ein Skunk stinkenden Moschus aus seinen Afterdrüsen verspritzt, warnt er seinen Feind: Er stellt den Schwanz auf, stampft mit den Füßen, gibt vor anzugreifen oder macht einen Handstand. Auch die typische schwarzweiße Zeichnung warnt Feinde, sich in Acht zu nehmen.

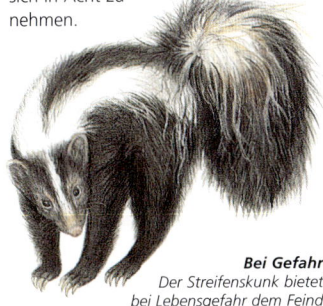

Bei Gefahr
Der Streifenskunk bietet bei Lebensgefahr dem Feind Kopf und Hinterteil dar.

BEGEHRTES FELL

Der Zobel lebt im dichten Wald der Taiga in Nordasien; er jagt und hat seinen Bau am Waldboden. Er kam einst im Westen bis Skandinavien vor, doch wurden so viele Tiere von Pelztierjägern gefangen, dass das Verbreitungsgebiet und sein Gesamtbestand sich beträchtlich verringerten.

- Bis 56 cm
- Bis 19 cm
- Bis 1,8 kg
- Einzelgänger
- Selten

N-Asien

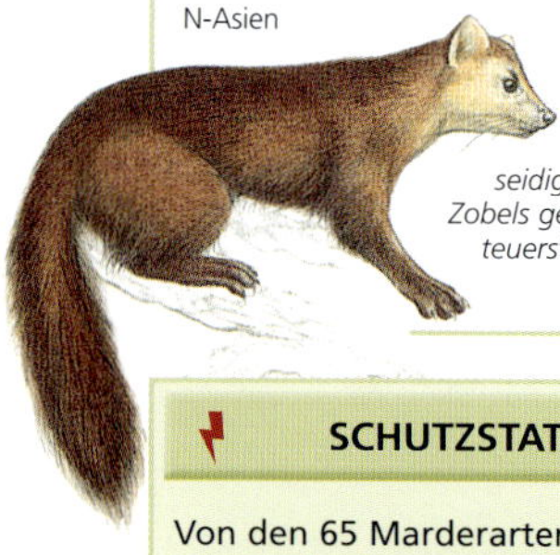

Teures Fell
Das lange seidige Winterfell des Zobels gehört zu den am teuersten gehandelten Fellen.

SCHUTZSTATUS

Von den 65 Marderarten stehen 35 % auf der Roten Liste der IUCN, in folgenden Gefährdungsgraden:

- 2 Ausgest./i. d. Natur ausgest.
- 7 Stark gefährdet
- 8 Gefährdet
- 2 Weniger gefährdet
- 4 Keine Angabe

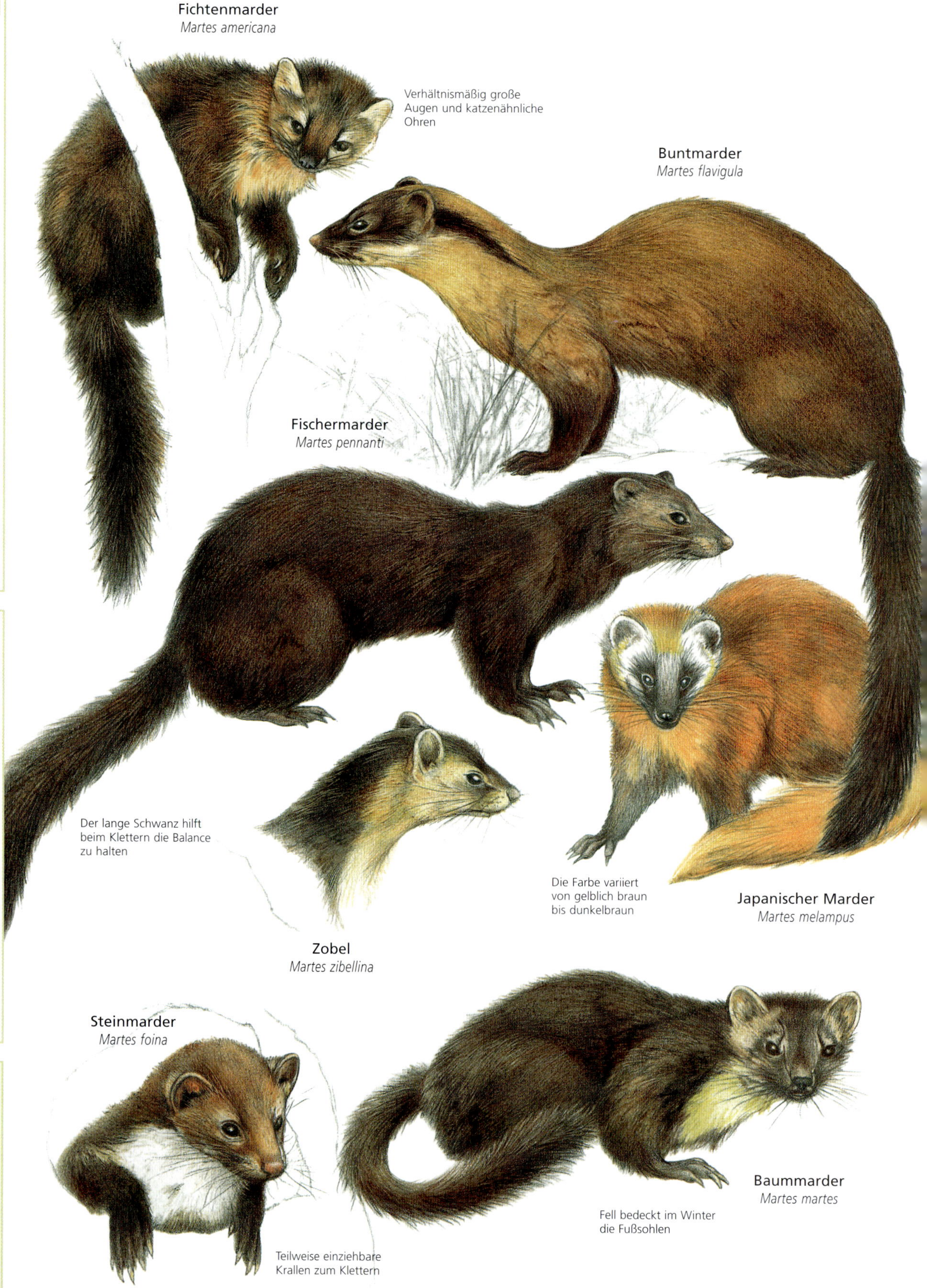

Fichtenmarder
Martes americana

Verhältnismäßig große Augen und katzenähnliche Ohren

Buntmarder
Martes flavigula

Fischermarder
Martes pennanti

Der lange Schwanz hilft beim Klettern die Balance zu halten

Die Farbe variiert von gelblich braun bis dunkelbraun

Japanischer Marder
Martes melampus

Zobel
Martes zibellina

Steinmarder
Martes foina

Teilweise einziehbare Krallen zum Klettern

Baummarder
Martes martes

Fell bedeckt im Winter die Fußsohlen

Das Gewicht variiert stark (35–250 g), je nach Vorkommen

Im nördlichen Teil des Verbreitungsgebiets wird das Fell im Winter weiß

Langschwanzwiesel
Mustela frenata

**Hermelin
Winterfell**
Mustela erminea

Mauswiesel
Mustela nivalis

Das weiße Winterfell bietet Tarnung im Schnee

Kopf blasser als der Körper

Nacktfußwiesel
Mustela nudipes

**Hermelin
Sommerfell**
Mustela erminea

AUF EINEN BLICK

Mauswiesel Der kleinste Fleischfresser teilt sein Revier oft mit seinem größeren Verwandten, dem Hermelin, konzentriert sich aber auf kleinere Beute wie Mäuse und Wühlmäuse. Wie das Hermelin kann er ein Winterfell tragen.

- Bis 26 cm
- Bis 8 cm
- Bis 250 g
- Einzelgänger
- Häufig

Nördliche Nordhalbkugel; eingef. Neuseeland

Langschwanzwiesel Im Mai werfen Weibchen dieser Art durchschnittlich 6 Junge. Diese lernen von ihrer Mutter das Jagen und können mit 8 Wochen selbst Beute töten.

- Bis 26 cm
- Bis 15 cm
- Bis 365 g
- Einzelgänger
- Häufig

Kanada bis Peru und Bolivien

Hermelin Wenn der Winter kommt, ersetzt es oft sein braunes Sommerfell durch ein längeres, dichteres Fell, das bis auf die schwarze Schwanzspitze vollständig weiß ist. Lange Zeit suchte die Pelzindustrie nach dem weißen Fell.

- Bis 32 cm
- Bis 13 cm
- Bis 365 g
- Einzelgänger
- Häufig

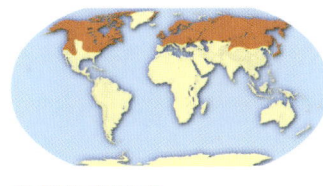

Nördliche Nordhalbkugel; eingef. Neuseeland

DER VIELFRASS

Der größte bodenbewohnende Marder, der Vielfraß (*Gulo gulo*), lebt in den Nadelwäldern und der Tundra Nord-Eurasiens und Amerikas. Sein Aussehen ähnelt einem Bären, doch sein Verhalten ist eindeutig marderartig. Für seine Größe ist er sehr kräftig und wild; er kann ein Rentier oder ein Karibu erlegen, doch wenn er Aas findet, frisst er davon. Überschüssige Nahrung versteckt er in Tunnels unter dem Schnee und frisst sie bis zu 6 Monate später. Der Kopf ist massiv und das Gebiss so kräftig, dass das Tier auch große Knochen und gefrorenes Fleisch zerbeißen kann. Die großen Füße ermöglichen dem Sohlengänger rasches Laufen auf dem Schnee, um Huftiere zu verfolgen, bis sie ermüdet sind. Der Vielfraß ist auch ein wendiger Kletterer und starker Schwimmer.

GNADENLOSE JÄGER

Wiesel verfolgen ihre Beute unter Erde oder Schnee und tragen beim Rennen die Hälfte ihres Gewichts an Fleisch. Kleinere Wieselarten bevorzugen Mäuse und Wühlmäuse, größere Kaninchen, aber alle nehmen, was sie bekommen können.

AUF EINEN BLICK

Schwarzfußiltis Die meisten Marder sind bei ihrer Nahrung nicht wählerisch, doch der Schwarzfußiltis frisst fast nur Präriehunde und sucht in deren Bauen Schutz.

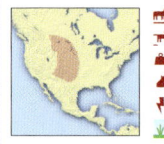

🐾 Bis 46 cm
🐾 Bis 14 cm
⚖ Bis 1,1 kg
🗡 Einzelgänger
⚡ I. d. Natur ausgest.

S-Kanada bis NW-Texas (bis in die 1980er); wiedereingef. Montana, Dakota und Wyoming
● Frühere Verbreitung

SCHLACHT DER NERZE

Europäischer und Amerikanischer Nerz jagen im oder am Wasser. Der Europäische Nerz ging zurück, seit der Amerikanische Nerz aus Pelzfarmen entkam und sich zum direkten Konkurrenten in der Natur entwickelte.

Amerikanischer Nerz
🐾 Bis 50 cm
🐾 Bis 20 cm
⚖ Bis 900 g
🗡 Einzelgänger
⚡ Häufig

🌿 🌲 〰 ╱ ⥿
Nordamerika; eingeführt Europa, Sibirien
● Eingeführt

Nerzvariation
Amerikanische Nerze sind meist braun, etwa 10 %haben ein blaugraues Fell.

Europäischer Nerz

🐾 Bis 43 cm
🐾 Bis 19 cm
⚖ Bis 740 g
🗡 Einzelgänger
⚡ Stark gefährdet

Frankreich, Spanien; Finnland bis Rumänien
● Frühere Verbreitung

⚡ SCHUTZSTATUS

Fast ausgestorben 1920 lebten mehr als 500 000 Schwarzfußiltisse auf den Ebenen Nordamerikas, doch als die Menschen ihnen ihre Beute, Präriehunde, nahmen, starben sie fast aus. Eine kleine Population, die man in den 1980er Jahren fand, führte zu einem Zuchtprogramm, doch die Art bleibt das gefährdetste Säugetier Nordamerikas.

Ölige Deckhaare machen das Fell wasserabweisend

Sibirisches Feuerwiesel
Mustela sibirica

Amerikanischer Nerz
Mustela vison

Die Zehen tragen teilweise Schwimmhäute

Schwarze Maske

✝
Schwarzfußiltis
Mustela nigripes

Europäischer Iltis
Mustela putorius

Männchen können doppelt so schwer werden wie Weibchen

Steppeniltis
Mustela eversmannii

Europäischer Nerz
Mustela lutreola

Hat immer einen weißen Fleck auf der Oberlippe

Die feste Haut sitzt so locker, dass der Honigdachs sich drehen kann, um einen Feind anzugreifen, der ihn in den Nacken gebissen hat

Honigdachs
Mellivora capensis

Die Afterdrüsen geben ein übel riechendes Sekret ab

Patagonisches Wiesel
Lyncodon patagonicus

Tayra
Eira barbara

Große Hinterfüße mit langen Krallen

Großgrison
Galictis vittata

Steht zur Beutesuche auf den Hinterbeinen

Libysches Streifenwiesel
Ictonyx libyca

Zorilla
Ictonyx striatus

Weißnackenwiesel
Poecilogale albinucha

Tigeriltis
Vormela peregusna

AUF EINEN BLICK

Honigdachs Er lebt zwar vorwiegend am Boden, klettert aber auf Bäume, um Honig zu bekommen. Dabei hilft ihm ein Vogel, der Honiganzeiger, der ein bestimmtes Lied singt, um den Dachs zum Bienenstock zu führen. Der Dachs öffnet diesen mit den kräftigen Krallen und frisst den meisten Honig, lässt aber Wachs und Bienenlarven für den Vogel. Der Dachs frisst auch Insekten und große und kleine Wirbeltiere.

    Bis 77 cm
    Bis 30 cm
    Bis 13 kg
    Einzelgänger
    Selten

W-Afrika, Afrika südlich der Sahara, Arabien, Irak, Turkmenistan, Pakistan, Indien

Zottiger Schutz
Der Honigdachs greift manchmal Giftschlangen an. Durch sein langes dichtes Fell und seine feste Haut kann eine Schlange kaum beißen.

TOTSTELLEN

Bei Gefahr plustert der Zorilla seinen langen Schwanz auf und brummt oder schreit. Wenn das nicht funktioniert, bespritzt er den Angreifer mit übel riechendem Sekret aus seinen Afterdrüsen. Als letzte Zuflucht stellt er sich tot. Trotz dieser Verteidigungsstrategien fallen Zorialls gelegentlich Feinden wie Haushunden oder Wildkatzen zum Opfer. Doch die meisten werden im Straßenverkehr getötet. Wenn ein Tier überfahren wurde, verlassen die anderen Familienmitglieder die Unfallstelle nicht und erleiden dann oft das gleiche Schicksal.

Eine abstoßende Mahlzeit
Wenn der Zorilla sich tot stellt, ist er eine leichtere Beute, doch sein Feind bekommt damit die Chance, das Sekret der Afterdrüsen auf dem Fell zu kosten. Nach dieser unangenehmen Erfahrung verzichtet er oft auf die Mahlzeit.

ROBBEN UND SEELÖWEN

KLASSE	Mammalia
ORDNUNG	Carnivora
FAMILIEN	3
GATTUNGEN	21
ARTEN	36

Mit dem beweglichen, torpedoförmigen Körper, den zu Flossen umge-bildeten Gliedmaßen und den isolierenden Schichten aus Blubber und Fell sind Robben, Seelöwen und Walrosse bestens an das Leben im Wasser angepasst. Nur zur Paarung und Aufzucht der Jungen kommen sie an Land. Früher galten diese Meeressäuger als eigene Ordnung, Flossenfüßer, doch jetzt rechnet man sie zu den Fleischfressern. Die meisten fressen Fische, Tinten-fische und Krustentiere, einige auch Pinguine und Aas, manche greifen die Jungen anderer Robbenarten an. Sie tauchen bei der Beutesuche sehr tief, der Seeelefant kann am Stück bis zu 2 Stunden unter Wasser bleiben.

Im kalten Wasser Mönchsrobben findet man in wärmeren Gewässern, doch die meisten Robben, Seelöwen und Walrosse leben in den kälteren, nahrungsreichen Meeren der Polar- und gemäßigten Zonen. Fossilien zeigen, dass alle drei Familien aus dem nördlichen Pazifik stammen. Heute gibt es sie am häufigsten im Nordpazifik, Nordatlantik und in südlichen Meeren.

Gemeinschaftsleben Die meisten Flos-senfüßer leben als gesellige Tiere in gro-ßen Kolonien. Walrossherden bestehen oft aus Tausenden von Tieren und sind gleich- oder gemischtgeschlechtlich. Körper- und Stoßzahngröße bestimmen den Rang.

DREI GRUPPEN

Die Flossenfüßer gliedern sich in 3 Familien. Phocidae oder Hunds-robben schwimmen vorwiegend mit Schlägen der Hinterfüße, die sich beim Laufen nicht nach vorn biegen können, sodass sie sich an Land sehr plump bewegen. Sie hören, vor allem unter Wasser, gut, besitzen aber keine Ohrmuscheln.

Die Familie Otariidae umfasst Seelöwen und Seebären. Diese »Ohrenrobben« besitzen kleine Ohrmuscheln. Sie schwimmen vor allem mit den Vorderflossen. An Land können sie die Hinterflossen biegen, sodass sie auf »allen vieren« laufen und halb aufrecht sitzen.

Zur Familie Odobenidae gehört nur das Walross, das man leicht an den langen, bei beiden Geschlech-tern zu Stoßzähnen umgebildeten Eckzähnen erkennt. Wie Hundsrob-ben schwimmen Walrosse mit den Hinterfüßen und haben keine Ohr-muscheln. Wie Ohrenrobben biegen sie die Hinterflossen nach vorn.

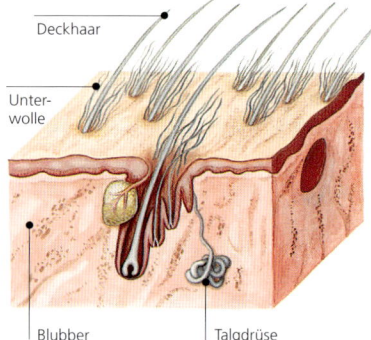

Isolierende Schichten Flossenfüßer besit-zen eine dicke Schicht Blubber, die Wärme, Auftrieb und Fettvorräte bietet. Bis auf das Walross haben alle einen fellbedeckten Körper, wobei die dichte Unterwolle eine wasserabweisende Schicht bildet.

Deckhaar

Unter-wolle

Blubber

Talgdrüse

SORGE FÜR DIE JUNGEN

Alle Flossenfüßer werfen und paaren sich an Land oder auf dem Eis. Die Paarung findet wenige Tage nach der Geburt des meist einzigen Jungen statt, das be-fruchtete Ei nistet sich erst Monate später in der Gebärmutter ein. So geschehen Geburt, Säugen und Paarung in einer Saison, sodass die Tiere nur einmal im Jahr an Land leben, wo sie am gefährdetsten sind. Die Jungen sind unterschiedlich lang unselbstständig: Sattel-robben (rechts) säugen ihre Jungen nur etwa 12 Tage, Walrosse bleiben 2 Jahre bei der Mutter.

⚡ SCHUTZSTATUS

Die Robbenjagd, die im 16. Jahrhun-dert begann, hatte verheerende Auswirkungen auf den Bestand der Tiere. Von den 36 Arten stehen 36 % auf der Roten Liste der IUCN, unter folgenden Gefährdungsgraden:

2	Ausgestorben
1	Vom Aussterben bedroht
2	Stark gefährdet
7	Gefährdet
1	Weniger gefährdet

Neuseelandseebär
Arctocephalus forsteri

Männchen bis 2,2 m lang,
Weibchen bis 1,7 m

Mähnenrobbe
Otaria byronia

Männchen können bis
zu 3-mal so groß sein
wie Weibchen

Typische Mähne
beim Männchen

Südafrikanischer Seebär
Arctocephalus pusillus

Männchen bis 2,1 m lang,
Weibchen bis 1,5 m

Nördlicher Seebär
Callorhinus ursinus

Männchen bis
2,5 m lang,
Weibchen bis
1,8 m

Der massive Hals des
Männchens trägt eine
Mähne

Kalifornischer Seelöwe
Zalophus californianus

Kurze Stoppeln auf
schwarzen Flossen

Größte der
Ohrenrobben

Stellerscher Seelöwe
Eumetopias jubatus

AUF EINEN BLICK

Neuseelandseebär Im späten Frühjahr
suchen sich Männchen ein Revier an
Felsenküsten, wo sich ihnen Weibchen
anschließen. Nach der Geburt der
Jungen suchen die Weibchen im Meer
Nahrung, die Männchen bleiben an
Land bis zum Ende der Paarungszeit.

- Männchen bis 360 kg,
  Weibchen bis 110 kg
- Harem
- Häufig

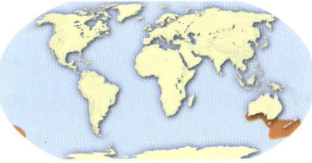

SW-Australien bis Neuseeland

Nördlicher Seebär Er zieht im Winter
nach Süden und kehrt im Frühjahr zur
Paarung zurück. Einige Tiere legen
jährlich mehr als 10 000 km zurück.

- Männchen bis 275 kg,
  Weibchen bis 50 kg
- Harem
- Gefährdet

Nordpazifik, Beringmeer

Kalifornischer Seelöwe Die am häufigsten dressierte Robbenart ist gesellig
und laut. Sie hält sich in Küstennähe
auf und zieht sich häufig an Land, auf
Molen oder Piere zurück.

- Männchen bis 400 kg,
  Weibchen bis 120 kg
- Harem
- Häufig, an Zahl
  zunehmend

Küsten des westlichen Nordamerika

KAMPF UM DAS REVIER

Ohrenrobben sammeln sich während
der Paarungszeit in großer Zahl. Männchen verteidigen ihren Streifen Küste
und ihren Harem gegen andere Männchen – zuerst durch Drohgebärden und
Bellen, dann auch
mittels Kampf.

AUF EINEN BLICK

Seehund Diese am weitesten verbreitete Art lebt meist als Einzelgänger, sammelt sich an Land aber in Gruppen. Eine kanadische Unterart, *Phoca vitulina mellonae*, lebt im Süßwasser.

- Männchen bis 150 kg, Weibchen bis 110 kg
- Variabel
- Häufig

Nordatlantik, Nordpazifik

Walross Sie orten ihre wichtigste Nahrung, Klaff- und Miesmuscheln, mithilfe der sensiblen Barthaare. Die Muscheln graben sie mit der Schnauze aus dem Sand. Das größte Tier mit den längsten Stoßzähnen beherrscht die Herde.

- Bis 3,5 m
- Bis 1650 kg
- Große Herden
- Regional häufig

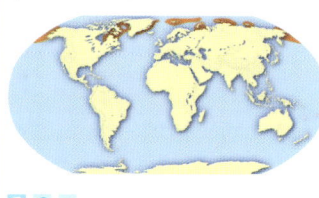

Flache arktische Meere

SCHNEEHÖHLEN

Die Eismeer-Ringelrobbe lebt in Gewässern, die Teile des Jahres von Eis bedeckt sind. Ein trächtiges Weibchen gräbt eine Höhle in den Schnee über seinem Atemloch. Dort findet das Junge Schutz vor dem kalten arktischen Klima und vor Fressfeinden wie Eisbären.

SCHUTZSTATUS

Abschlachten von Sattelrobben In den späten 1980ern kam es dank öffentlichen Protests zum Ende des Niederknüppelns der »Whitecoats«, neu geborener Sattelrobben. Ältere Junge jagt man im Atlantik weiterhin, oft in solchen Zahlen, dass der Bestand deutlich Schaden nimmt.

Bartrobbe
Erignathus barbatus

Lange empfindliche Barthaare helfen bei der Suche nach Muscheln, Schnecken, Krebsen und Garnelen

Baikal-Ringelrobbe
Phoca sibirica

Seehund
Phoca vitulina

Männchen bis 1,9 m lang, Weibchen bis 1,7 m

Bandrobbe
Phoca fasciata

Den deutschen Namen inspirierte die schwarze Zeichnung auf dem Rücken

Sattelrobbe
Phoca groenlandica

Die Jungen werfen das weiße Fell mit 3 Wochen ab

Stoßzähne bei Männchen und Weibchen

Walross
Odobenus rosmarus

Eismeer-Ringelrobbe
Phoca hispida

Flecken sind von einem Ring aus hellerem Fell umgeben

Klappmütze
Cystophora cristata

Beim Paarungsritual kann eine Membran aus einem Nasenloch ausgestülpt und aufgeblasen werden

Krabbenfresser
Lobodon carcinophagus

Nach dem Fellwechsel im Januar dunkelgrauer oder brauner Rücken, später im Jahr fast ganz hell

Kegelrobbe
Halichoerus grypus

Schwimmt mit kräftigen Schlägen der großen Flossen, während die meisten anderen Flossenfüßer mithilfe des Schwanzes schwimmen

Weddellrobbe
Leptonychotes weddellii

Seeleopard
Hydrurga leptonyx

Kann braun, grau oder schwarz sein

Mittelmeer-Mönchsrobbe
Monachus monachus

Südlicher Seeelefant
Mirounga leonina

Größter aller Flossenfüßer: Männchen bis 6 m lang, Weibchen bis 3 m

---

AUF EINEN BLICK

Mittelmeer-Mönchsrobbe Einst kam diese Art in den Küstengewässern des Mittelmeers häufig vor, doch die verstärkte Präsenz der Menschen ließ die Zahlen zurückgehen. Heute lebt sie vorwiegend auf kleinen kahlen Inseln.

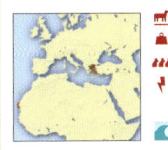

🐾 Bis 2,8 m
⚖ Bis 300 kg
♨ Harem
🗡 Vom Aussterben bedr.

Küsten W-Afrikas, Ägäis

Südlicher Seeelefant Bei dieser Art können Männchen 6-mal so schwer sein wie Weibchen. Nur die größten 10 % der Männchen bekommen die Chance, sich zu paaren. Um Weibchen anzulocken, blasen sie ihren Rüssel auf.

⚖ Männchen bis 3700 kg, Weibchen bis 600 kg
♨ Harem
🗡 Regional häufig

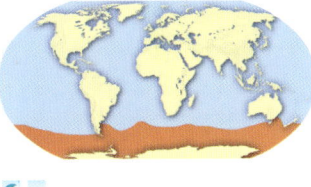

Argentinien, Neuseeland, Subantarktische I.

KRILLFRESSER

Krabbenfresser fressen nicht Krabben, wie ihr Name vermuten lässt, sondern sie bedienen sich beim üppigen Krillangebot der antarktischen Gewässer. Sie filtern die winzigen Krustentiere durch ihre höckerigen Backenzähne.

AUFGEBLASENE NASE

Geschlechtsreife Klappmützen-Männchen können bei Bedrohung oder beim Paarungsritual ihre schwarze Haube, eine Erweiterung der Nasenhöhle, aufblasen. Die Schleimhaut eines Nasenlochs lässt sich zu einer roten Blase vergrößern.

Aufgeblasen *Beim Paarungsritual kann das Klappmützen-Männchen seine rote Nasenschleimhaut oder seine schwarze Haube aufblasen.*

KLEINBÄREN

KLASSE	Mammalia
ORDNUNG	Carnivora
FAMILIE	Procyonidae
GATTUNGEN	6
ARTEN	19

Zur Familie Procyonidae, die nur in der Neuen Welt vorkommt, gehören Waschbären, Nasenbären, Wickelbären, Katzenfrette und Makibären – alle mittelgroß mit langem Körper und Schwanz, breitem Gesicht und Stehohren. Bis auf Wickelbären besitzen alle eine maskenähnliche Zeichnung sowie helle und dunkle Ringe am Schwanz. Die Allesfresser gibt es in verschiedensten Lebensräumen, Nadelwald, Regenwald, Feuchtgebieten, Wüste, Ackerland und Stadtgebieten. Kleinbären bellen und quieken, um die komplexen Sozialstrukturen zu organisieren. Waschbären schlafen oft in Gemeinschaftsbauen. Männchen sind in Gruppen unterwegs, Weibchen bilden mit 1 bis 4 Männchen eine Gruppe. Nasenbären-Männchen sind Einzelgänger, etwa 15 Weibchen betreiben Fellpflege, sorgen für die Jungen und verjagen Feinde. Wickelbären ruhen in Gruppen von 1 Weibchen mit Jungen und 2 adulten Männchen.

Günstige Gelegenheit Waschbären leben zwar gern in Wäldern am Wasser, doch sie haben sich an eine Existenz in der Nähe des Menschen angepasst. In Nordamerika kommen sie oft in Hinterhöfe und suchen in Mülltonnen nach Fressbarem. Sie hausen in alten Häusern, Kellern oder Dachböden.

AUF EINEN BLICK

Wickelbär Das nachtaktive Tier zählte man früher zu den Lemuren. Es besitzt einen Greifschwanz und große nach vorn gerichtete Augen; es frisst vorwiegend Früchte und lebt auf Bäumen. Doch es ist ein Fleischfresser. Studien ergaben, dass es mit den Wasch- und den Nasenbären verwandt ist.

- 🐾 Bis 55 cm
- ⟋ Bis 57 cm
- ⚖ Bis 3,2 kg
- ♟ Einzelgänger, paarw.
- ⚑ Regional häufig

S-Mexiko bis Bolivien und Brasilien

Südamerikanischer Nasenbär Diese Art schnüffelt am Tag im Laubstreu des Waldbodens und sucht mit der beweglichen Schnauze und dem scharfen Geruchssinn Insekten. Das Tier frisst auch große Mengen Früchte und kleine Wirbeltiere wie Eidechsen und Nager. Nachts ruht es in den Baumwipfeln.

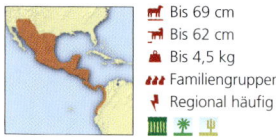

- 🐾 Bis 69 cm
- ⟋ Bis 62 cm
- ⚖ Bis 4,5 kg
- 👪 Familiengruppen
- ⚑ Regional häufig

Arizona bis Kolumbien und Ecuador

Waschbär Die nachtaktiven Tiere mit der Gesichtsmaske fressen alles, kleine Wirbeltiere, Insekten und Würmer, dazu Früchte, Nüsse und Samen. Sie lieben Wassertiere wie Fische, Krustentiere und Schnecken, die sie mit geschickten Händen zu waschen scheinen.

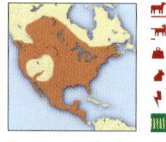

- 🐾 Bis 55 cm
- ⚖ Bis 40 cm
- ⚖ Bis 16 kg
- ♟ Einzelgänger
- ⚑ Häufig

Nord- und Mittelamerika

Einziger Fleischfresser der Neuen Welt mit einem Greifschwanz

Wickelbär
Potos flavus

⚡ SCHUTZSTATUS

Von den 19 Kleinbärenarten stehen 63 % auf der Roten Liste der IUCN, unter den Gefährdungsgraden:

1 Ausgestorben
7 Stark gefährdet
3 Weniger gefährdet
1 Keine Angabe

Nordamerikanisches Katzenfrett
Bassariscus astutus

14 bis 16 abwechselnde schwarze und weiße Ringe am Schwanz

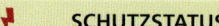
Der bewegliche Schwanz dient der Balance

Waschbär
Procyon lotor

Südamerikanischer Nasenbär
Nasua narica

Die Vorderpfoten sind empfindlich und geschickt

HYÄNEN UND ERDWOLF

Die vier Arten der Familie Hyaenidae – Erdwolf, Schabracken-, Streifen- und Tüpfelhyäne – ähneln im Aussehen Hunden. Sie zählen aber zu den katzenartigen Fleischfressern, weil sie mit Katzen und Zibetkatzen näher verwandt sind. Von den langen Vorderbeinen zu den kürzeren Hinterbeinen fällt die Wirbelsäule deutlich zum Schwanz hin ab. Der ziemlich massige Kopf mit der breiten Schnauze trägt kräftige Kiefer und Zähne. Im Gegensatz zu anderen Säugetieren verdauen Hyänen Haut und Knochen. Oft fressen sie an der Beute von Löwen oder anderen Beutegreifern, manchmal fangen sie selbst ein Tier. Tüpfelhyänen bringen gemeinsam sogar große Beute wie Zebras oder Gnus zur Strecke. Der Erdwolf frisst vorwiegend Insekten, mit seiner langen klebrigen Zunge fängt er bis zu 200 000 Termiten pro Nacht.

KLASSE	Mammalia
ORDNUNG	Carnivora
FAMILIE	Hyaenidae
GATTUNGEN	3
ARTEN	4

Afrikanisches Revier Das Verbreitungsgebiet der Streifenhyäne erstreckt sich bis in den Nahen Osten und nach Südasien, doch die anderen Mitglieder der Familie sind auf Afrika beschränkt. Hyänen und Erdwolf findet man meist im Grasland; sie suchen dort Unterschlupf in Höhlen, dichter Vegetation oder verlassenen Bauen. Keine der Arten ist gefährdet, doch sie werden oft verachtet und verfolgt. Das Überleben der Streifenhyäne hängt von Schutzmaßnahmen ab.

Schabrackenhyäne
Hyaena brunnea

Gestreifte Beine

Erdwolf
Proteles cristatus

Bei Gefahr stellt sich die Mähne auf, damit der Erdwolf größer aussieht

Abfallende Wirbelsäule

Dominante Weibchen Tüpfelhyänen-Weibchen (*Crocuta crocuta*) sind größer als Männchen; die weiblichen Geschlechtsteile sehen aus wie Penis und Hodensack. Weibchen dominieren im Rudel. Die Mutter zieht ihren Nachwuchs allein auf. Mit einigen Monaten kommen die Jungen in einen Gemeinschaftsbau, wo sie bis zur Entwöhnung mit 15 Monaten bleiben.

Die kräftigen Kiefer und Zähne können die Knochen großer Huftiere zerknacken

Streifenhyäne
Hyaena hyaena

SIPPENVERBÄNDE

Alle Hyänen leben in Sippenverbänden von mehreren Tieren, die ein Revier teilen. Bei Tüpfelhyänen sind es bis zu 80 Tiere. Ausgeklügelte Duftmarkierungen und Begrüßungsrituale helfen dieses komplizierte soziale System zu bewahren. Treffen sich Streifen- oder Schabrackenhyänen, stellen sie die Mähne auf, beschnüffeln den anderen und beginnen eventuell einen rituellen Kampf.

SCHLEICHKATZEN/MANGUSTEN

KLASSE Mammalia	
ORDNUNG Carnivora	
FAMILIEN 2	
GATTUNGEN 38	
ARTEN 75	

Zur Fleischfresserfamilie Viverridae gehören Zibetkatzen, Ginsterkatzen und Linsangs. Früher zählten auch Mangusten dazu, doch sie gelten heute als eigene Familie. Beide Familien sind mit Katzen und Hyänen verwandt, mittelgroß mit langem Hals und Kopf, langem, schlankem Körper und kurzen Beinen. Skelettstruktur und Zahnschema ähneln stark dem der frühesten Fleischfresser, der Innenohrbereich ist weit entwickelt. Die nachtaktiven Schleichkatzen leben auf Bäumen, sie besitzen einen langen Schwanz, einziehbare Krallen und spitze Stehohren. Duftdrüsen im Genitalbereich produzieren bei einigen Arten Öl, das man auch zur Parfümherstellung verwendete. Mangusten leben in offenem Land am Boden und sind tagaktiv. Sie besitzen einen kürzeren Schwanz, nicht einziehbare Krallen und kleine, runde Ohren.

In der Alten Welt Zibetkatzen, Ginsterkatzen und Linsangs der Familie Viverridae und Mangusten der Familie Herpestidae sind in weiten Teilen der Alten Welt heimisch, einige Arten kommen allerdings nur auf Madagaskar vor. Mangusten führte man, als Rattenfänger, auch auf vielen Inseln der Neuen Welt ein, oft mit katastrophalen Folgen. In der Karibik und auf Hawaii ist der Kleine Mungo (*Herpestes javanicus*) heute z. B. ein Schädling, der Geflügel und die einheimische Fauna angreift.

⚡ SCHUTZSTATUS

Während eine Reihe von Schleichkatzen und Mangusten in ihrer Heimat als Schädlinge betrachtet werden, bedroht andere die Zerstörung ihres Lebensraums. Auf Madagaskar, wo man viel Wald rodet, leben 4 bedrohte Arten dieser Familien. Von den 75 Arten von Viverridae und Herpestidae stehen 32 % auf der Roten Liste der IUCN, unter den Gefährdungsstufen:

  1 Vom Aussterben bedroht
  8 Stark gefährdet
  9 Gefährdet
  6 Keine Angabe

Lebensweise Alle Angehörigen der Familie Viverridae und viele der Familie Herpestidae leben allein oder paarweise. Einige Mangusten leben in Kolonien. Erdmännchen schließen sich zu Gruppen von bis zu 30 Tieren zusammen, die sich gemeinsam um die Jungen kümmern und Wache halten. Reihum erfüllt jeder seine Pflichten.

Großfleckginsterkatze
Genetta tigrina

Das Fell fasziniert in feuchteren Gegenden des Verbreitungsgebiets durch kräftigere Farben und deutlichere Zeichnung

Angolaginsterkatze
Genetta angolensis

Wasserzivette
Osbornictis piscivora

Nackte Handflächen, um Fisch in Spalten aufzuspüren

Die Zeichnung des Fells bietet im Dämmerlicht des Waldes Tarnung

Bänderlinsang
Prionodon linsang

Fanaloka
Fossa fossana

Im Schwanz speichert er Fettvorräte für den Winter

Schlichtroller
Diplogale hosei

Kleinfalanuk
Eupleres goudotii

Fleckenroller
Chrotogale owstoni

Unterscheidet sich vom Fleckenroller durch die fehlenden Flecken

Bänderroller
Hemigalus derbyanus

Schwarzer Streifen am Rücken

Tangalunga
Viverra tangalunga

Gestreifter Kragen

AUF EINEN BLICK

Bänderlinsang Das scheue Waldtier schläft unter einer Baumwurzel in einem Nest, das mit Pflanzen ausgepolstert ist. Es frisst vor allem Insekten und kleine Wirbeltiere wie Eichhörnchen, Vögel und Eidechsen.

🐾 Bis 45 cm
🐾 Bis 40 cm
🏋 Bis 800 g
🐾 Einzelgänger
🍃 Selten
🌳

Thailand, Malaysia, Sumatra, Java, Borneo

Fanaloka Junge kommen gut entwickelt zur Welt, mit vollem Fell und offenen Augen. Nach wenigen Tagen laufen sie, nach 1 Monat fressen sie, nach 10 Wochen sind sie entwöhnt.

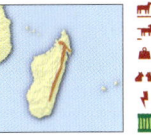

🐾 Bis 45 cm
🐾 Bis 21 cm
🏋 Bis 2 kg
🐾 Paarweise
🍃 Gefährdet
🌳

N- und O-Madagaskar

Kleinfalanuk Wie der Fanaloka wirft auch das Kleinfalanuk-Weibchen gut entwickelte Junge, die nach 2 Tagen der Mutter folgen. Das Tier frisst Insekten und andere Wirbellose; es legt im Schwanz Fettvorräte für den Winter an, wenn Mangel an Beute herrscht.

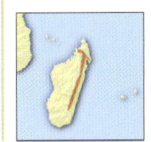

🐾 Bis 65 cm
🐾 Bis 25 cm
🏋 Bis 4 kg
🐾 Einzelg., Fam.-Gruppe
🍃 Stark gefährdet
🌳

N- und O-Madagaskar

Fleckenroller Das wenig erforschte Tier scheint vorwiegend am Boden zu leben und Regenwürmer zu fressen. Das auffällige Fell soll vielleicht Feinde vor dem üblen Geruch des Duftstoffes aus den Afterdrüsen warnen.

🐾 Bis 72 cm
🐾 Bis 47 cm
🏋 Bis 4 kg
🐾 Einzelgänger
🍃 Gefährdet
🌳

N-Vietnam, N-Laos, S-China

Bänderroller Der nachtaktive Bänderroller schläft tagsüber in hohlen Bäumen und kommt nachts heraus, um am Waldboden Nahrung zu suchen, vor allem kleine Beute, wie Ameisen, Regenwürmer, Eidechsen und Frösche.

🐾 Bis 62 cm
🐾 Bis 38 cm
🏋 Bis 3 kg
🐾 Einzelgänger
🍃 Selten
🌳

Thailand, Malaysia, Borneo, Sumatra

FOSSA

Der vorherrschende Beutegreifer auf Madagaskar ist der Fossa (*Crytoprocta ferox*). Die wendige Katze verfolgt Lemuren durch die Bäume, jagt aber auch Schlangen, Tenreks und Perlhühner. In der Paarungszeit wartet das Fossa-Weibchen hoch oben auf einem Baum, während die Männchen sich unten versammeln. Dann paart sich das Weibchen fast 3 Stunden lang mit einigen von ihnen.

Balanceakt
Der Schwanz des Fossa ist etwa so lang wie der Körper und hilft ihm bei der Jagd auf Lemuren das Gleichgewicht zu halten.

MASKIERTES SÄUGETIER

Dem Larvenroller in China und Südostasien kommt eine Schlüsselrolle im Ökosystem zu. Als Allesfresser hält er den Bestand an Insekten und kleinen Wirbeltieren in Grenzen und verteilt Samen. Er selbst ist wiederum Beute für Tiger, Falken und Leoparden. Als Schutz vor Feinden dienen ihm die intensiven Duftstoffe aus den Afterdrüsen. Die charakteristische Zeichnung im Gesicht soll vielleicht Feinde vor diesem üblen Geruch warnen.

Einzige Schleichkatze mit einem Greifschwanz

Jerdonmusang
Paradoxurus jerdoni

Binturong
Arctictis binturong

Fleckenmusang
Paradoxurus hermaphroditus

Celebesroller
Macrogalidia musschenbroekii

Pardelroller
Nandinia binotata

Larvenroller
Paguma larvata

Streifenroller
Arctogalidia trivirgata

Eichhörnchen gehören zu seiner Nahrung, ebenso wie Frösche, Vögel, Insekten und Früchte

Schmalstreifen-
mungo
*Mungotictis
decemlineata*

Ringelmungo
Galidia elegans

Bei Gefahr stellt er die Haare
auf und macht einen Buckel,
um größer zu erscheinen

Ichneumon
Herpestes ichneumon

Weißschwanz-
manguste
Ichneumia albicauda

Indischer Mungo
Herpestes edwardsii

Steht auf-
recht, um
nach Gefahr
Ausschau zu
halten

Erdmännchen
Suricata suricatta

Fuchsmanguste
Cynictis penicillata

Im Süden des
Verbreitungsgebietes
gelbes Fell, im
Norden gräuliches

Mungo
Mungos mungo

AUF EINEN BLICK

Ringelmungo Dieser zierliche Mungo,
der paarweise mit dem Nachwuchs
lebt, verbringt die Nacht in einem Bau.
tagsüber fühlt er sich am Boden oder
auf Bäumen wohl, wenn er Lemuren,
andere kleine Wirbeltiere und Insekten
jagt oder Früchte sucht.

🐾	Bis 38 cm
🐾	Bis 30 cm
⚖	Bis 900 g
🐾	Einzelgänger, paarw.
⚡	Gefährdet

Madagaskar

Erdmännchen Ein Erdmännchen, das
Wache hält, stößt ein warnendes Bel-
len aus, wenn es Gefahr wittert. Bei
Feinden am Boden läuft die Gruppe
davon, vor Adlern, Falken und anderen
Vögeln verschwindet sie in ihre Baue.

🐾	Bis 31 cm
🐾	Bis 24 cm
⚖	Bis 950 g
🐾	Familiengruppen
⚡	Regional häufig

Südliches Afrika

Fuchsmanguste Diese gesellige tagaktive Art lebt in Gruppen von 8 bis
20 Tieren, in deren Mittelpunkt ein
Paar und deren Junge stehen. Die
Tiere teilen sich oft ein Tunnelsystem
mit Erdmännchen und Erdhörnchen.

🐾	Bis 35 cm
🐾	Bis 25 cm
⚖	Bis 900 g
🐾	Familiengruppen
⚡	Regional häufig

Südliches Afrika

SCHLANGENANGRIFF

Einige Mangustenarten, darunter der
Indische Mungo, haben als Schlangen-
töter Ruhm erlangt. Es ist ein weit
verbreiteter Irrglaube, dass sie gegen
Schlangengift immun seien, sie müssen
sehr aufpassen, nicht gebissen zu werden, weil sie nur wenig Gift vertragen.
Sie vertrauen auf ihre Schnelligkeit und
ihr Geschick, um so gefährliche Beute
zu fangen, der sie ihre scharfen
Zähne in den Hals versenken
und die Wirbelsäule brechen.

Belauern Ein Mungo versucht, eine Kobra
durch eine Reihe von Angriffen zu ermü-
den. Dabei passt er sorgfältig auf, dass er
ihren Giftzähnen entgeht.

KATZEN

KLASSE	Mammalia
ORDNUNG	Carnivora
FAMILIE	Felidae
GATTUNGEN	18
ARTEN	36

Als perfekte Jäger fressen Katzen fast nur Fleisch, der Anteil ist höher als bei allen anderen Fleischfressern. Ihre großartige Jagdtechnik stellt sie auf allen Kontinenten (außer Australien und der Antarktis) und in vielen Lebensräumen (von der Wüste bis zu arktischen Gebieten) an die Spitze der Nahrungskette. Die Körpergröße variiert in der Familie Felidae, doch nicht die Körperform. Alle Arten besitzen einen kräftigen, muskulösen Körper, ein flaches Gesicht mit großen, nach vorn gerichteten Augen, scharfe Zähne und Krallen, gute Sinne und schnelle Reflexe. Meist belauern sie Beute oder schleichen sich an. Sie leben am Boden, klettern und schwimmen aber gut.

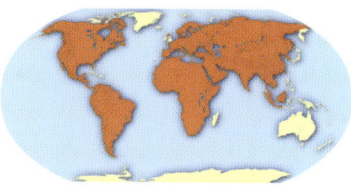

Weltweit verbreitet Wilde Katzenarten sind die dominanten Beutegreifer auf den meisten Kontinenten. Sie fehlen nur in Australien, Ozeanien, Madagaskar, Grönland und in der Antarktis. Heute gibt es Hauskatzen – zuerst vor Tausenden von Jahren in Ägypten domestiziert – außer in der Antarktis überall, verwilderte Tiere schaden heimischen Ökosystemen.

Überraschungsangriff Kleine Katzen wie Rotluchs, Wildkatze und Luchs jagen kleinere Säugetiere wie Nager, Eidechsen und Vögel. Sie schleichen sich lautlos an, springen dann blitzartig auf ihre Beute und töten sie mit einem Biss in den Nacken.

Brüllen und schnurren Mit Brüllen zeigt ein Löwe Herrschaft über ein Revier an. Nur bei Großkatzen ist der Kehlkopf beweglich genug, um ein Brüllen hervorzubringen. Alle Katzen schnurren, Großkatzen können dies nur beim Ausatmen, während kleine Katzen ständig schnurren können.

Weit aufgerissen
Weil Katzen nur selten Pflanzen fressen, besitzen sie keine Mahlzähne. Stattdessen sitzen in ihren kräftigen Kiefern Zähne wie Messer, scharfe, spitze Eckzähne und schneidende Reißzähne. Die raue Zunge mit winzigen Höckern dient dazu, Fleisch von Knochen abzuraspeln und das Fell zu pflegen.

AUSGEZEICHNETE JÄGER

Katzen teilen sich in 3 Unterfamilien: Pantherinae umfasst Großkatzen wie Tiger, Löwen, Leoparden und Jaguare; zu Felinae gehören Pumas (die mitunter größer sind als einige »Großkatzen«), Luchse, Rotluchse und Ozelots; Geparden bilden eine eigene Familie Acinonychinae. Der wichtigste Unterschied zwischen Groß- und Kleinkatzen liegt in der Beweglichkeit des Kehlkopfes, die Großkatzen das Brüllen ermöglicht. Geparden unterscheiden sich durch nicht einziehbare Krallen und ihr rasantes Tempo, das sie schnelle Beute wie Gazellen nach einer kurzen Strecke einholen lässt.

Der Geruchssinn dient der Verständigung, Duftmarken kennzeichnen das Revier. Bei der Jagd verlassen sich Katzen stark auf Sehen und Hören. Die nach vorn gerichteten Augen ermöglichen das Abschätzen von Entfernungen. Eine reflektierende Schicht im Auge und die schnell reagierende Iris lassen Katzen im Dunkeln 6-mal besser sehen als Menschen. Große bewegliche Ohren leiten Geräusche ins Innenohr, das auch leise hohe Töne von Beute wie Mäusen wahrnimmt.

Die ersten Katzen entwickelten sich vor 40 Millionen Jahren und führten sowohl zu den heutigen Arten als auch zu einem Stamm, zu dem der Säbelzahntiger gehörte, ein massiges Tier mit riesigen Eckzähnen, das erst am Ende der letzten Eiszeit vor 10 000 Jahren ausstarb. Man domestizierte Katzen im Nahen Osten vor etwa 7000 Jahren, eine Entwicklung, die sie als Heimtiere fast in die ganze Welt brachte.

SCHUTZSTATUS

Da Katzen ein großes Gebiet benötigen, um ausreichende Beute zu finden, trifft Lebensraumverlust sie besonders hart. Auch die Jagd forderte bei vielen Arten ihren Tribut. Von den 36 Katzenarten stehen 69 % auf der Roten Liste der IUCN, unter den Gefährdungsgraden:

1	Vom Aussterben bedroht
4	Stark gefährdet
12	Gefährdet
8	Weniger gefährdet

Löwe
Panthera leo

Das Männchen ist 30 bis 50 % schwerer als das Weibchen

Einige Männchen besitzen eine dunkle Mähne, bei den meisten ist sie golden

Löwinnen übernehmen den Großteil der Jagd, aber die Männchen fressen meist zuerst

Königsgepard

Bei manchen Geparden führt ein rezessives Gen zu einer fleckigen Zeichnung des Fells mit Streifen entlang der Wirbelsäule

Gepard
Acinonyx jubatus

Gepardenjunge bleiben bis zu ihrem 13. bis 20. Lebensmonat bei der Mutter

AUF EINEN BLICK

Löwe Die meisten Katzen leben als Einzelgänger, doch Löwen bilden enge, dauerhafte Gruppen. Rudel von 4 bis 20 Löwinnen besitzen ein Revier und arbeiten bei Jagd und Aufzucht der Jungen zusammen. Männchen leben allein oder mit anderen Männchen.

- Bis 2,3 m
- Bis 1 m
- Bis 225 kg
- Familiengruppen
- Gefährdet

Afrika südlich der Sahara, Indien

Gepard Mit einem rasanten Sprint versuchen Geparden Huftiere wie Thomson-Gazellen oder Gnu-Kälber zu erbeuten. Nur die Hälfte der Fälle führt zum Erfolg. Manchmal werden Geparde von Löwen getötet.

- Bis 1,4 m
- Bis 80 cm
- Bis 72 kg
- Einzelgänger
- Gefährdet

Afrika südlich der Sahara

KONKURRENZBESEITIGUNG

Die Jungen eines Löwenrudels werden meist von 2 oder 3 adulten Männchen gezeugt. Die Rudelzusammensetzung besteht nur einige Jahre, bevor andere Männchen eindringen. Die Eindringlinge töten alle kleineren Jungen, sodass sie mit den Weibchen eigenen Nachwuchs zeugen können.

Mutterliebe
Löwinnen tragen ihre Jungen im Maul und versuchen, sie vor eindringenden Männchen zu schützen.

BLITZSCHNELL

Der Gepard, der beim Verfolgen von Beute Geschwindigkeiten von bis zu 95 km/h erreicht, ist das schnellste Landtier. So ein Tempo kann er nur 20 bis 60 Sekunden durchhalten, bevor er überhitzt und ruhen muss. Manchmal ist er zu atemlos, um seine Beute gegen Aasfresser zu verteidigen.

AUF EINEN BLICK

Tiger Diese Einzelgänger, die größten aller Katzen, jagen vor allem Beute, die größer ist als sie selbst. Sie können bei der Nahrungssuche bis zu 20 km am Tag zurücklegen und müssen alle 3 bis 5 Tage ein Huftier töten, um ausreichend zu fressen. Tiger leben in unterschiedlichen Lebensräumen, denen eines gemeinsam ist: dichte Vegetation, die diffuses Licht schafft. Die auffälligen Streifen des Tigers helfen ihm, mit dem Hintergrund zu verschmelzen, sodass er sich ungesehen der Beute nähern kann. Diese Tarnung besitzt große Bedeutung, da ein Tiger nicht schneller laufen kann als große Beute und stattdessen die Überraschung nützt. Trotzdem führen nur 5 % aller Angriffe zum Erfolg.

Bis 3,6
Bis 1 m
Bis 360 kg
Einzelgänger
Stark gefährdet

Indien bis O-Sibirien
● Frühere Verbreitung

Königstiger
Panthera tigris tigris

Jedes Tier besitzt seine spezielle Zeichnung

Größte aller Katzen

Sibirischer Tiger
Panthera tigris altaica

Das Fell wird im Winter heller

BEDROHTE TIGER

Zu Beginn des 20. Jahrhunderts durchstreiften noch etwa 100 000 Tiger Dschungel, Savanne, Grasland, Mangrovensümpfe, Laubwald und schneebedeckte Nadelwälder Asiens, von der östlichen Türkei bis zum Fernen Osten Russlands. Heute gibt es vermutlich nur noch weniger als 2500 geschlechtsreife Tiere in der Natur. Bali-, Kaspi- und Javatiger – 3 der 8 Tigerunterarten sind heute ausgestorben. Von den übrigen Unterarten ist der Bestand des Chinesischen Tigers auf 20 bis 30 Tiere geschrumpft, Sibirischer und Sumatratiger überleben in jeweils etwa 500 Exemplaren. Den größten Bestand weisen der Bengaltiger (links im Bild) und der Indochinatiger auf, doch selbst diese beiden Arten sind von der Ausrottung bedroht.

Jahrelang erschoss oder vergiftete man Tiger, weil man sie für Schäden verantwortlich machte, ihre Häute sowie andere Körperteile (in der traditionellen asiatischen Medizin verwendet) gute Preise brachten und weil Jäger sie als Trophäen begehrten. Gleichzeitig führte das Anwachsen der einheimischen Bevölkerung zu Zerstörung des Lebensraums und die Jagd zur Verringerung der Zahl an Huftieren, der Hauptbeute des Tigers.

Obwohl der Tiger heute in den meisten Ländern unter gesetzlichem Schutz steht, bedroht ihn Wilderei. Zu den Schutzmaßnahmen zählt die Sicherung des Lebensraums und die Wiedereinführung von Tigern in manchen Gebieten.

Ruht oft auf Bäumen,
um die Hitze des Tages
oder andere Beute-
greifer zu meiden

Leopard
Panthera pardus

»Schwarze Panther«
sind in Wirklichkeit
Leoparden, die zu viel
dunkle Farbpigmente
besitzen

Nebelparder
Neofelis nebulosa

Schneeleopard
Uncia uncia

Jaguar
Panthera onca

Stämmigerer Bau
und größerer Kopf
und Kiefer als beim
Leoparden

Größte Katze der
Neuen Welt

AUF EINEN BLICK

Leopard Die verbreitetste Großkatze
verdankt ihren Erfolg ihrer vielfältigen
Nahrung, zu der Gazellen, Schakale,
Paviane, Störche, Nager, Reptilien und
Fische gehören. Der geschickte Kletterer
schleppt Beute auf hoch gelegene Äste.

- Bis 2,1 m
- Bis 1,1 m
- Bis 90 kg
- Einzelgänger
- Regional häufig

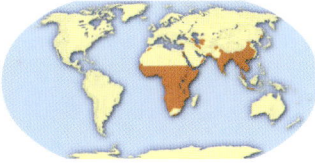

N-Afrika, Afrika südlich der Sahara; S-, SO-Asien

Nebelparder Die weitgehend baumlebende Katze lauert einer Beute, wie
Hirschen oder Schweinen, auf. Er fängt
auch Primaten und Vögel in den Ästen.
Die Art ist die kleinste Großkatze und
ihr Brüllen erklingt leiser.

- Bis 1,1 m
- Bis 90 cm
- Bis 23 kg
- Einzelgänger
- Gefährdet

Nepal bis China, SO-Asien

Jaguar Diese Katze der Neuen Welt
ähnelt im Aussehen dem Leoparden,
lebt aber in ähnlichen Lebensräumen
wie der Tiger. In dichter Vegetation
am Wasser schleicht er sich an große
Beute wie Hirsche und Pekaris an.

- Bis 1,9 m
- Bis 60 cm
- Bis 160 kg
- Einzelgänger
- Weniger gefährdet

Mexiko bis Argentinien

EINGESCHNEIT

In den Bergen Zentralasiens lebt der an
große Höhen angepasste Schneeleo-
pard. Seine großen fellbedeckten Tatzen
dienen als Schneeschuhe. Bis 5 Junge
werden in einer Höhle geboren, die mit
dem Fell der Mutter
gepolstert ist.

AUF EINEN BLICK

Rotluchs Er ist in einigen Teilen seines Verbreitungsgebiets selten, in anderen häufiger. Nachts jagt er Kaninchen und Nager, aber er frisst auch Aas. Am Tag ruht er, oft in einer Höhle.

- Bis 105 cm
- Bis 20 cm
- Bis 31 kg
- Einzelgänger
- Regional häufig

Gemäßigtes Nordamerika bis Mexiko

Eurasischer Luchs Er sucht meist in entlegenen Waldgebieten seine wichtigste Beute, kleine Hirsche. Auch in den Wintermonaten bleibt er aktiv.

- Bis 1,3 m
- Bis 24 cm
- Bis 38 kg
- Einzelgänger
- Weniger gefährdet

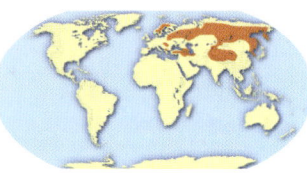

Frankr., Balkan, Irak, Skandinavien bis China

Puma Sein einst großes Verbreitungsgebiet beschränkt sich heute auf entlegene Berge. Dort jagt er Virginiahirsche, Elche, Karibus. Er zischt, knurrt, pfeift und schnurrt, aber brüllt nicht.

- Bis 1,5 m
- Bis 96 cm
- Bis 120 kg
- Einzelgänger
- Weniger gefährdet

Kanada bis S-Argentinien und Chile

Caracal Die schnellste Kleinkatze kann 3 m hoch springen, um Vögel aus der Luft zu schnappen. Er stürzt sich auch auf Nagetiere und Antilopen.

- Bis 92 cm
- Bis 31 cm
- Bis 19 kg
- Einzelgänger
- Selten

Afrika, Naher Osten, Indien und NW-Pakistan

EINZIEHBARE KRALLEN

Bis auf den Geparden besitzen alle Katzen einziehbare Krallen, die scharf bleiben, weil sie nur zum Beutefang oder zum Klettern eingesetzt werden.

Kanadaluchs
Lynx canadensis

Eurasischer Luchs
Lynx lynx

Rotluchs
Lynx rufus

Das Fell kann überwiegend gestreift, gefleckt oder einfarbig sein

Das im Winter dichtere, hellere Fell wärmt gut und die fellbedeckten Tatzen erleichtern das Laufen im weichen Schnee

Größte der Kleinkatzen

Puma
Puma concolor

Schwarze Fellbüschel auf den langen, schmalen Ohren

Caracal
Caracal caracal

Pardelluchs
Lynx pardinus

Fellfarbe und Zeichnung variieren je nach Verbreitungsgebiet; meist rötlich braun oder gräulich mit Flecken an den Flanken oder am ganzen Fell

Afrikanische Goldkatze
Profelis aurata

Rohrkatze
Felis chaus

Lange Beine zur Verfolgung der Beute

Manul
Otocolobus manul

Graukatze
Felis bieti

Schwarzfußkatze
Felis nigripes

Europäische Wild-
katzen besitzen
meist dunkleres Fell
als afrikanische
Artgenossen

Die Fußsohlen sind
schwarz und mit Fell
bedeckt, das vor dem
heißen Sand schützt

Sandkatze
Felis margarita

Wildkatze
Felis silvestris

AUF EINEN BLICK

Sandkatze Dieses Wüstentier überlebt unter extrem trockenen Bedingungen. Flüssigkeit liefern ihm die Beutetiere, Nagetiere, Hasen, Vögel und Reptilien, sodass es nicht trinken muss.

🐱 Bis 54 cm
📏 Bis 31 cm
⚖ Bis 3,5 kg
🐾 Einzelgänger
🚩 Weniger gefährdet

Sahara (N-Afrika)

Wildkatze Diese Art sieht wie eine große Hauskatze aus, aber mit einem breiteren Kopf. Der Einzelgänger jagt vorwiegend nachts Nagetiere, Vögel, kleine Reptilien und Insekten.

🐱 Bis 75 cm
📏 Bis 35 cm
⚖ Bis 8 kg
🐾 Einzelgänger
🚩 Regional häufig

Afrika, Europa bis W-China und NW-Indien

AUS DER WILDNIS

Im alten Ägypten domestizierte man erstmals Katzen, weil Getreidelager Ratten und Mäuse in die menschlichen Siedlungen lockten. Ihnen folgten Wildkatzen, die man gern duldete, weil sie die Nagetiere unter Kontrolle bekamen. Die Römer verbreiteten Hauskatzen in ganz Europa. Heute gibt es allein in den USA 100 Mio. Haus- oder verwilderte Katzen.

Wilde Katze Obwohl
Wildkatzen wesentlich
wilder sind als Haus-
katzen, behalten auch
Letztere den
Jagdinstinkt
und verwildern
auch sehr leicht
wieder.

*Afrikanische
Wildkatze*
Sie leben in lichter
bewaldeten Lebens-
räumen als Europä-
ische Wildkatzen
und tragen ein
helleres Fell.

SCHUTZSTATUS

Kleinkatzen Die Zahl der meisten Kleinkatzen nahm im 20. Jahrhundert drastisch ab. Beim Puma in Florida führte die Zergliederung des Lebensraums zu isolierten Populationen und zu Inzucht. Auch der Pelzhandel wirkte sich aus, insbesondere bei Ozelot und Kleinfleckkatze; er ging allerdings durch verstärktes Käuferbewusstsein zurück.

AUF EINEN BLICK

Marmorkatze Diese Katze, die wie eine kleinere Version des Nebelparders wirkt, lebt vorwiegend auf Bäumen und frisst Vögel. Sie versteckt sich im dichten tropischen Wald, deshalb ist nur wenig über ihr Verhalten bekannt.

- Bis 53 cm
- Bis 55 cm
- Bis 5 kg
- Einzelgänger
- Gefährdet

Nepal, NO-Indien, SO-Asien

Asiatische Goldkatze Sie jagt meist kleine Säugetiere und Vögel, doch Paare erlegen auch größere Beute wie Büffelkälber. Die Weibchen werfen 1 oder 2 Junge in einem Bau im hohlen Baum oder zwischen Felsen. Für Katzen ungewöhnlich hilft auch das Männchen bei der Aufzucht der Jungen.

- Bis 105 cm
- Bis 56 cm
- Bis 15 kg
- Einzelgänger
- Gefährdet

Nepal bis China, Indochina, Malaysia, Sumatra

Bengalkatze Die Schwimmkünste dieser Katze erklären wohl ihre Anwesenheit auf vielen asiatischen Inseln. Eine Unterart, die Iriomote-Katze, kommt nur auf den kleinen japanischen Inseln Iriomote und Ryukyu vor.

- Bis 107 cm
- Bis 44 cm
- Bis 7 kg
- Einzelgänger
- Regional häufig

Pakistan, Indien bis China, Korea und SO-Asien

Borneo-Goldkatze Sie ist so selten, dass man sie 1998 erstmals fotografierte. Sie lebt im Dschungel und zwischen Kalkfelsen in der Nähe von Wäldern auf Borneo. Ihr Fell ist meist kastanienbraun, manchmal auch grau.

- Bis 67 cm
- Bis 39 cm
- Bis 4 kg
- Einzelgänger
- Stark gefährdet

Borneo

Fischkatze Sie klopft aufs Wasser, um Fische anzulocken. Sie klettert auf Bäume, taucht kopfüber ins Wasser und fängt mit dem Maul Fische.

- Bis 86 cm
- Bis 33 cm
- Bis 14 kg
- Einzelgänger
- Gefährdet

Indien, Nepal, Sri Lanka, SO-Asien

Marmorkatze
Pardofelis marmorata

Asiatische Goldkatze
Catopuma temminckii

Das Fell kann rötlich, golden oder graubraun sein

Die Flecken auf dem Fell verschwimmen und hinterlassen einen marmorierten Eindruck

Bengalkatze
Prionailurus bengalensis

Rostkatze
Prionailurus rubiginosus

Iriomote-Katze
Prionailurus bengalensis iriomotensis

Insel-Unterart der Bengalkatze

Borneo-Goldkatze
Catopuma badia

Flachkopfkatze
Prionailurus planiceps

An den Vorderpfoten Schwimmhäute zwischen den Zehen

Fischkatze
Prionailurus viverrinus

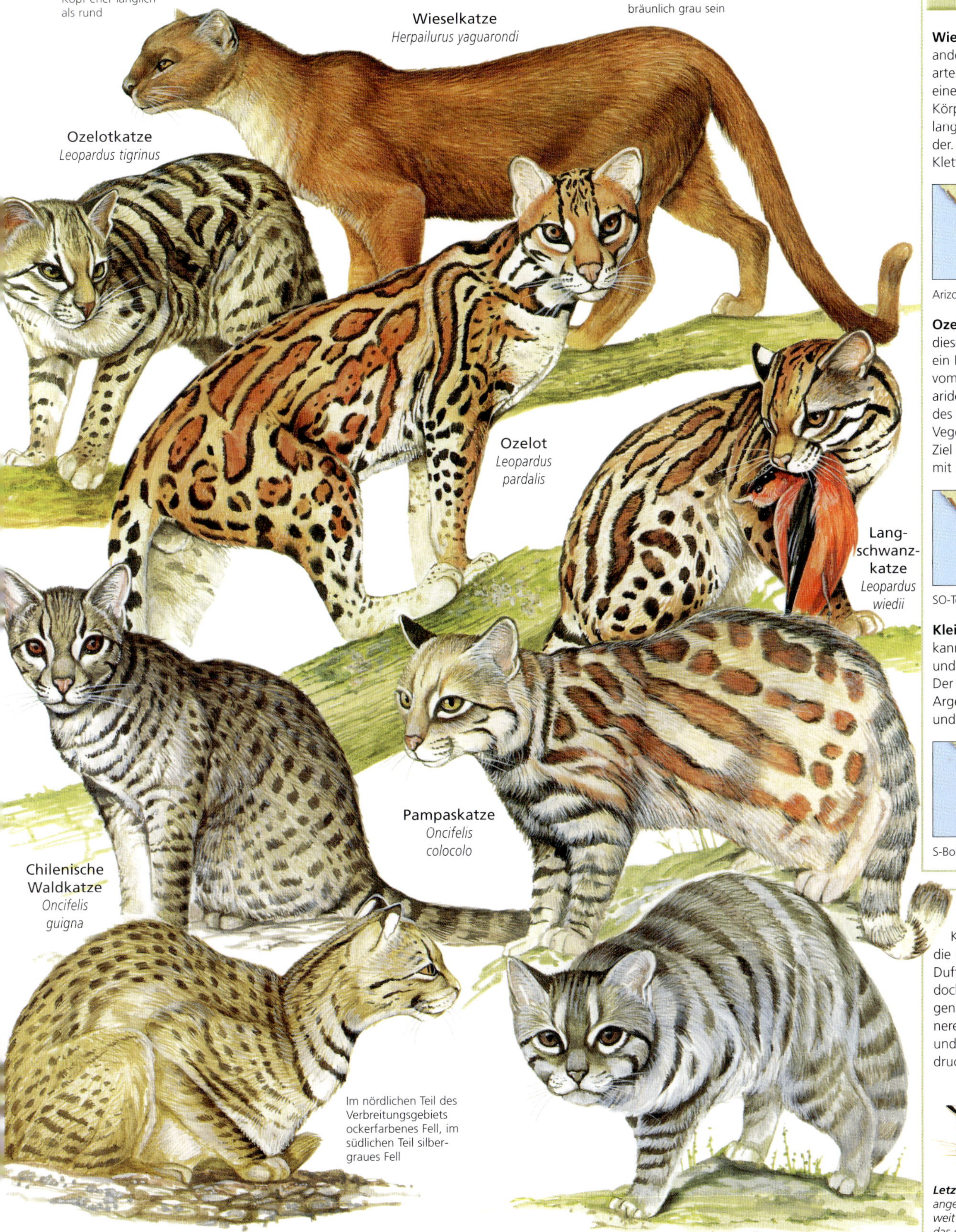

Kopf eher länglich
als rund

Das Fell kann
kastanienbraun oder
bräunlich grau sein

Wieselkatze
Herpailurus yaguarondi

Ozelotkatze
Leopardus tigrinus

Ozelot
*Leopardus
pardalis*

**Lang-
schwanz-
katze**
*Leopardus
wiedii*

Pampaskatze
*Oncifelis
colocolo*

**Chilenische
Waldkatze**
*Oncifelis
guigna*

Im nördlichen Teil des
Verbreitungsgebiets
ockerfarbenes Fell, im
südlichen Teil silber-
graues Fell

Kleinfleckkatze
Oncifelis geoffroyi

Das lange, dichte Fell
schützt vor den extremen
Bedingungen im Gebirge

Bergkatze
Oreailurus jacobita

ABWEHR NACH KATZENART

Katzen einer Art versuchen, durch die Kennzeichnung ihres Reviers mit Duftmarken Konflikte zu vermeiden, doch gibt es auch feindliche Begegnungen. Größere Katzen bedrohen kleinere. Bei Gefahr nutzen Katzen Körper und Schwanz sowie den Gesichtsausdruck, um einen Angriff zu verhindern.

Erste Warnung
Starren mit großen Augen zeigt, dass die Langschwanzkatze verteidigungsbereit ist.

Letzte Warnung Mit angelegten Ohren und weit offenem Maul, das die Zähne zeigt, gibt die Langschwanzkatze dem Gegner Gelegenheit zum Rückzug.

JAGDSTRATEGIEN

Während einige Fleischfresser vorwiegend Nahrung suchen und von Aas, leicht zu fangenden Wirbellosen oder Pflanzen leben, jagen die meisten wenigstens gelegentlich Wirbeltiere und viele können Tiere erlegen, die deutlich größer sind als sie selbst. Diejenigen, die kleine Säugetiere, Vögel und Reptilien fangen, jagen allein, während größere Beute häufig zu vereinten Anstrengungen führt. Die Jagd in der Gruppe ist am weitesten verbreitet bei Hunden, Löwen und Tüpfelhyänen, während Kleinbären, Mangusten, Schleichkatzen, Marder, Schabracken- und Streifenhyänen und die meisten Katzen eher als Einzelgänger jagen. Hunde nehmen kleine Beute zwischen die Kiefer und schütteln sie, um das Genick auszurenken, größere Beute packen sie an der Kehle oder der Nase, oder sie reißen ihr den Bauch auf. Fast alle Katzen schlagen ihre Eckzähne in den Hals ihres Opfers. Wiesel, Schleichkatzen, Mangusten und Jaguare beißen sich im Nacken fest, damit Krallen und Zähne der Beute sie nicht erreichen. Größere Fleischfresser müssen nur alle paar Tage eine sättigende Beute machen. Um ausreichend Nahrung zu finden, müssen diese Beutegreifer, je nach Nahrungsangebot, oft weite Strecken zurücklegen. Löwen und Tiger z. B. suchen in einem Gebiet von 20 bis 500 qkm und legen bis zu 20 km am Tag zurück.

Keine Regel ohne Ausnahme Die meisten großen Fleischfresser erbeuten Wirbeltiere. Insekten sind zwar eine leichte Beute, doch sie reichen höchstens für Fleischfresser, die nicht größer als ein Dachs oder Erdwolf sind. Der Lippenbär ist wenigstens 5-mal so groß wie ein Dachs, doch er ernährt sich vor allem von Wirbellosen. Mit den muskulösen Gliedmaßen und den langen gebogenen Krallen reißt er Termitenbauten auf und bekommt Tausende Insekten auf einmal.

Hyänen-Variationen Schabracken- und Streifenhyänen ernähren sich weitgehend von Aas, ergänzt durch Wirbellose und kleine Beute. Deshalb gehen sie allein auf Nahrungssuche, da es in der Gruppe zu starker Konkurrenz käme. Die größeren Tüpfelhyänen jagen dagegen größere Beute wie Zebras, Gnus, Spießböcke und Impalas. Ist die Beute wesentlich größer als sie selbst, erlegen Hyänen sie gemeinsam. Auch wenn es sich bei der Beute nur um ein junges, kleineres Tier handelt, das von einer einzige Hyäne überwältigt werden könnte, begnügen sich mehrere Hyänen mit dieser Beute. Die gemeinsame Jagd vermeidet unnötiges Töten.

Familienangelegenheit Tüpfelhyänen leben in Gruppen von bis zu 80 Tieren, doch die Jagdgruppen sind kleiner und bestehen aus engen Verwandten. So kommt die Jagdbeute eher verwandten als fremden Hyänen zugute.

Wilde Jagd Hyänen verfolgen ihre Beute über eine Strecke von 3 km mit bis zu 60 km/h, bis sie ermüdet und einem Angriff leichter zum Opfer fällt. Nur ein Drittel solcher Verfolgungsjagden endet mit einem Erfolg des Hyänenrudels.

Todesstoß Hyänen konzentrieren sich meist auf junge, schwache, kranke oder verletzte Huftiere, die sie von der Herde trennen. Kommt die Beute ins Straucheln, beißen alle Verfolger blitzartig zu und reißen ihr den Bauch auf.

Überfall Selbst wenn ein Rudel Tüpfelhyänen ein Tier erlegt, ist ihnen die Mahlzeit noch nicht sicher. Ihre Hauptkonkurrenten sind Löwen, die gleiche Beutetiere jagen. Das Streiten der Hyänen lockt sie an und sie stehlen die Beute. Ein Rudel schreiender Hyänen, das Schulter an Schulter vorgeht, vertreibt vielleicht Löwen-Weibchen oder jüngere Tiere, doch den Männchen müssen sie ihre Mahlzeit überlassen.

Schnelle Fresser Sind Tüpfelhyänen ungestört, schlingen sie gierig. Sie vertilgen bis zu einem Drittel ihres eigenen Gewichts an Fleisch. Oft verstecken sie Teile des Kadavers für später in schlammigem Wasser.

Resteverwertung Wenn Hyänen ihre Beute an Löwen verlieren, warten sie, bis diese mit Fressen fertig sind, und kehren dann zu den Resten zurück. Der massige Schädel mit dem starken Kiefer ermöglicht es Hyänen, die kräftigen Zähne in die zähe Haut der großen Beute zu schlagen und Knochen zu zerbrechen, um ans Mark zu gelangen. Ihr saures Verdauungssystem entzieht den Knochen alle Nährstoffe.

Erfolg und Scheitern Beutegreifer versuchen, ihre Beute zu überlisten, müde zu machen oder zu überwältigen, doch die meisten Jagden bleiben erfolglos. Der Gepard legt kurze Strecken sehr schnell zurück, doch er überhitzt in knapp 1 Minute und muss rasten. Wenn die Beute so lange vor ihm bleiben kann, schafft sie es zu entfliehen.

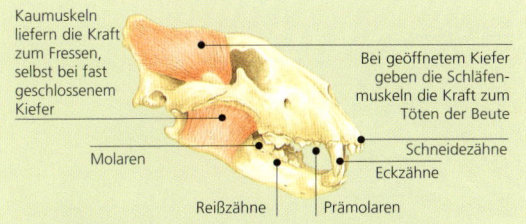

Kaumuskeln liefern die Kraft zum Fressen, selbst bei fast geschlossenem Kiefer

Bei geöffnetem Kiefer geben die Schläfenmuskeln die Kraft zum Töten der Beute

Molaren

Schneidezähne

Eckzähne

Reißzähne

Prämolaren

ZÄHNE DER FLEISCHFRESSER

Die Kiefer und das Gebiss der Fleischfresser sind hervorragend an ihre Nahrung angepasst. Die Kiefer sind extrem kräftig, sie können bei weit offenem Maul Beute ersticken oder deren Knochen zerquetschen. Sie haben genug Kraft, um Fleisch zu zerschneiden. Die meisten Fleischfresser besitzen 44 Zähne: 3 Schneidezähne, 1 Eckzahn, 4 Prämolaren und 3 Molaren auf jeder Seite jeden Kiefers. Der letzte Prämolar im Oberkiefer und der erste Molar im Unterkiefer bilden die Reißzähne, Höcker mit Spitzen, die wie Scheren durch Fleisch schneiden. Bei den Arten, die vor allem Insekten oder Pflanzen fressen, sind die entsprechenden Zähne zum Mahlen abgeflacht. Vorwiegend in der Katzenfamilie sind die Eckzähne sehr groß und werden in die Beute gestochen.

Nicht wählerisch Einige Fleischfresser sind reine Nahrungsspezialisten, doch andere nehmen die unterschiedlichste Beute, die sich ihnen gerade bietet. Der Nerz jagt im Wasser Krustentiere und Fische, an Land Kaninchen, Vögel und Kleinsäuger in ihren Bauen. Wenn allgemein Nahrungsknappheit herrscht, leidet der Nerz unter der Konkurrenz der Spezialisten, findet aber in den meisten Fällen eine andere Nahrungsquelle.

HUFTIERE

KLASSE	Mammalia
ORDNUNGEN	7
FAMILIEN	28
GATTUNGEN	139
ARTEN	329

Vor etwa 65 Mio. Jahren begann eine Ordnung von Huftieren namens Condylarthra sich in viele verschiedene Ordnungen zu teilen, von denen 7 bis heute bestehen. Von diesen Huftieren besitzen nur 2 Ordnungen echte Hufe: die Unpaarhufer (Perissodactyla), zu denen Pferde, Tapire und Nashörner gehören, und die Paarhufer (Artiodactyla), die u. a. Schweine, Nilpferde, Kamele, Hirsche, Rinder, Schafe und Ziegen umfassen. Außerdem gibt es die folgenden 5 Ordnungen, von denen jede ihre Eigenheiten besitzt: Elefanten (Proboscidea), Erdferkel (Tubulidentata), Schliefer (Hyracoidea), Dugongs und Manatis (Sirenia) und Waltiere (Cetacea).

Herr des Harems Wie viele andere Huftiere beanspruchen Zebras ein Revier und leben in Harems von mehreren Stuten, die ein Hengst beherrscht. Der Hengst schützt seinen Harem vor Aufmerksamkeiten anderer Hengste durch Beißen und Treten.

HUFE UND HERDEN

Unpaarhufer und Paarhufer sind enger miteinander verwandt als mit anderen Huftieren. Sie stehen beide auf den Zehenspitzen, die sich in Hufen befinden. Zusammen mit den verlängerten Mittelfußknochen verlängert dieser Zehengang das Bein und ermöglicht ausgreifendere Schritte und größeres Tempo. Als vorherrschende Pflanzenfresser an Land müssen Huftiere schneller und länger rennen können als die allermeisten großen Beutegreifer. Sie besitzen bewegliche Ohren, scharfes binokulares Sehen und einen ausgezeichneten Geruchssinn, durch die sie Gefahren früh erkennen.

Als weitere Überlebensstrategie bilden viele Huftiere im Grasland große Herden. Das Leben in der Gruppe erhöht die Chancen, einen Feind zu entdecken, und verringert die Gefahr des einzelnen Tieres, erbeutet zu werden. Große Herden sind nur auf offenen Ebenen sinnvoll, wo die Tiere engen Kontakt halten können. Zahlreiche Huftiere im Wald leben in kleinen Familiengruppen oder als Einzelgänger.

Mineralstoffe Bergziegen, Hirsche und andere Huftiere sammeln sich oft alle an besonders mineralstoffreichen Salzlecken. Man vermutet, dass sie durch das Lecken am Stein Nährstoffe aufnehmen, die in ihrer Pflanzennahrung nicht enthalten sind.

Fast alle Huftier-Arten fressen Pflanzen und ihre Zähne sind zum Mahlen geeignet. Ihr spezialisiertes Verdauungssystem kann Zellulose aufschließen, den für andere unverdaulichen Stoff aus den Zellwänden der Pflanzen. Mikroorganismen verdauen die Nahrung im Hinterdarm oder einer speziellen Magenkammer. Wiederkäuer wie Hirsche würgen das vorverdaute Futter wieder hoch und kauen es ein zweites Mal.

Elefanten, Schliefer und Erdferkel besitzen keine echten Hufe und sind keine Zehengänger. Während bei Elefanten nur die Zehenknochen (in Gewebe eingelagert) den Boden berühren, laufen Schliefer und Erdferkel auf der ganzen Sohle.

Waltiere, Dugongs und Manatis entwickelten sich mit stromlinienförmigem Körper und Flossen für das Leben im Wasser. Waltiere ordnete man erst in jüngster Zeit den Huftieren zu, weil genetische Studien zeigten, dass sie eng mit den Flusspferden verwandt sind. Einige Experten schlugen vor, sie mit den Paarhufern zu einer Ordnung Certartiodactyla zusammenzufassen.

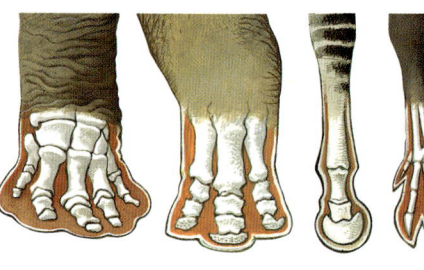

Elefant　　Nashorn　　Pferd　Hirsch

Zehen und Hufe Elefanten besitzen einen breiten Fuß mit 5 Zehen, der auf einem elastischen Sohlenpolster ruht. »Echte« Huftiere haben höchstens 4 Zehen, die einen Huf bilden. Unpaarhufer besitzen 3 Zehen (wie das Nashorn) oder 1 Zehe (wie das Pferd), Paarhufer 2 oder 4 Zehen, die zu einem gespaltenen Huf zusammengewachsen sind (wie beim Hirsch).

Domestizierte Huftiere Schafe und Ziegen domestizierte man um 7500 v. Chr., Rinder wenig später. Insgesamt gibt es etwa 15 domestizierte Huftierarten, die weltweit vorkommen. Doch ihr Vordringen führte zu einer Veränderung der Landflächen und fand auf Kosten der wilden Huftiere statt – z. B. machen heute 4 Rinderarten mehr als 90 % der Huftiere in der afrikanischen Savanne aus.

Blätter und Gras Ein Teil der Huftiere sucht sich seine Nahrung an Bäumen und Büschen, ein anderer frisst Gras – manche nehmen auch beides. Afrikanische Elefanten konzentrieren sich in der Regenzeit auf Savannengräser und wenden sich in der Trockenzeit den holzigen Teilen von Bäumen und Büschen zu.

Gut entwickelte Junge Schweine haben in einem Wurf mehrere Junge, doch die meisten Huftiere bringen nur ein Junges zur Welt, das schon bald steht, sieht und hört. Impala-Weibchen ziehen sich zum Kalben zurück, schließen sich aber mit ihren Kälbern nach einem Tag wieder der Herde an.

Verdauung Bei Huftieren wird die Zellulose der Pflanzen von im Verdauungssystem lebenden Mikroorganismen aufgeschlüsselt. Viele Paarhufer wie Hirsche, Rinder und Schafe sind Wiederkäuer. Zu ihrem mehrkammerigen Magen gehört der Pansen, in dem Mikroorganismen die Nahrung fermentieren, bevor sie hochgewürgt und ein zweites Mal gekaut wird. Beim Wiederkäuer dauert die Verdauung bis zu 4 Tage und nützt die Nährstoffe bestmöglich aus. Unpaarhufer wie Pferde, Nashörner und Tapire verdauen die Nahrung im Hinterdarm (Blinddarm und Dickdarm). Dabei wird die Nahrung in nur 2 Tagen weniger gut genützt, deshalb müssen Unpaarhufer sehr viel fressen.

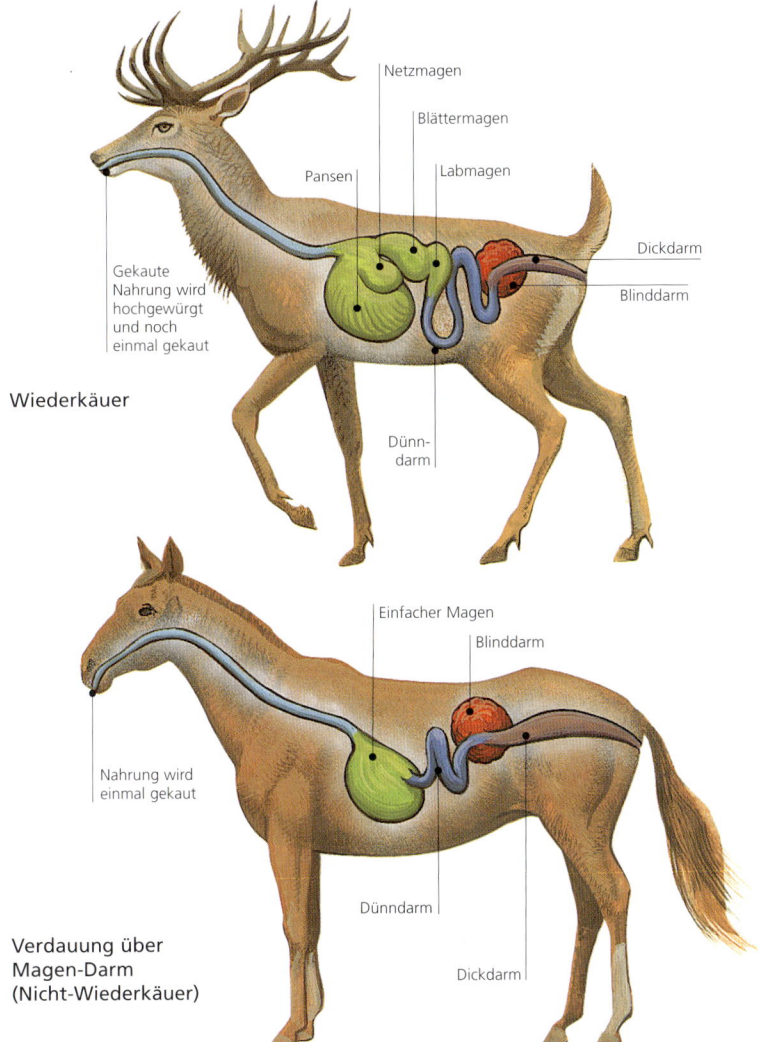

Netzmagen

Blättermagen

Pansen

Labmagen

Dickdarm

Blinddarm

Gekaute Nahrung wird hochgewürgt und noch einmal gekaut

Dünndarm

Wiederkäuer

Einfacher Magen

Blinddarm

Nahrung wird einmal gekaut

Dünndarm

Dickdarm

Verdauung über Magen-Darm (Nicht-Wiederkäuer)

RÜSSELTIERE

KLASSE Mammalia	
ORDNUNG Proboscidea	
FAMILIE Elephantidae	
GATTUNGEN 2	
ARTEN 2	

Die bis zu 6,3 Tonnen schweren Elefanten sind die größten Landtiere der Welt. Ihren massigen Körper tragen 4 säulenförmige Beine mit breiten Füßen. Am riesigen Kopf sitzen große, fächerförmige Ohren und der lange, biegsame Rüssel. Die aderndurchzogenen Ohren helfen dem Tier Hitze abzugeben und werden an heißen Tagen bewegt. Der Rüssel, eine Verbindung aus Nase und Oberlippe, hat mehr als 150 000 Muskelfasern und hebt feine Zweige ebenso auf wie schwere Stämme. Elefanten werden bis zu 70 Jahre alt, älter als alle anderen Säugetiere. Ihre Langlebigkeit und ihre Kraft ebenso wie ihre Intelligenz und ihr Lernvermögen förderten ihre Domestizierung.

Asiat. Elefant Afrikan. Elefant

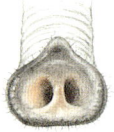

Biegsamer Rüssel Den sehr geschickten Rüssel nutzt der Elefant zum Streicheln, Heben, Fressen, Riechen, als Schnorchel, als Waffe und um Töne von sich zu geben. Der Rüssel des Asiatischen Elefanten hat einen »Finger«, der des Afrikanischen zwei.

Enge Bindung Elefantenkühe werfen meist nur ein Junges, und das nach einer Tragzeit von 18 bis 24 Monaten – der längsten aller Säugetiere. Das Kalb wird allmählich entwöhnt und trinkt manchmal noch bis zu 10 Jahre bei seiner Mutter. Kühe bleiben bei der Herde der Mutter, Bullen verlassen sie mit etwa 13 Jahren.

Gemeinsame Fürsorge
Die Elefantenkühe einer Herde teilen sich die Sorge für die Jungen und bilden einen Ring um sie, damit sie vor Gefahr geschützt sind.

Rasches Wachstum Mit 6 Jahren wiegt ein junger Elefant etwa 1 Tonne. Ab dem 15. Lebensjahr verlangsamt sich das Wachstum, hört aber nie ganz auf.

SOZIALSTRUKTUREN

Die Ordnung Proboscidea tauchte vor etwa 55 Mio. Jahren auf. Zu ihr gehörten die riesigen Mastodons und die Mammuts. Die Angehörigen der Ordnung kamen in unterschiedlichsten Lebensräumen vor, von Polargebieten bis zum Regenwald. Zu irgendeiner Zeit gab es sie auf allen Kontinenten, außer Australien und der Antarktis. Heutige Elefanten beschränken sich auf Wälder, Savannen, Grasland und Wüsten in Afrika und Asien.

Für die nötige Nahrungsmenge suchen Elefanten täglich 18 bis 20 Stunden. Ein erwachsenes Tier frisst bis zu 150 kg Pflanzen und trinkt 160 l Wasser am Tag.

Soziale Grundstruktur ist die Familiengruppe aus verwandten Kühen und ihrem Nachwuchs, angeführt von einer Matriarchin. Erwachsene Bullen besuchen diese Gruppen nur zur Paarung, die restliche Zeit verbringen sie allein oder in Junggesellenherden. Einige Familiengruppen bilden größere Herden. Zur Pflege sozialer Bindungen kommunizieren Elefanten über Berührung (etwa durch Verschlingen der Rüssel), Töne (manche sind so tief, dass der Mensch sie nicht hört, und klingen über 4 km weit) und Haltungen (z. B. Hochheben des Rüssels als Warnung).

Geschlechtsreife Elefantenbullen haben Zeiten der Musth, wenn ihr Testosteronspiegel hoch ist und die Schläfendrüsen ein übel riechendes Sekret abgeben. Sie sind aggressiver und legen weite Strecken auf der Suche nach einer Partnerin zurück.

Gerader Rücken oder mit leichtem Höcker

Asiatischer Elefant
Elephas maximus

Oft versteckt Staub, den das Tier auf sich wirft, oder Schlamm, in dem es sich wälzt, die Hautfarbe

Nur Bullen tragen Stoßzähne

Bei Gefahr rennt er mit hoch gerecktem Schwanz davon, möglicherweise als Signal für die Herde

Mit den Stoßzähnen wird Rinde von Bäumen entfernt, abgefallene Äste bewegt, Zweige markiert, nach Wasser gegraben und gekämpft

4 Nägel am Hinterfuß

Schwerer und größer als der Asiatische Elefant

Größere Ohren als der Asiatische Elefant

Leicht durchgebogener Rücken

Bullen und Kühe tragen Stoßzähne

Rüssel nicht ganz so muskulös wie beim Asiatischen Elefanten

Das Junge kann der Mutter wenige Tage nach der Geburt schon folgen

Afrikanischer Elefant
Loxodonta africana

3 Nägel am Hinterfuß

Asiatischer Elefant Diese Art, kleiner als der Afrikanische Elefant, ist enger mit dem ausgestorbenen Mammut verwandt. Stoßzähne fehlen bei der Kuh. Kühe leben in matriarchalischen Herden mit 8 bis 40 Müttern, Töchtern und Schwestern. Bullen leben oft allein oder in Gruppen mit bis zu 7 Bullen und schließen sich den Kühen zur Paarung an. Elefanten verständigen sich oft über Töne; sie halten den Kontakt über weite Entfernungen mit Rufen in tiefer Frequenz; Töne höherer Frequenz vermitteln ihre Stimmung; lautes Trompeten bedeutet Alarm.

Bis 6,4 m
Bis 3 m
Bis 5,4 t
Variabel
Stark gefährdet

Indien bis SW-China, SO-Asien

Afrikanischer Elefant Man findet ihn in Wüsten, Wäldern, Flusstälern, Sümpfen und Savannen, doch die Art überlebt vorwiegend in Schutzgebieten. Die Wilderei ließ die Zahlen rasch zurückgehen, in Kenia sank die Population von 167 000 Tieren 1970 auf 22 000 1989. Im offenen Lebensraum, vor allem zur Regenzeit, bilden sich vorübergehend Herden von Hunderten von Elefanten. Tiere, die im Wald leben, sind meist kleiner und bilden kleinere Familiengruppen.

Bis 7,5 m
Bis 4 m
Bis 6,3 t
Variabel
Stark gefährdet

Afrika südlich der Sahara

IM KOPF

Der massive Schädel enthält luftgefüllte Hohlräume, um sein Gewicht zu verringern. Die Stoßzähne sind verlängerte, fest verankerte Schneidezähne. Molaren werden wie am Fließband ersetzt, dabei entwickeln sich hinten neue Zähne und wandern langsam nach vorn, um abgearbeitete zu ersetzen.

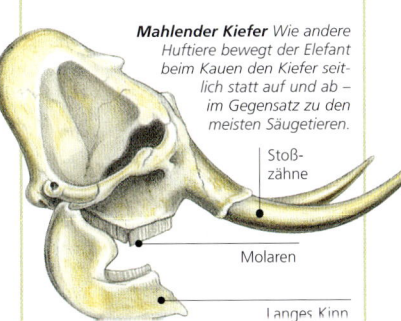

Mahlender Kiefer Wie andere Huftiere bewegt der Elefant beim Kauen den Kiefer seitlich statt auf und ab – im Gegensatz zu den meisten Säugetieren.

Stoßzähne

Molaren

Langes Kinn

SIRENEN (SEEKÜHE)

KLASSE	Mammalia
ORDNUNG	Sirenia
FAMILIEN	2
GATTUNGEN	3
ARTEN	5

Man vermutet, dass sie den Mythos von den Meerjungfrauen inspirierten. Die Meeressäugetiere der Ordnung Sirenia sind träge, sanft und kommen nie an Land. Sie sind die einzigen Säugetiere, die sich vorwiegend von Gräsern und anderen Pflanzen im flachen Wasser ernähren. Dies erklärt vielleicht die geringe Vielfalt der Ordnung, da Seegras deutlich weniger Varianten bietet als Gräser an Land. Die 4 überlebenden Arten kommen in den warmen Gewässern der Tropen und Subtropen vor. Der Dugong lebt nur im Meer, der Flussmanati nur im Süßwasser des Amazonas. Den Westafrikanischen und den Nagelmanati gibt es im Süßwasser, in Flussmündungen und im Meer.

Grasen Der Nagelmanati schwimmt wie alle Seekühe langsam durchs Wasser und frisst Wasserpflanzen und Seegras. Er ortet die Nahrung mithilfe der empfindlichen borstenähnlichen Haare an der Schnauze. Mit den muskulösen Lippen fasst er Pflanzen und schiebt sie ins Maul.

Fürs Wasser geformt Der Dugong besitzt einen stromlinienförmigen Körper mit paddelähnlichen Flossen statt Vorderbeinen. Seine Schwanzfluke ähnelt der des Delfins; der Schwanz des Manati erinnert mehr an den des Bibers. Beide Arten bewegen sich meist langsam durch das Wasser, um Energie zu sparen, doch sie können auch rasch schwimmen, um Gefahren zu entfliehen.

Seltene Mutterschaft Dugongs und Manatis pflanzen sich selten fort, deshalb gehen ihre Zahlen zurück. Weibchen werfen nur ein Kalb auf einmal und brauchen 2 oder mehr Jahre bis zur nächsten Trächtigkeit. Ein Kalb trinkt bis zu 2 Jahre bei der Mutter und lernt Nahrungsquellen und Wanderrouten durch sie kennen.

SANFTE PFLANZENFRESSER

Wie andere Meeressäugetiere besitzen Seekühe einen stromlinienförmigen Körper, Flossen und einen abgeflachten Schwanz. Sie kommen an die Oberfläche, um durch Atemlöcher oben auf dem Kopf Luft zu holen. Der Kopf einer Seekuh erinnert an den eines Schweins; mit der Schnauze gräbt das Tier Graswurzeln aus dem Grund. Die Schnauze des Dugong steht in solch einem Winkel, dass er nur vom Boden fressen kann, Manatis bedienen sich dagegen auf allen Wasserebenen.

Die Zähne der Seekühe sind auf verschiedene Arten für das Kauen großer Mengen von Pflanzenmaterial eingerichtet. Der Dugong zerkleinert die Nahrung mit rauen, verhornten Platten in seinem Maul, bevor er sie mit den pflockähnlichen Molaren, die lebenslang wachsen, zermahlt. Manatis kauen mit den vorderen Molaren, für die von hinten neue Zähne nachrutschen, wenn sie abgerieben sind.

Seekühe haben einen einfachen Magen und einen extrem langen Darm. Die Pflanzennahrung wird im hinteren Teil des Darms durch Mikroorganismen aufgeschlossen, wie bei Pferden und anderen Unpaarhufern. Damit die Gas produzierende Nahrung nicht zu viel Auftrieb verleiht, haben Seekühe sehr dichte, schwere Knochen.

Da Seekühe schlecht sehen, vertrauen sie für die Nahrungssuche auf den Tastsinn. Sie hören unter Wasser gut, der Klang wird durch den Schädel und die Kieferknochen geleitet. Sie quieken, um sich zu verständigen, doch man weiß nicht, wie sie ohne Stimmbänder die Töne produzieren.

Einige Seekühe sind Einzelgänger, doch meist leben sie zu etwa 12 Tieren in losen Gruppen. Mitunter bilden solche Gruppen Herden von 100 und mehr Tieren.

Da sie kaum natürliche Feinde besitzen, ist die Größe die einzige Verteidigung der Dugongs und Manatis. So wurden sie leichte Ziele für den Menschen. Es gibt nur noch etwa 130 000 Tiere, weniger als von jeder anderen Säugetierordnung.

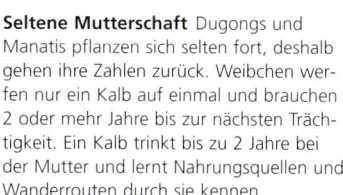

Verschiedene Schädel Manatis haben Molaren, für die neu gewachsener Ersatz von hinten nachgeschoben wird. Der Dugong-Schädel besitzt eine steile Schnauze mit einigen pflockähnlichen Molaren, die lebenslang wachsen. Bei Männchen bilden die Schneidezähne Stoßzähne.

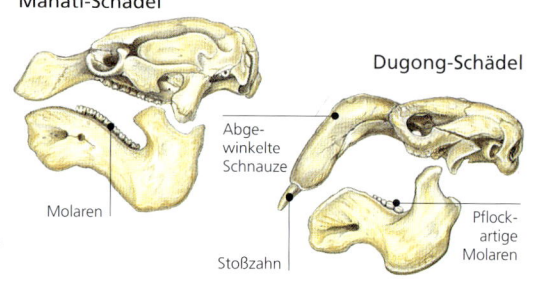

Manati-Schädel

Dugong-Schädel

Molaren

Abgewinkelte Schnauze

Stoßzahn

Pflockartige Molaren

Westafrikanischer Manati
Trichechus senegalensis

Paddelähnlicher Schwanz

Weniger massig
als ein Manati

Fluke

Dugong
Dugong dugon

Keine Nägel auf den Flossen

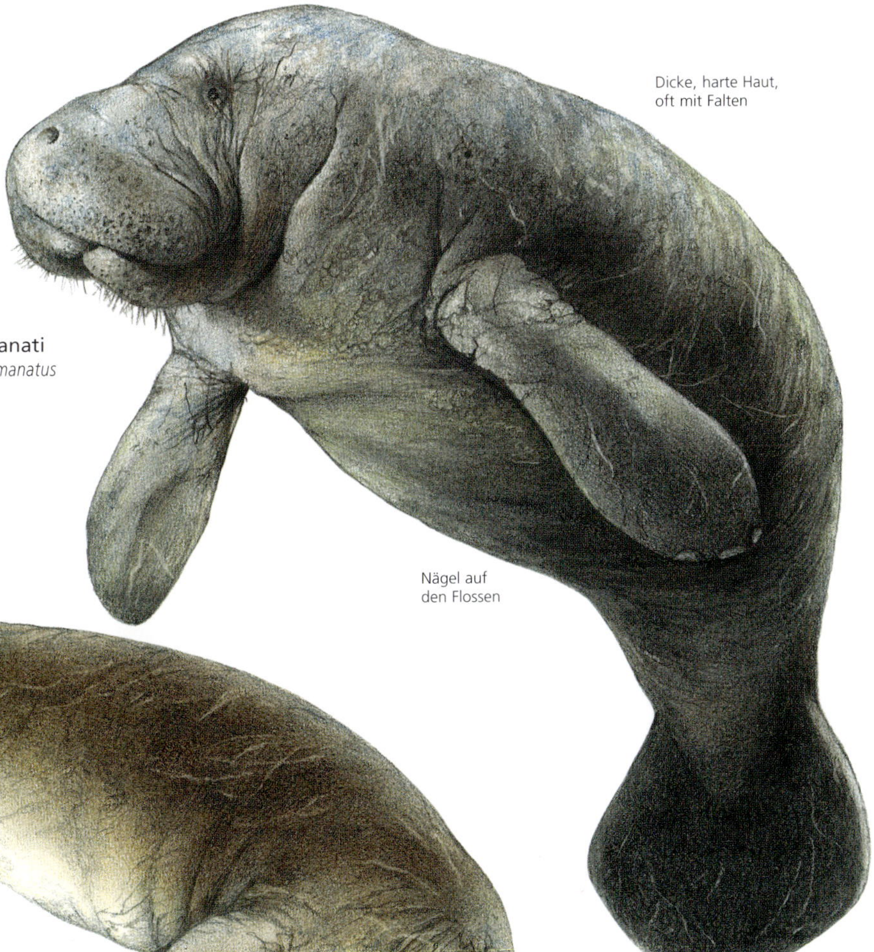

Dicke, harte Haut,
oft mit Falten

Nasenlöcher
lassen sich
unter Wasser
verschließen

Nagelmanati
Trichechus manatus

Nägel auf
den Flossen

Flussmanati
Trichechus inunguis

Steife Borsten auf den großen
beweglichen Lippen

AUF EINEN BLICK

Westafrikanischer Manati Die wenig
erforschte Art soll wenigstens teilweise
nachtaktiv sein. Sie lebt in Küstengewässern und Flüssen, sie frisst dicht
unter oder an der Wasseroberfläche.

🐂 Bis 4 m
🏋 200 bis
600 kg
🐾 Einzelg., Fam.-Grupp.
🚩 Gefährdet

W-afrikanische Küste, Niger (Fluss)

Dugong Das ursprüngliche Verbreitungsgebiet der Art, das sich mit der
Hauptnahrung, dem Seegras, deckte,
ist heute stark eingeschränkt. Dugongs
grasen meist auf dem Meeresboden.

🐂 Bis 4 m
🏋 250 bis 900 kg
🐾 Variabel
🚩 Gefährdet

Rotes Meer bis SW-pazifische Inseln

Nagelmanati Diese Art wechselt zwischen Süß- und Salzwasser-Lebensräu-
men. Ist ein Weibchen paarungsbereit,
folgen ihm etwa 20 Männchen und
buhlen bis zu 1 Monat lang um seine
Aufmerksamkeit.

🐂 Bis 4,5 m
🏋 200 bis
600 kg
🐾 Einzelgänger
🚩 Gefährdet

Georgia und Florida bis Brasilien; Orinoco

Flussmanati Nur wenige Pflanzen
wachsen im trüben Wasser des Amazonas, deshalb frisst dieser Manati vor
allem Vegetation an der Wasseroberfläche wie Wasserhyazinthen.

🐂 Bis 2,8 m
🏋 350 bis
500 kg
🐾 Einzelgänger
🚩 Gefährdet

Amazonasbecken

AUSGESTORBENE SEEKUH

Die Stellersche Seekuh (*Hydrodamalis
gigas*) wurde 1741 erstmals von Euro-
päern gesichtet und starb durch Jagd
1786 aus. Sie war die größte aller
Seekühe und wog
bis 10 t.

PFERDE

KLASSE	Mammalia
ORDNUNG	Perissodactyla
FAMILIE	Equidae
GATTUNG	1
ARTEN	9

Pferde, Zebras und Esel der Familie Equidae vertrauen auf ihre Größe, ihre Schnelligkeit und die Herdenbildung, um Feinden zu entfliehen. Das Gewicht der Tiere ruht in jedem Fuß auf der Spitze einer einzelnen Zehe – daher der federnde Gang. Die Knochen im Kniegelenk sind so angeordnet, dass sie ein »Verschließen« erlauben, damit das Pferd ohne Muskelanstrengung lange Zeit stehen kann. Für seine Ernährung mit Gras und anderen Pflanzen hat das Pferd Schneidezähne zum Abbeißen der Pflanzen und Backenzähne mit Furchen zum Mahlen. Zellulose wird im Hinterdarm verdaut, sodass die Tiere von der reichlichen, aber nährstoffarmen Kost trockener Gebiete leben.

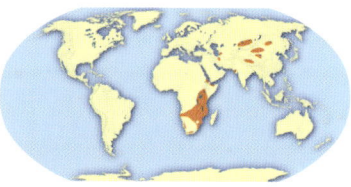

Wild und verwildert Wilde Pferdearten leben in Savannen und Wüsten Afrikas und Asiens. Sie bilden meist Herden in großen Gebieten. Man jagte sie wegen des Fleischs und Fells und als Konkurrenz auf Weideland. Dadurch sind die meisten Arten stark gefährdet. Verwilderte Herden domestizierter Pferde kommen auf allen Erdteilen außer der Antarktis vor.

ENTWICKLUNG

Alle Pferdearten sind von dichtem Fell bedeckt, mit einer Mähne an ihrem langen Hals. Das Fell der meisten Arten ist einfarbig, doch Zebras erkennt man sofort an ihren auffallenden schwarzen und weißen Streifen. Die seitlich am Kopf sitzenden Augen bieten bei Tag und Nacht eine gute Rundumsicht, die beweglichen Stehohren mit dem scharfen Gehör achten auf Gefahr. Pferde sind Fluchttiere, aber treten und beißen im Verteidigungsfall. Der Kommunikation dienen Wiehern, Schnauben und Röhren. Auch Schwanz-, Ohren- oder Maulstellung spielen bei der Verständigung eine Rolle, ebenso der Geruch.

Das erste pferdeähnliche Tier, ein etwa hundegroßes Säugetier, tauchte vor etwa 54 Mio. Jahren auf. Die Entwicklung fand vor allem in Nordamerika statt und führte vor etwa 5 Mio. Jahren zu einem einzehigen pferdeähnlichen Tier. Pferde zogen nach Afrika und Asien, wo später die heutigen Zebra- und Eselarten auftauchten. Am Ende der Eiszeit waren Pferde in Nordamerika verschwunden, erst die Europäer führten sie wieder ein.

Vor 3000 v. Chr. domestizierten Menschen in Nahost Esel, doch kaum 500 Jahre später kamen die schnelleren und stärkeren domestizierten Pferde aus Zentralasien. Sie revolutionierten Ackerbau, Transport, Jagd und Kriegführung. Heute sind praktisch alle Wildpferde verwilderte domestizierte Pferde.

Harem Wilde Pferde, wie z. B. Burchell- und Bergzebras, leben in festen Gruppen aus Stuten und ihren Fohlen, geführt von einem Hengst. Die Stuten sind meistens nicht verwandt und wurden aus ihrer Familiengruppe entführt. Erwachsene Grevy-Zebras und Esel bilden vorübergehende Gemeinschaften.

Das letzte Wildpferd Das domestizierte Pferd stammt vom Tarpan (*Equus ferus*) ab. Nur ein Tarpan überlebte bis heute: das Przewalskipferd (*E. f. przewalskii*), eine Unterart, die in der Mongolei lebte, heute aber nur noch in Zoos oder in einigen ausgewilderten Populationen vorkommt.

Gegenseitige Fellpflege Domestizierte und wilde Pferde betrachten die gegenseitige Fellpflege als Festigung ihrer sozialen Bindungen. Hier beknabbern 2 Fohlen Schultern und Widerrist. Ihre Position erlaubt es ihnen, auf Feinde zu achten.

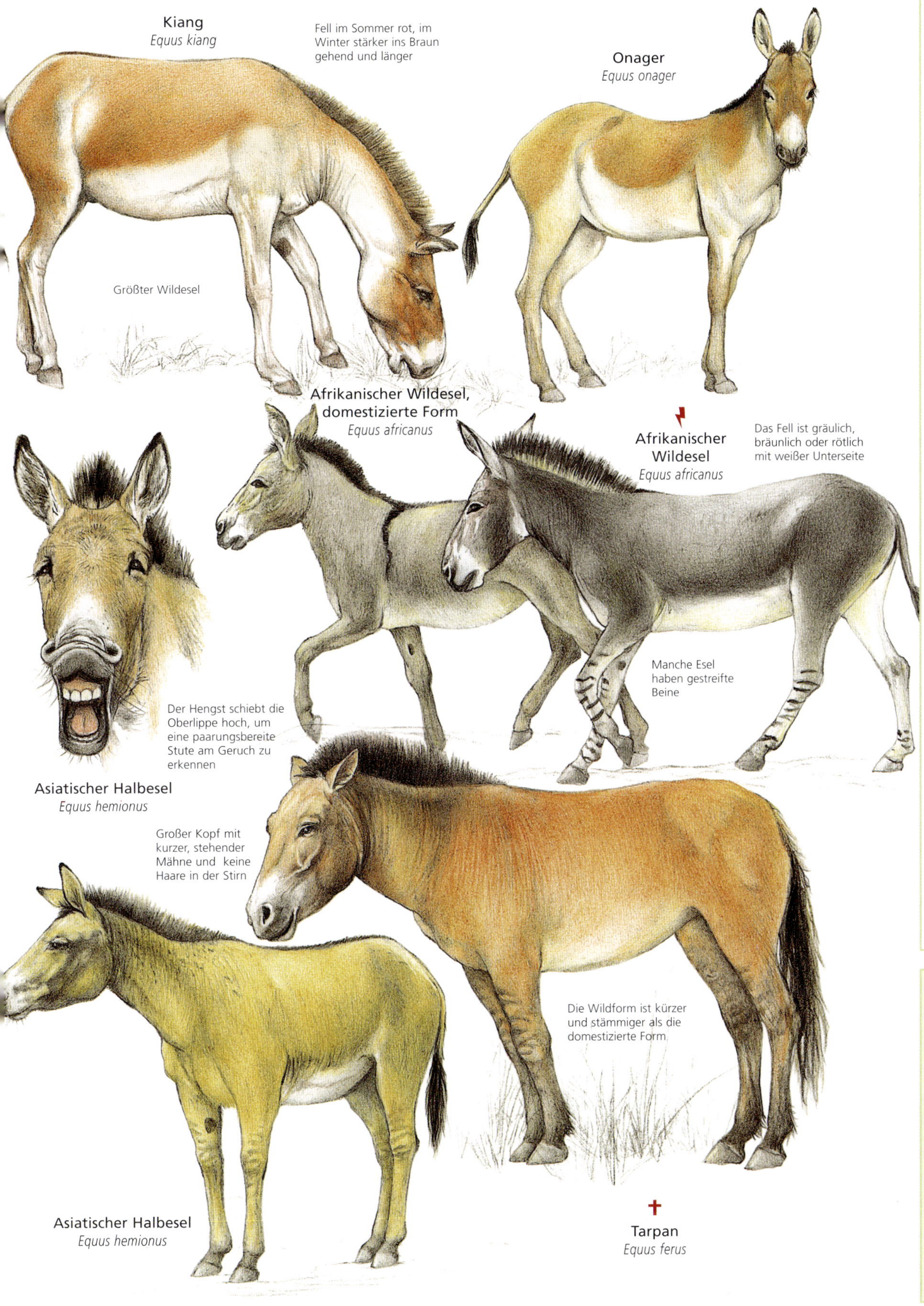

Kiang
Equus kiang
Fell im Sommer rot, im Winter stärker ins Braun gehend und länger
Größter Wildesel
Onager
Equus onager
Afrikanischer Wildesel, domestizierte Form
Equus africanus
Afrikanischer Wildesel
Equus africanus
Das Fell ist gräulich, bräunlich oder rötlich mit weißer Unterseite
Manche Esel haben gestreifte Beine
Der Hengst schiebt die Oberlippe hoch, um eine paarungsbereite Stute am Geruch zu erkennen
Asiatischer Halbesel
Equus hemionus
Großer Kopf mit kurzer, stehender Mähne und keine Haare in der Stirn
Die Wildform ist kürzer und stämmiger als die domestizierte Form
Asiatischer Halbesel
Equus hemionus
Tarpan
Equus ferus

AUF EINEN BLICK

Kiang Eine alte Stute führt Herden von bis zu 400 Stuten an. Hengste leben meist allein, im Winter gelegentlich auch in kleinen Gruppen. In der Paarungszeit im Sommer folgen Hengste den großen Herden und kämpfen miteinander um das Recht zur Paarung.

- Bis 2,5 m
- Bis 1,4 m
- Bis 400 kg
- Herde
- Gefährdet

Tibetisches Hochland

Onager Mit einem Tempo von etwa 70 km/h, das er über kurze Zeit hält, ist dieser Wildesel die schnellste Art. Er lebt in ariden Regionen und sammelt sich in großen Herden ohne feste Bindung der adulten Tiere. Fohlen werden bis etwa 18 Monate gesäugt, nur die Hälfte überlebt das erste Lebensjahr.

- Bis 2,5 m
- Bis 1,4 m
- Bis 260 kg
- Herde
- Selten

Indien, Iran; wiedereingeführt in Turkmenistan

Afrikanischer Wildesel In seiner Wildform ist er mit nur noch 3000 Tieren selten. Man domestizierte das trittsichere Tier vor etwa 6000 Jahren und verwendet es noch heute als Lasttier. Der Esel ist ausdauernd und kann über einen langen Zeitraum in heißem Klima mit wenig Nahrung und Wasser überleben. Verwilderte Populationen, die vom domestizierten Esel abstammen, gibt es in unterschiedlichen Gebieten.

- Bis 2 m
- Bis 1,3 m
- Bis 250 kg
- Harem
- Vom Aussterben bedr.

Äthiopien, Eritrea, Somalia, Dschibuti

SCHUTZSTATUS

Das Quagga, *Equus quagga*, ein braunes Zebra, starb in den 1870ern aus. Der Tarpan, *Equus ferus*, gilt in der Natur als ausgestorben; die letzte wilde Unterart, das Przewalskipferd, sah man seit 1968 nicht in der Natur. Von den 9 Pferdearten stehen 6 auf der Roten Liste der IUCN in den Gefährdungsgraden:

1	Ausgestorben
1	Ausgestorben in der Natur
1	Vom Aussterben bedroht
2	Stark gefährdet
1	Gefährdet

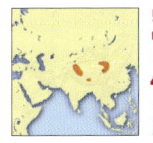

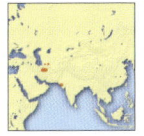

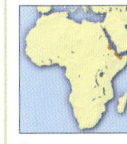

AUF EINEN BLICK

Burchell-Zebra Wie alle Zebraarten trägt es schwarze Streifen auf weißem Hintergrund. Theorien, dass diese Zeichnung der Tarnung oder der Ablenkung von Feinden diene, dürften nicht stimmen. Wahrscheinlich ermöglichen die Streifen es den Tieren, einander zu erkennen.

- Bis 2,5 m
- Bis 1,5 m
- Bis 385 kg
- Harem
- Häufig

O- und südliches Afrika

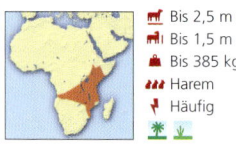

STREIFEN UND STIMMUNGEN

Wie alle Pferde drücken Zebras ihre Stimmungen durch optische Signale aus. Rivalisierende Hengste schütteln den Kopf und stampfen mit den Füßen, bevor sie beginnen, einander in Hals und Beine zu beißen. Stuten und Hengste versuchen, Feinde abzuschrecken, indem sie ihnen zeigen, wie sie treten können.

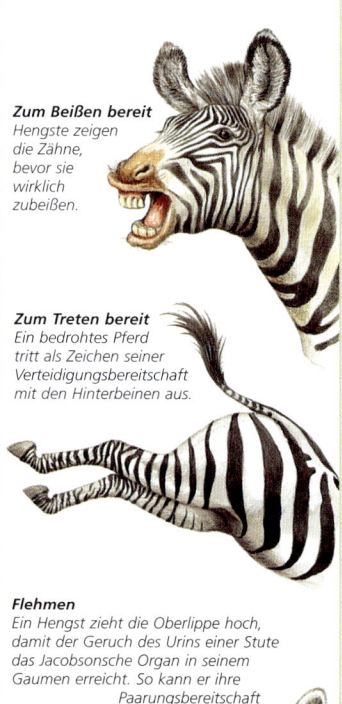

Zum Beißen bereit
Hengste zeigen die Zähne, bevor sie wirklich zubeißen.

Zum Treten bereit
Ein bedrohtes Pferd tritt als Zeichen seiner Verteidigungsbereitschaft mit den Hinterbeinen aus.

Flehmen
Ein Hengst zieht die Oberlippe hoch, damit der Geruch des Urins einer Stute das Jacobsonsche Organ in seinem Gaumen erreicht. So kann er ihre Paarungsbereitschaft erkennen.

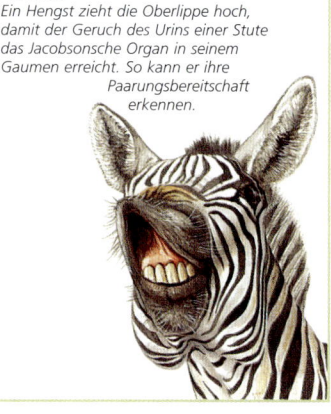

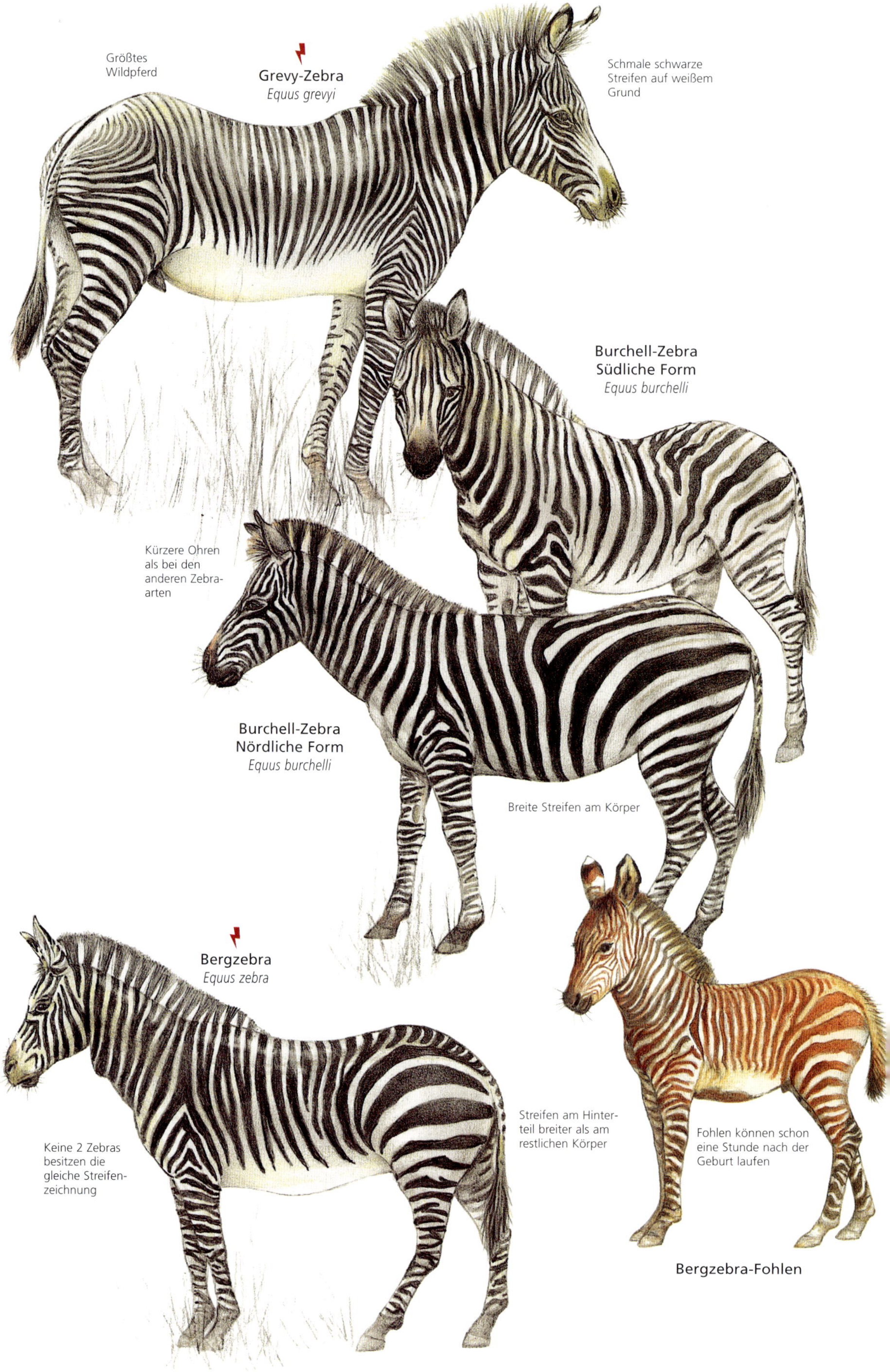

Größtes Wildpferd

Grevy-Zebra
Equus grevyi

Schmale schwarze Streifen auf weißem Grund

Burchell-Zebra Südliche Form
Equus burchelli

Kürzere Ohren als bei den anderen Zebraarten

Burchell-Zebra Nördliche Form
Equus burchelli

Breite Streifen am Körper

Bergzebra
Equus zebra

Keine 2 Zebras besitzen die gleiche Streifenzeichnung

Streifen am Hinterteil breiter als am restlichen Körper

Fohlen können schon eine Stunde nach der Geburt laufen

Bergzebra-Fohlen

TAPIRE

KLASSE	Mammalia
ORDNUNG	Perissodactyla
FAMILIE	Tapiridae
GATTUNG	1
ARTEN	4

Tapire tauchen unter den Fossilien schon vor den Pferden und den Nashörnern auf und haben sich als Gruppe in den letzten 35 Mio. Jahren kaum verändert. Diese scheuen Pflanzenfresser des Tropenwaldes sind etwa so groß wie ein Esel. Sie haben einen gedrungenen stromlinienförmigen Körper, um sich den Weg durch das dichte Unterholz zu bahnen, und einen empfindlichen Greifrussel, mit dem sie Nahrung fassen, Gefahr durch Gerüche erkennen und schnorcheln. Tapire suchen nachts nach Blättern, Knospen, Zweigen und Früchten von niedrigwüchsigen Pflanzen. Sie verteilen mit ihren Exkrementen Samen und spielen so eine wichtige ökologische Rolle im Wald. Als gute Schwimmer fressen sie auch Wasserpflanzen. Sie sehen schlecht, aber Gehör und Geruchssinn sind ausgezeichnet. Meist sind sie Einzelgänger und leben weit voneinander; sie kommunizieren mit hohem Pfeifen und Duftmarken. Nach 13-monatiger Tragzeit wirft ein Tapir-Weibchen meist ein einziges Junges. Während die Mutter Nahrung sucht, ist das Neugeborene im Dickicht versteckt, perfekt getarnt durch seine Zeichnung. Nach einer Woche begleitet es seine Mutter, mit 2 Jahren zieht es seiner eigenen Wege.

Rückzug Zu verschiedenen Zeiten fand man Tapire in weiten Teilen Nordamerikas, Europas und Asiens. Heute beschränken sie sich mit 3 Arten auf Mittel- und Südamerika und mit 1 Art auf Südostasien.

Zuflucht im Wasser Tapire entfernen sich nie weit vom Wasser und verbringen sehr viel Zeit untergetaucht, oft ragt nur der Rüssel als Schnorchel heraus. Das Wasser schützt vor Feinden und vor der Hitze.

Kurze borstenartige Mähne

Junge Tapire sind gesprenkelt und gestreift, um unentdeckt zu bleiben, wenn ihre Mütter weg sind

Flachlandtapir
Tapirus terrestris

Die schwarz-weiße Zeichnung tarnt den Tapir in seinem heimatlichen schattigen Regenwald

Schabrackentapir
Tapirus indicus

AUF EINEN BLICK

Flachlandtapir Flieht dieser Tapir vor einem Jaguar ins Wasser, riskiert er von einem Krokodil geschnappt zu werden. Sein Hauptfeind ist jedoch der Mensch, der seinen Wegen zur Nahrung folgt.

- Bis 2 m
- Bis 1,1 m
- Bis 250 kg
- Einzelgänger
- Gefährdet

Tropisches Südamerika (östlich der Anden)

Schabrackentapir Er ist die einzige Tapirart in Asien. In der Paarungszeit umkreisen die Paare einander pfeifend und versuchen an den Genitalien des anderen zu schnüffeln.

- Bis 2,5 m
- Bis 1,2 m
- Bis 320 kg
- Einzelgänger
- Gefährdet

Myanmar, Thailand, Malaysia, Sumatra

⚡ SCHUTZSTATUS

Der Tapirbestand nimmt ab, weil der Lebensraum verloren geht und man die Tiere wegen des Fleischs und als Nahrungskonkurrenz für Vieh jagt. Alle 4 Arten stehen auf der Roten Liste der IUCN:

- 2 Stark gefährdet
- 2 Gefährdet

NASHÖRNER

KLASSE	Mammalia
ORDNUNG	Perissodactyla
FAMILIE	Rhinocerotidae
GATTUNGEN	4
ARTEN	5

Auf der Schnauze sitzt das charakteristischste Merkmal des Nashorns – 1 oder 2 Hörner aus faserigem Keratin. Mit ihren beachtlichen Hörnern bekämpfen Nashörner Rivalen, verteidigen ihre Jungen gegen Feinde, führen ihre Jungen und stapeln Mist als Wegweiser. Obwohl Keratin eine gewöhnliche Substanz ist, die sich auch in menschlichen Fingernägeln findet, schreibt man den Hörnern der Tiere in der traditionellen asiatischen Medizin große Wirkung zu. Die Nachfrage war so groß, dass sehr viel gewildert wurde und alle 5 Arten heute als vom Aussterben bedroht gelten. In Afrika gibt es gegenwärtig weniger als 15000 wilde Nashörner, in Asien nicht mehr als 3000.

Kampflustig Die beiden afrikanischen Nashornarten setzen bei Rangkämpfen ihre Hörner ein, die asiatischen Arten die scharfen Schneide- oder Eckzähne. Doch vor dem Angriff erfolgt eine Reihe von Gesten, wie Hörnerstoßen, Hörner-am-Boden-Reiben und Urinspritzen. Spitzmaulnashörner (Bild) sind besonders aggressiv, bei ihnen sterben die Hälfte aller Bullen und ein Drittel aller Kühe nach Kämpfen.

Hochgeschwindigkeits-Attacke Das Breitmaulnashorn, das drittschwerste Landsäugetier (nach dem Afrikanischen und dem Asiatischen Elefanten), kann beim Angriff auf Eindringlinge beachtliche Geschwindigkeiten entwickeln.

SCHWERGEWICHTIGE PFLANZENFRESSER

Die Familie Rhinocerotidae war einst vielfältig und weit verbreitet. Das Mammut zog bis zum Ende der letzten Eiszeit vor 10000 Jahren durch ganz Europa und findet sich auf frühzeitlichen Höhlenmalereien. Ein hornloses Tier, *Indricotherium*, gilt als größtes Tier, das je an Land lebte. Heute gibt es noch 5 Arten, 2 in Afrika (Breitmaul- und Spitzmaulnashorn) und 3 in Asien (Panzer-, Java- und Sumatranashorn).

Der massive Körper des Nashorns ruht auf 4 stämmigen Beinen. 3 Zehen mit Hufen an jedem Fuß hinterlassen typische Fußspuren. Ihre dicke, faltige Haut ist grau oder braun, doch oft versteckt getrockneter Schlamm die wahre Farbe, weil Nashörner sich mit Vorliebe in Schlammlöchern und an Ufern von Flüssen und Seen suhlen.

Nashörner, die ein Alter von etwa 50 Jahren erreichen können, pflanzen sich nur langsam fort. Deshalb wirken sich Lebensraumverlust und übermäßige Jagd besonders dramatisch aus. Nach einer Tragzeit von etwa 16 Monaten bringt das Weibchen ein einzelnes Junges zur Welt und säugt es mehr als 1 Jahr lang. Das Junge bleibt 2 bis 4 Jahre bei der Mutter, bis das nächste Kalb geboren wird. Die meisten erwachsenen Nashörner leben als Einzelgänger, Paare bleiben während der Paarungszeit einige Monate zusammen, Kühe und junge Bullen bilden manchmal Herden. Breitmaulnashörner bilden zum Schutz vor Feinden einen Ring um die Jungen.

Scharfes Gehör *Die stehenden Ohren drehen sich, um entfernte Laute wahrzunehmen*

Gekürztes Horn *Um Wilderer abzuschrecken, hat man das Horn dieses Nashorns gekürzt*

Indischer Pflanzenfresser *Die lange bewegliche Oberlippe hilft beim Sammeln großer Gräser, sie kann beim Fressen kurzen Grases weggeschoben werden.*

Trübe Aussicht *Die kleinen Augen seitlich am Kopf sehen schlecht.*

Panzerung Die charakteristische graue Haut des Panzernashorns wirft an den Gelenken tiefe Falten, die an die Platten einer Ritterrüstung erinnern. Diese Besonderheit inspirierte die berühmte Geschichte von Rudyard Kipling »Wie das Nashorn seine Haut kriegte«.

⚡ SCHUTZSTATUS

Weitgehender Lebensraumverlust und Wilderei wegen der Hörner (für Schnitzarbeiten und die asiatische Medizin) hatten eine verheerende Wirkung. Einige Naturschützer plädieren dafür, als Verdienstquelle für die Einheimischen, Nashörner zu züchten und ihre Hörner abzunehmen. Alle 5 Nashornarten finden sich auf der Roten Liste der IUCN:

3	Vom Aussterben bedroht
1	Stark gefährdet
1	Weniger gefährdet

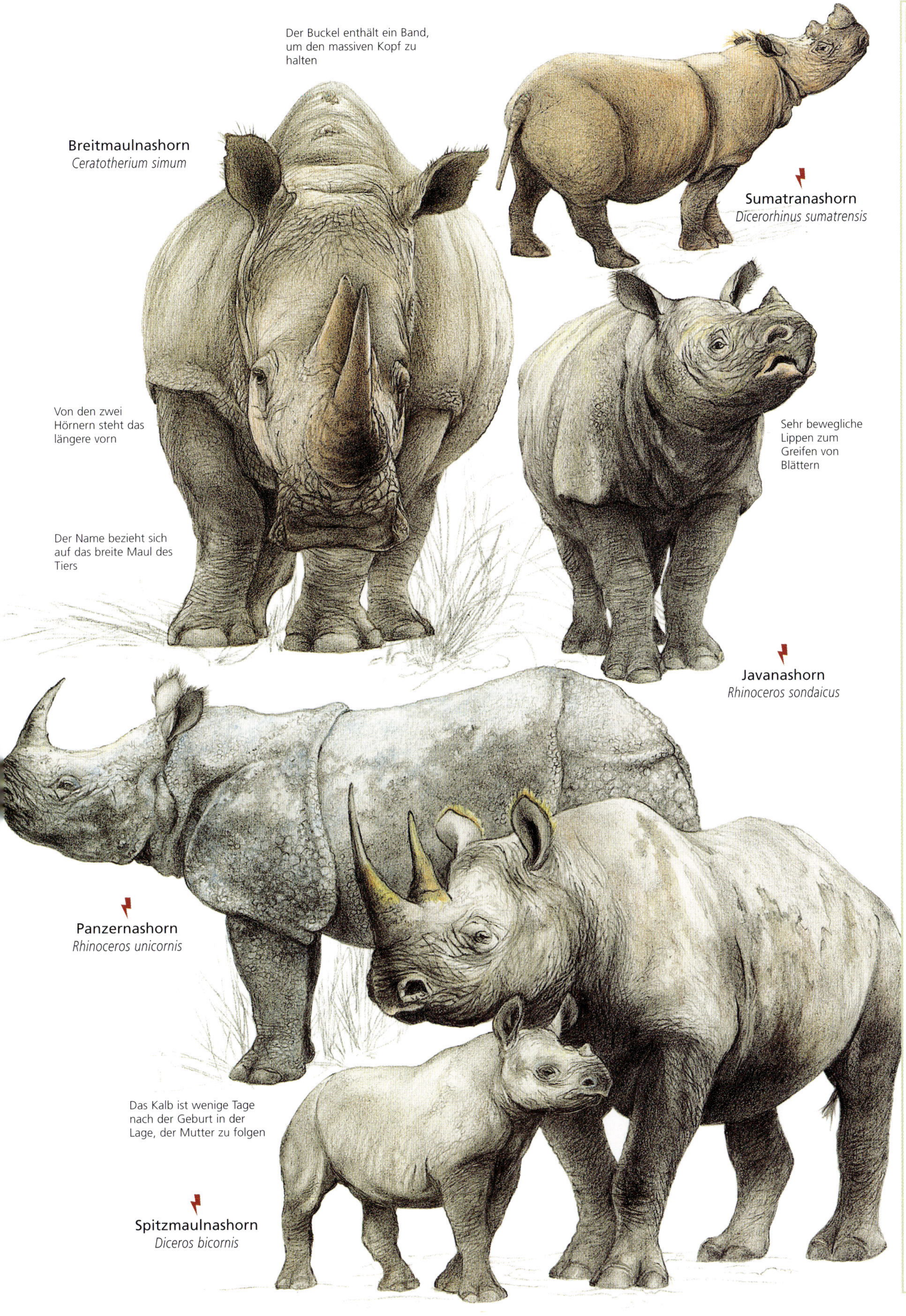

Der Buckel enthält ein Band, um den massiven Kopf zu halten

Breitmaulnashorn
Ceratotherium simum

Von den zwei Hörnern steht das längere vorn

Der Name bezieht sich auf das breite Maul des Tiers

Sumatranashorn
Dicerorhinus sumatrensis

Sehr bewegliche Lippen zum Greifen von Blättern

Javanashorn
Rhinoceros sondaicus

Panzernashorn
Rhinoceros unicornis

Das Kalb ist wenige Tage nach der Geburt in der Lage, der Mutter zu folgen

Spitzmaulnashorn
Diceros bicornis

AUF EINEN BLICK

● Frühere Verbreitung

Breitmaulnashorn Die größte noch existierende Art besitzt einen langen Kopf und eine eckige Oberlippe, um kurze Gräser zu fassen. Trotz ihrer Größe ist sie im Allgemeinen friedlich.

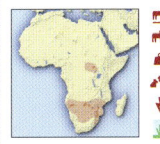

- Bis 4,2 m
- Bis 1,9 m
- Bis 3,6 t
- Einzelg., Fam.-Gruppe
- Weniger gefährdet

Afrika südlich der Sahara

Sumatranashorn Das kleinste Nashorn ist auch eines der bedrohtesten – in der Natur gibt es nur noch etwa 300 Tiere. Mit Vorliebe frisst es Schösslinge. Als einzige asiatische Nashornart besitzt es 2 Hörner.

- Bis 3,2 m
- Bis 1,5 m
- Bis 2 t
- Einzelgänger
- Vom Aussterben bedr.

Thailand, Myanmar, Malaysia, Sumatra, Borneo

Javanashorn Das Tier mit einem Horn hat eine sehr faltige Haut und ähnelt so seinem indischen Verwandten. Die Art gibt es nur noch in etwa 60 Exemplaren in 2 Nationalparks – ihre Zukunft ist sehr ungewiss.

- Bis 3,2 m
- Bis 1,8 m
- Bis 2 t
- Einzelgänger
- Vom Aussterben bedr.

Vietnam, Java

Panzernashorn Das größere der Nashörner mit einem Horn frisst vorwiegend Gräser, bedient sich aber auch an Büschen, Feldfrüchten und Wasserpflanzen. Um die Hitze zu vermeiden, frisst es früh, spät oder nachts.

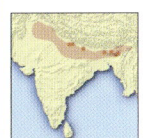

- Bis 3,8 m
- Bis 1,9 m
- Bis 2,2 t
- Einzelgänger
- Stark gefährdet

Nepal, NO-Indien

Spitzmaulnashorn Diese Art kann mit der beweglichen Oberlippe Äste ins Maul ziehen. Sie ist aggressiver als das Breitmaulnashorn und greift Menschen und Fahrzeuge an.

- Bis 3,8 m
- Bis 1,8 m
- Bis 1,4 t
- Einzelgänger
- Vom Aussterben bedr.

Afrika südlich der Sahara

SCHLIEFTIERE

KLASSE	Mammalia
ORDNUNG	Hyracoidea
FAMILIE	Procaviidae
GATTUNGEN	3
ARTEN	7

Sie haben die Größe eines Kaninchens und eine gewisse Ähnlichkeit mit großen Meerschweinchen. Oft werden sie fälschlicherweise für Nagetiere gehalten, doch sie zählen zu den Huftieren, mit flachen hufähnlichen Nägeln an den Füßen. Vor Millionen von Jahren waren Schliefer, manche so groß wie Tapire, die beherrschenden Pflanzenfresser in Nordafrika. Größere Huftiere wie Antilopen und Rinder ersetzten sie. Die überlebenden Arten sind robuste, wendige Tiere, die auf steilen Felsen und Ästen herumhuschen und -springen. Die einzigartige Ausstattung ihrer Sohlen sorgt für gute Haftung – weiche Ballen, die ein Drüsensekret feucht hält, und Muskeln, die den mittleren Teil der Sohle zu einer Art Saugnapf zusammenziehen. Einige Arten leben in Kolonien von bis zu 80 Tieren.

Afrika bis zum Nahen Osten Schliefer gab es einst in mehr Arten und einem weiteren Verbreitungsgebiet; heute findet man nur noch 7 Arten in 3 Gattungen in Afrika und dem Nahen Osten. Klippschliefer (*Procavia*) leben meist auf Felsnasen und Klippen in weiten Teilen Afrikas und Teilen des Nahen Ostens, man findet sie aber auch im Grasland. Buschschliefer (*Heterohyrax*) findet man in ähnlichen Lebensräumen, sie beschränken sich aber vorwiegend auf Ostafrika. Auch Baumschliefer kommen in Afrika (*Dendrohyrax*) vor, doch sie leben in Wäldern.

Kuschelig Anders als die meisten Kleinsäuger sind Schliefer tagaktiv. Da sie ihre Körpertemperatur schlecht regulieren können, kuscheln sie sich eng aneinander und wärmen sich in der Sonne. Schliefer leben in Familiengruppen von mehreren Weibchen mit Nachwuchs, geführt von einem dominanten Männchen. Weibchen bleiben ihr ganzes Leben bei der Familie, Männchen bis zu 2 Jahren. Oft leben Letztere am Rand der Gruppe und hoffen, die Position des dominanten Männchens zu übernehmen.

Pflanzenfresser Alle Schlieferarten suchen auf Bäumen und am Boden Nahrung und legen dabei Strecken von mehr als 1 km zurück. Klippschliefer fressen vorwiegend Gräser, während Busch- und Baumschliefer Blätter verzehren. Mikroorganismen in ihrem mehrkammerigen Magen verdauen die Zellulose. Schliefer sind relativ lautstark und geben Töne von sich wie kein anderes Tier. Die geselligen Bodenbewohner schnattern, pfeifen und schreien. Nachts beginnen Baumschliefer mit einer Reihe lauter krächzender Geräusche und schließen mit einem Schrei. Die Ausdrucksvarianten der Schliefer ändern und vervollständigen sich im Lauf des Lebens. Junge Schliefer schnattern lang anhaltend mit zunehmender Intensität, doch sie besitzen nur einen Bruchteil der Töne, die ihre adulten Verwandten von sich geben.

Ein Haarbüschel bedeckt die Duftdrüse am Rücken

Steppenwaldbaumschliefer
Dendrohyrax arboreus

Hufähnliche Nägel

Buschschliefer
Heterohyrax brucei

Die großen Augen sehen scharf

Kap-Klippschliefer
Procavia capensis

Die langen oberen Schneidezähne wachsen ein Leben lang

SCHUTZSTATUS

Gejagt 3 Schlieferarten bedroht der Lebensraumverlust. Wenigstens eine Art, der Bergwaldbaumschliefer (*Dendrohyrax validus*), wird wegen seines Fells gejagt. Von den 7 Schlieferarten stehen 3 als gefährdet auf der Roten Liste der IUCN.

Auf Wache *Schliefer fallen Adlern, Pythons und Leoparden zum Opfer. Während eine Gruppe Nahrung sucht oder ruht, hält ein Tier Wache. Ein lauter Warnschrei sorgt dafür, dass die Tiere rasch unter Steinen Schutz suchen.*

ZUSAMMENLEBEN

Schliefer bieten eines der wenigen Beispiele für das Zusammenleben zweier Säugetierarten. Buschschliefer und Klippschliefer findet man gemeinsam auf demselben Kopje (Felsnase) und sie teilen nachts Baue zum Schutz und kuscheln sich tagsüber zum Aufwärmen aneinander. Sie paaren sich nicht miteinander, doch die Weibchen werfen oft gleichzeitig und Tiere beider Arten kümmern sich um die Jungen. Die beiden Arten vermeiden Konkurrenz, indem sie unterschiedliche Nahrung verzehren.

Unterschiedliche Nahrung *Während Buschschliefer vorwiegend Blätter fressen, konzentrieren sich Klippschliefer auf Gräser.*

RÖHRENZAHNARTIGE

KLASSE Mammalia	
ORDNUNG Tubulidentata	
FAMILIE Orycteropodidae	
GATTUNG 1	
ART 1	

Das Erdferkel – mittelgroß, schweineähnlich, mit stämmigem Körper, langer Schnauze und großen Ohren – ist die einzige existierende Art der Ordnung Tubulidentata, die sich aus einem frühen Huftier entwickelte. Der nachtaktive Einzelgänger sucht in der Dunkelheit Ameisen und Termiten, von denen er bis zu 50 000 in einer Nacht verzehrt. Dank des guten Geruchssinns entdeckt das Erdferkel die Beute und mit den kräftigen Füßen mit Krallen gräbt es einen Termitenhügel rasch auf. Zum Schutz vor Schmutz kann es die Nasenlöcher zusammenziehen und die Ohren zurückklappen. Die lange klebrige Zunge fängt Insekten, die unzerkaut geschluckt und im muskulösen Magen zermahlen werden. Dank der festen Haut und der scharfen Zähne sind Hyänen und Menschen die einzigen Feinde des erwachsenen Erdferkels.

AUF EINEN BLICK

Erdferkel Oft lebt es bei Termitenhügeln, weil diese Insekten seine liebste Nahrung sind. Das nachtaktive scheue Tier ist in der Natur kaum zu sehen.

🐾	Bis 1,2 m
📏	Bis 60 cm
⚖️	Bis 70 kg
🔺	Einzelgänger
🌿	Regional häufig

Afrika südlich der Sahara

Erdferkel
Orycteropus afer

⚡ SCHUTZSTATUS

Nahrungsspezialist Das Erdferkel gilt nicht als bedroht, doch durch seine sehr spezialisierte Nahrung wirken sich Veränderungen im Lebensraum aus. Das Weiden von Huftieren kann dem Erdferkel Vorteile bringen, weil Termiten festgetrampelten Boden mögen. Andererseits kann Ackerbau zu einem Rückgang des Bestands an Erdferkeln führen. Die Tiere werden auch wegen des Fleischs gejagt.

Eifriger Gräber Das Erdferkel gräbt mit den schaufelförmigen Krallen seiner Vorderfüße nach Nahrung und seine Baue.

RINDER

KLASSE	Mammalia
ORDNUNG	Artiodactyla
FAMILIE	Bovidae
GATTUNGEN	47
ARTEN	135

Zur Familie Bovidae rechnet man viele Millionen domestizierte Rinder, Schafe, Ziegen und Wasserbüffel. Die 135 Arten wilder Rinder bieten wesentlich mehr Vielfalt, von den kleinsten Antilopen, die nur 25 cm groß und 2 kg schwer sind, bis zu massigen Tieren wie Bisons, die eine Schulterhöhe von 2 m erreichen und bis zu 1 t wiegen. Rinder und deren Verwandte leben in weiten Teilen Eurasiens und Nordamerikas, durch eingeführte Arten kam es in Australien und Ozeanien zu wilden Populationen, doch die größte Artenvielfalt und den umfangreichsten Bestand gibt es im Grasland, in den Savannen und den Wäldern Afrikas.

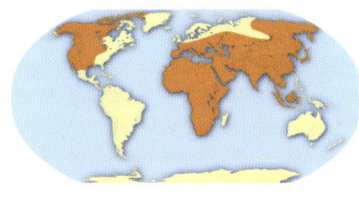

Weit verbreitet Rinder leben in Wüsten und Tropenwäldern, in Berg- und arktischen Regionen. In Australien oder Südamerika fehlen einheimische Arten, aber domestiziert findet man die Tiere weltweit. Mehr als eine Million domestizierte Rinder leben auf der Welt, alle stammen vom Auerochsen ab, einem einst weit verbreiteten Wildrind, das 1627 ausstarb.

EINE VIELFÄLTIGE FAMILIE

Rinder, Büffel, Bisons, Antilopen, Gazellen, Schafe, Ziegen und andere Angehörige der Familie Bovidae sind Wiederkäuer mit einem vierkammerigen Magen, der Pflanzenzellulose aufschließt. Dank dieses Verdauungssystems nützen Rinder nährstoffarme Nahrung wie Gras bestmöglich aus und besiedeln die verschiedensten Lebensräume von trockenem Buschland bis zur arktischen Tundra. Gras fressende Rinder sind meist stämmig gebaut, damit der große Magen Platz findet. Antilopen und andere schlanke Arten sind beim Fressen wählerischer.

Alle Bullen und viele Kühe tragen Hörner, bei denen eine Keratinschicht den knochigen Kern bedeckt. Stets ungeteilt und mit einer Spitze variieren sie in Größe und Form (gerade, gebogen, spiralig). Sie kommen bei Rangkämpfen oder gegen Feinde zum Einsatz.

Rinder tragen ihr Gewicht auf den zwei mittleren Zehen jedes Fußes, der einen gespaltenen Huf bildet. Die Hauptknochen des Fußes sind zum Rohrbein verwachsen, das Stöße beim Laufen mildert – das ist für Fluchttiere wie Rinder wichtig.

Manche Arten sind Einzelgänger oder leben paarweise, aber die meisten sind gesellig. Einige bilden von einem Bullen geführte Harems, andere Herden aus Kühen und Kälbern, während die Bullen allein oder in Junggesellenherden leben. Die Gruppe verringert die Gefahr, einem Feind zum Opfer zu fallen, und ermöglicht den Austausch von Information über Weideplätze.

Rinder und Schafe wurden vor mehreren Tausend Jahren erstmals domestiziert. Seitdem ging der wilde Bestand zurück. Jagd (wegen Fleisch, Haut und als Sport) und Lebensraumverlust forderten Tribut.

Gerillte Hörner
Setzen Gazellenböcke beim Kampf ihre Hörner ein, so verhindern die Rillen ein Abrutschen, das zu ernsthaften Verletzungen führen könnte.

Zweifarbig
Schwarze Zeichnungen im Gesicht und an der Flanke heben sich vom zweifarbigen Fell der Thomsongazelle ab.

Schutz in der Masse Kaffernbüffel leben meistens in Herden von 50 bis 500 Kühen und Kälbern, doch Tausende Büffel, auch Bullen, sammeln sich in der Regenzeit. Schwache Tiere überleben in der Herde, die Feinde verjagt.

Achtsam Da Rinder, wie z.B. Gazellen, viele Feinde haben, brauchen sie ihre scharfen Sinne, um Gefahren zu entdecken. Die meisten haben große bewegliche Ohren, Augen seitlich am Kopf für Rundumsicht und eine gute Nase. Die typische Zeichnung mancher Arten tarnt sie, weil sie die Umrisse unterbricht.

SCHUTZSTATUS

Von den 135 Rinderarten stehen 83 % auf der Roten Liste der IUCN, in folgenden Gefährdungsgraden:

4	Ausgestorben
2	In der Natur ausgestorben
7	Vom Aussterben bedroht
20	Stark gefährdet
25	Gefährdet
37	Schutz nötig
19	Weniger gefährdet

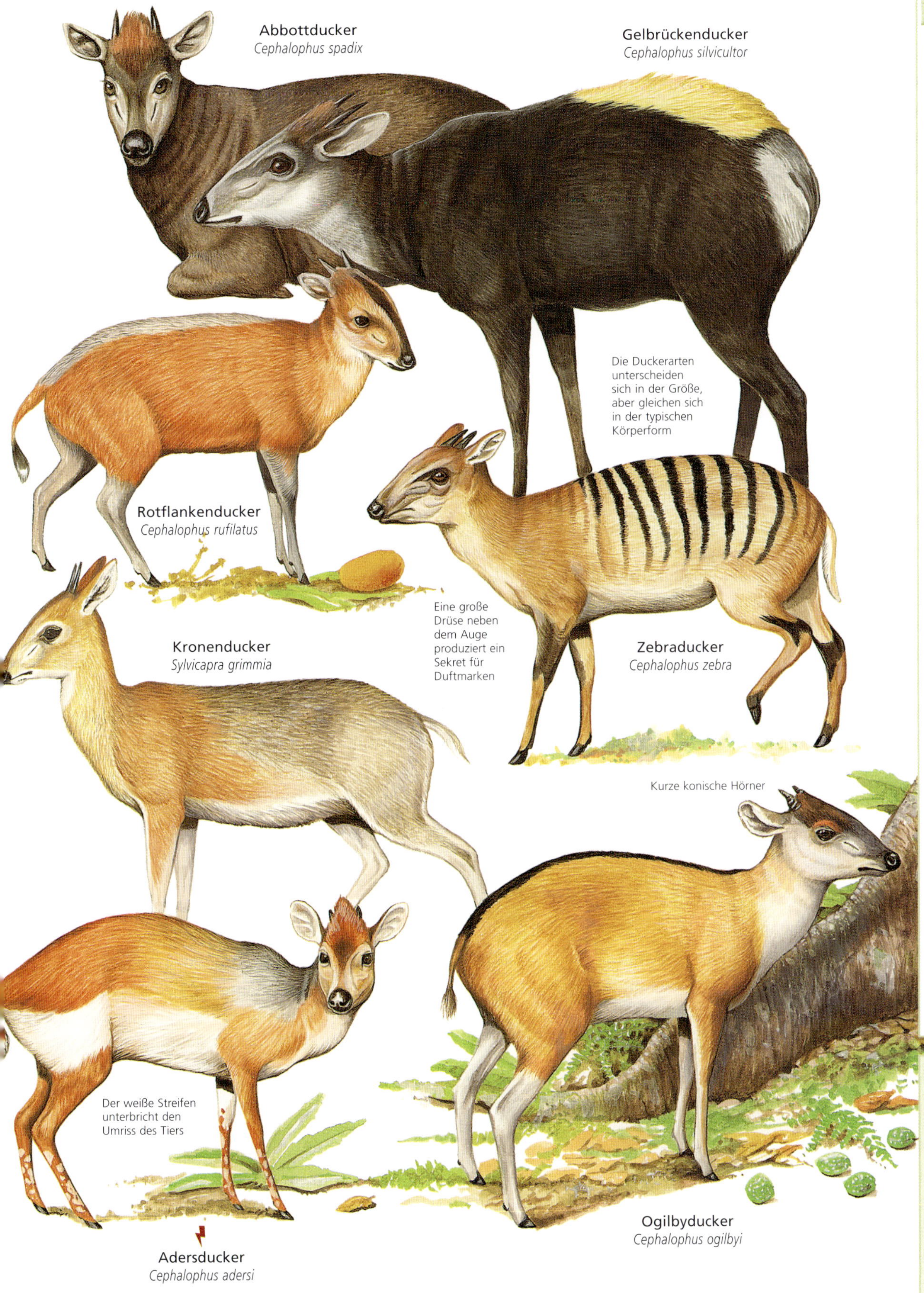
Abbottducker
Cephalophus spadix
Gelbrückenducker
Cephalophus silvicultor
Die Duckerarten unterscheiden sich in der Größe, aber gleichen sich in der typischen Körperform
Rotflankenducker
Cephalophus rufilatus
Kronenducker
Sylvicapra grimmia
Eine große Drüse neben dem Auge produziert ein Sekret für Duftmarken
Zebraducker
Cephalophus zebra
Kurze konische Hörner
Der weiße Streifen unterbricht den Umriss des Tiers
Adersducker
Cephalophus adersi
Ogilbyducker
Cephalophus ogilbyi

AUF EINEN BLICK

Ducker Ducker sind kleine Antilopen mit kurzen Hörnern, die an Waldrändern Pflanzennahrung suchen, manchmal auch Insekten und kleine Wirbeltiere fressen. Ihr Name stammt vom Afrikaans-Wort für »Taucher«, weil sie ins Unterholz abtauchen, wenn sie sich bedroht fühlen.

Zebraducker Diese muskulöse Art erkennt man leicht an den typischen Streifen des Fells. Wie bei Zebras trägt auch hier jedes Tier eine individuelle Zeichnung. Die tagaktiven Zebraducker leben in Paaren; gegenseitige Fellpflege festigt die Paarbindung.

- Bis 90 cm
- Bis 50 cm
- Bis 20 kg
- Einzelgänger, paarw.
- Gefährdet

Liberia

Kronenducker Diese nachtaktive Antilope lebt in größeren Gruppen als jedes andere afrikanische Huftier. Sie erreicht beachtliche Geschwindigkeit und hat Ausdauer, um Feinden, z. B. Großkatzen, Hunden, Pavianen, Pythons, Krokodilen oder Adlern, zu entkommen.

- Bis 115 cm
- Bis 50 cm
- Bis 21 kg
- Einzelgänger
- Häufig

Afrika südlich der Sahara, außer im Regenwald

Adersducker Die tagaktive Art beansprucht paarweise ein Revier. Sie frisst vorwiegend Blüten, Früchte und Blätter vom Waldboden. Oft sammelt das Tier Stücke auf, die Affen oder Vögel aus den Bäumen haben fallen lassen. Wie viele andere Ducker trägt auch der Adersducker ein weiches, seidiges Fell mit einer rötlichen Zeichnung am Kopf.

- Bis 72 cm
- Bis 32 cm
- Bis 12 kg
- Einzelgänger, paarw.
- Stark gefährdet

Sansibar, Küste von SW-Kenia

SCHUTZSTATUS

Geblendete Beute Nachts geben Ducker, wegen des Fleischs und als Trophäen begehrt, eine leichte Beute für Jäger ab, wenn deren Lichter sie blenden. Die Rote Liste der IUCN führt 16 Duckerarten als gefährdet auf. Am seltensten ist der stark gefährdete Adersducker, von dem es in der Natur nur noch weniger als 1400 Tiere gibt.

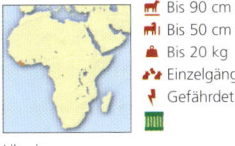

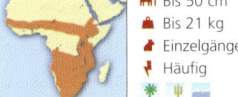

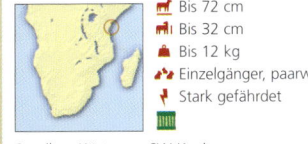

AUF EINEN BLICK

Lichtensteins Kuhantilope Böcke dieser in der Savanne lebenden Art markieren ihr Revier mit den Hörnern am Boden. Rivalen kämpfen um das Recht zur Paarung; der Sieger führt einen Harem von 3 bis 10 Weibchen mit Jungen an. Schwächere Böcke leben allein oder in Junggesellengruppen.

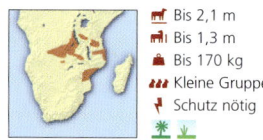

- Bis 2,1 m
- Bis 1,3 m
- Bis 170 kg
- Kleine Gruppen
- Schutz nötig

Südliches Afrika

Hunterantilope Der Bestand dieser Art ging in der Natur zwischen 1976 und 1995 von 14 000 auf 300 Tiere zurück; sie ist eines der seltensten Säugetiere der Welt. Sie frisst kurzes, junges Gras. Wird das Gras zu lang oder stören sie andere nahrungssuchende Tiere, zieht sie weiter. Viele Wissenschaftler halten die Hunterantilope für das Entwicklungsglied zwischen den echten Antilopen und der Gattung *Damaliscus*. Deshalb besitzt ihr Überleben größte Bedeutung für die Erforschung der Antilopenentwicklung.

- Bis 2 m
- Bis 1,3 m
- Bis 160 kg
- Herden
- Vom Aussterben bedr.

Grenzregion zwischen Kenia und Somalia

Halbmondantilope und *Damaliscus lunatus korrigum* Sie haben einmal im Jahr Junge, am Ende der Regenzeit. In großen Herden ziehen die Kälber mit, geschützt von einer Gruppe adulter Tiere. Kleinere Herden verstecken die Jungen in dichter Vegetation, während adulte Tiere Nahrung suchen.

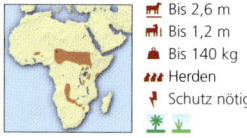

- Bis 2,6 m
- Bis 1,2 m
- Bis 140 kg
- Herden
- Schutz nötig

Savannen in Afrika südlich der Sahara

Kuhantilope Mit seinem abfallenden Rücken kann dieses große Tier ungelenk wirken, doch kann es Geschwindigkeiten von 80 km/h erreichen. Es lebt in offenen Ebenen, bevorzugt dort aber Lebensräume an Waldrändern. Kuhantilopen bilden oft mit anderen Antilopen und Zebras große Herden.

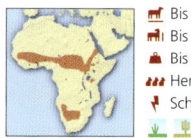

- Bis 1,9 m
- Bis 1,3 m
- Bis 150 kg
- Herden
- Schutz nötig

Sahel, Serengeti, Namibia bis Botswana

Lichtensteins Kuhantilope
Sigmoceros lichtensteinii

Nach W. H. C. Lichtenstein, einem berühmten Naturforscher, benannt, der das südliche Afrika von 1803 bis 1806 erforschte

Hunterantilope
Damaliscus hunteri

Böcke haben als Schutz bei Scheinkämpfen harte Haut am Hals

Damaliscus lunatus korrigum

Halbmondantilope
Damaliscus lunatus lunatus

Buntbockkälber haben helleres Fell und dunklere Gesichter

Buntbock
Damaliscus pygargus

S-förmige Hörner mit Ringen

Das Hinterteil liegt tiefer als die Schultern

Kuhantilope
Alcelaphus buselaphus

Die Fellfarbe variiert von Braun bis Rot

Die Hörner eines
Spießbock-Männchens
können bis zu 1,5 m
lang sein

Spießbock
Oryx gazella

Schwarzer Schwanz
mit Quaste

Dunkle Zeichnung an
den Beinen, Flanken
und im Gesicht

S-förmige Hörner
mit Furchen nur
beim Bock

Impala
Aepyceros melampus

Kann bis zu 3 m hoch
springen

Duftdrüsen
an den
Hinterfüßen
unter den
schwarzen
Fellflecken

Weißbartgnu
Connochaetes taurinus

Am Rücken senk-
rechte Streifen mit
längeren Haaren

Weißschwanzgnu
Connochaetes gnou

AUF EINEN BLICK

Spießbock Diese Art lebt normalerweise in Herden von etwa 40 Tieren,
sammelt sich aber in der Regenzeit zu
Tausenden. In trockenen Zeiten kommt
der Spießbock mehrere Tage ohne
Wasser aus; er nimmt die Feuchtigkeit
mit Früchten und Wurzeln auf.

- Bis 1,6 m
- Bis 1,2
- Bis 240 kg
- Herden
- Schutz nötig

O- und SW-Afrika

Impala Während der Regenzeit frisst
es hauptsächlich vom üppigen jungen
Gras, in der Trockenzeit wechselt es zu
verholzten Pflanzen. Wird das Impala
bedroht, läuft es vor der Gefahr davon,
versucht aber auch den Feind durch
Sprünge in verschiedene Richtungen zu
verwirren.

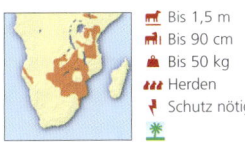

- Bis 1,5 m
- Bis 90 cm
- Bis 50 kg
- Herden
- Schutz nötig

Savannen von O- und südlichem Afrika

Gnu Die meisten Gnu-Jungen kommen
innerhalb von 3 Wochen zur Welt. Die
Tragzeit dauert 8 Monate. Nur wenige
Minuten nach seiner Geburt steht das
Kalb und trinkt. Etwa 40 Minuten spä-
ter rennt es bereits.

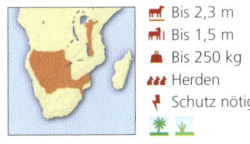

- Bis 2,3 m
- Bis 1,5 m
- Bis 250 kg
- Herden
- Schutz nötig

O- und südliches Afrika

REVIERVERHALTEN

Während der Paarungszeit, meistens
am Ende der Regenzeit, verteidigen
Impalaböcke ihr Revier aufs Heftigste
mit Duftmarken, Verteidigungsposen
und Scheinkämpfen. Das Territorialver-
halten ändert sich in der Trockenzeit,
wenn die Reviere der Impalas sich
ausbreiten und
einander
überlappen.

Lautstarke Demo
*Das »Konzert« des
Impalabocks beginnt mit
einigem explosiven
Schnauben, dann folgt weit
tönendes tiefes Grunzen.*

AUF EINEN BLICK

Saiga Bis auf die Hörner mit Querringen und die lange bewegliche Nase, die übers Maul herunterhängt, ähnelt diese Antilope einem kleinen Schaf. Die Paarungszeit fordert von den Böcken Tribut. Sie leben von ihren Fettvorräten und verbrauchen viel Energie, um ihren Harem gegen die Aufmerksamkeiten anderer Böcke zu verteidigen. Am Ende der Paarungszeit sind bis zu 90 % der Böcke im Kampf, am Hunger oder durch Feinde gestorben. Tausende Saigas bilden dann gemischte Herden, um zu den Sommerweiden zu ziehen.

🐂 Bis 1,4 m
🐂 Bis 80 cm
🐂 Bis 69 kg
🐾 Herden
🌱 Vom Aussterben bedr.

Russland, Kasachstan

GROSSE SPRÜNGE

Gazellen springen manchmal mehrfach nacheinander hoch, dabei machen sie einen Buckel, halten die Beine steif und landen auf allen vieren. Dieses Verhalten scheint aufzutreten, wenn ein Tier erregt ist. Damit werden auch Feinde abgelenkt oder ihnen signalisiert, dass sie entdeckt worden sind.

Springbock im Sprung
Der Springbock stellt die weißen Haare auf seinem Rücken auf und springt bis zu 4 m hoch.

⚡ SCHUTZSTATUS

Gefährliche Hörner Der Schwarzmarkt für Hörner des Saiga-Bockes ist beachtlich, da sie in der Chinesischen Medizin als Mittel gegen Fieber gelten. Seit dem Zusammenbruch der UdSSR 1990 verringerten sich die Schutzmaßnahmen und die Wilderei nahm dramatisch zu. Nur Böcke werden gejagt, sodass die überlebenden Böcke immer größere Harems verteidigen und nicht alle Weibchen befruchten können. In den letzten 10 Jahren nahm die Zahl der Saigas um 80 % ab.

Giraffengazelle
Litocranius walleri

Beira-Antilope
Dorcatragus megalotis

Kann auf den Hinterbeinen stehen und Blätter fressen, die von den meisten Antilopen nicht erreicht werden

Tschiru
Pantholops hodgsonii

Springbock
Antidorcas marsupialis

Hirschziegenantilope
Antilope cervicapra

Saiga
Saiga tatarica

Die große fleischige Nase filtert im Sommer Staub aus der Luft und wärmt im Winter

Lamagazelle
Ammodorcas clarkei

Bleichböckchen
Ourebia ourebi

Duftdrüse neben
dem Auge

Steinböckchen
Raphicerus campestris

Klippspringer
Oreotragus oreotragus

Kurze dornenähnliche
Hörner beim Bock

Güntherdikdik
Madoqua guentheri

Ellipsen-
Wasserbock
Kobus ellipsiprymnus

Pflockähnliche Hufe
zum Laufen über
Felsen

Riedbock
Redunca redunca

Riedböcke leben
meist in der Nähe
von Wasser

Bergriedbock
Redunca fulvorufula

AUF EINEN BLICK

Steinböckchen Diese flinke Antilope frisst am liebsten nährstoffreiche junge Blätter, Blüten, Früchte und Triebe. Nur bei dieser Rinderart hat man beobachtet, dass sie vor und nach dem Urinieren und Kotabsetzen im Boden scharrt.

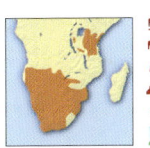

🐃	Bis 85 cm
🐃	Bis 50 cm
⚖	Bis 11 kg
🐾	Einzelgänger, paarw.
🌱	Häufig

O- und südliches Afrika

Klippspringer Dieser trittsichere Felsenbewohner besitzt ein dickes, moosähnliches Fell, das ihn vor Stößen und Kratzern schützt. Er lebt in kleinen Familiengruppen, in denen ein Mitglied wacht und bei Gefahr schrill pfeift.

🐃	Bis 90 cm
🐃	Bis 60 cm
⚖	Bis 13 kg
🐾	Paarw., Fam.-Gruppen
🐾	Schutz nötig

Berg-/Felsengebiete in O- und südlichem Afrika

Güntherdikdik Man vermutet, dass die lange bewegliche Schnauze dieser scheuen Art hilft, die Körpertemperatur zu regulieren, weil dort Blut abgekühlt wird, bevor es ins Gehirn gelangt.

🐃	Bis 65 cm
🐃	Bis 38 cm
⚖	Bis 5,5 kg
🐾	Paarweise
🌱	Häufig

NO-Afrika

Ellipsen-Wasserbock Alte schwache Tiere sind meist leichte Beute für Feinde. Beim Ellipsen-Wasserbock geben die Schweißdrüsen mit zunehmendem Alter einen unangenehmen Geschmack ans Fleisch ab, sodass Fressfeinde gern eine andere Beute suchen.

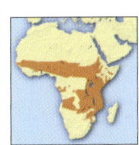

🐃	Bis 2,4 m
🐃	Bis 1,4 m
⚖	Bis 300 kg
🐾	Herden
🌱	Schutz nötig

Savannen von Afrika südlich der Sahara

Bergriedbock Diese Art paart sich, wenn die Bedingungen für Nachwuchs günstig sind. Wie viele Antilopen- und Hirscharten hat sie eine weiße Stelle unter dem Schwanz, die beim Weglaufen vor Feinden sichtbar wird.

🐃	Bis 1,3 m
🐃	Bis 72 cm
⚖	Bis 30 kg
🐾	Harems
🐾	Schutz nötig

Berge von Zentral-, O- und südlichem Afrika

Scheinkämpfe
Die Arabische Kropfgazelle beginnt mitunter Scheinkämpfe, bei denen die Tiere aufeinander losgehen, aber 30 cm vor dem Gegner Halt machen. Falls nicht einer der Kontrahenten seine Unterwerfung signalisiert, beginnt ein handfester, ernsthafter Kampf.

Ineinander verhakt
Wie andere Gazellenarten verhaken die Arabischen Kropfgazellen ihre Hörner wie Greifhaken ineinander und ziehen, stoßen und schieben einander so lange umher, bis einer aufgibt und sich trollt.

RANGKÄMPFE

In der Paarungszeit verteidigen Gazellenböcke ihr Revier und ihren Harem gegen Rivalen. Sie markieren das Revier mit Sekreten aus Drüsen neben dem Auge, dazu mit Urin und Fäkalien. Rangkämpfe beginnen mit erhobenem Kopf, sodass die Hörner am Rücken liegen, dann hebt sich der Kopf, die Hörner stehen senkrecht. Gesenkter Kopf mit Hörnern, die zum Gegner zeigen, ist meist die letzte Drohgebärde, bevor der Angriff erfolgt.

Pause
Gazellen unterbrechen mitunter den Kampf. Sie scheinen zu grasen, bevor sie weiterkämpfen.

Gefährliche Spiele
Gazellen-Junggesellen üben ihre Kampftechniken in harmlosen Sparringkämpfen, während in Rangkämpfen manchmal ernsthafte Verletzungen entstehen.

AUF EINEN BLICK

Thomsongazelle Gras bildet 90 % der Nahrung dieser Art. Tausende von Tieren versammeln sich zu den jährlichen Zügen, um für die Trockenzeit in die Wälder und für die Regenzeit ins Grasland zu ziehen. Reviere werden von geschlechtsreifen Böcken beansprucht. Kleine lose strukturierte Gruppen von Nahrung suchenden Weibchen mit Jungen ziehen durch.

🐃 Bis 1,1 m
🐃 Bis 65 cm
🏋 Bis 25 kg
🐃 Herden
⚡ Schutz nötig

O-Afrika

Grantgazelle Sie besitzt ein einzigartiges Paarungsritual, bei dem der Bock zischt, während er dem Weibchen mit erhobenem Kopf und hoch gestrecktem Schwanz folgt. Die Art ist gut an ihre heiße trockene Umgebung angepasst; sie steht auf den Hinterbeinen, um saftige Blätter zu erreichen.

🐃 Bis 1,5 m
🐃 Bis 95 cm
🏋 Bis 80 kg
🐃 Herden
⚡ Schutz nötig

O-Afrika

Thomsongazelle
Gazella thomsonii

Damagazelle
Gazella dama

Die Hörner des Bocks sind dicker und länger als die des Weibchens.

Grantgazelle
Gazella granti

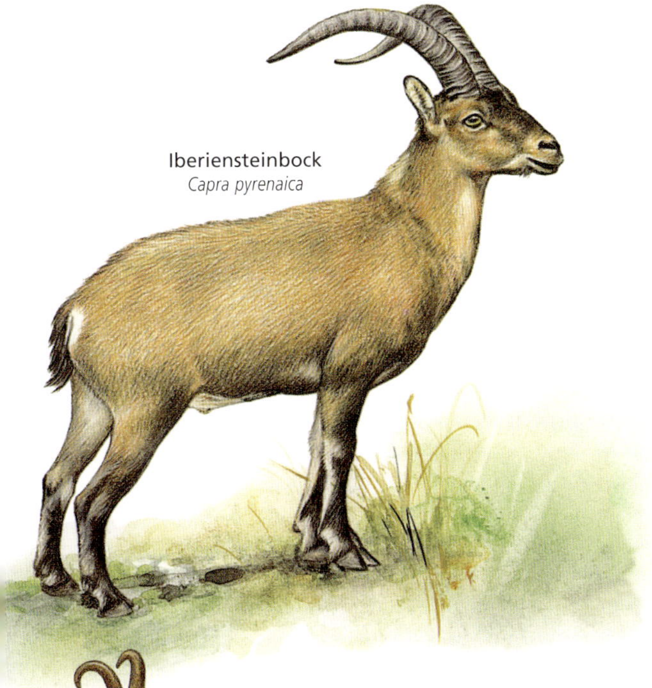

Iberiensteinbock
Capra pyrenaica

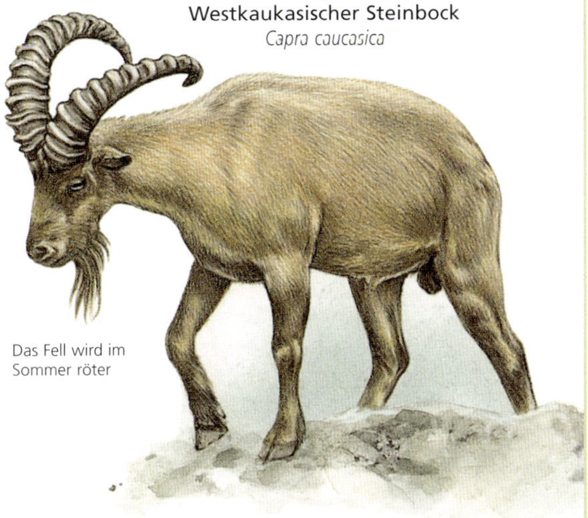

Westkaukasischer Steinbock
Capra caucasica

Das Fell wird im Sommer röter

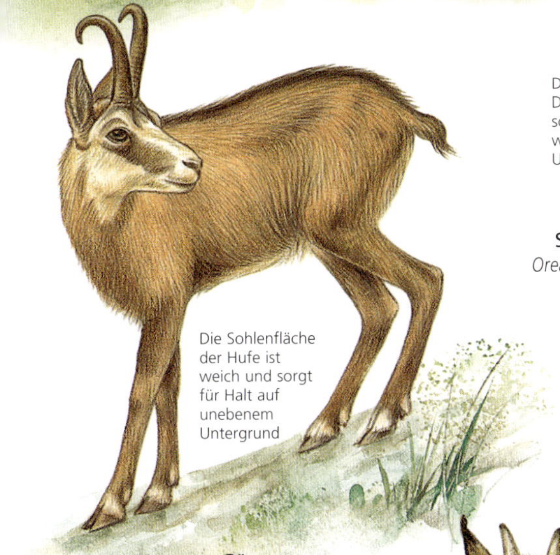

Die Sohlenfläche der Hufe ist weich und sorgt für Halt auf unebenem Untergrund

Gämse
Rupicapra rupicapra

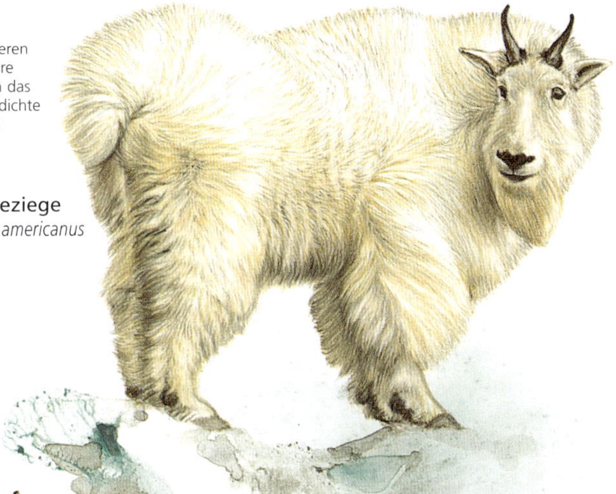

Die längeren Deckhaare schützen das warme, dichte Unterfell

Schneeziege
Oreamnos americanus

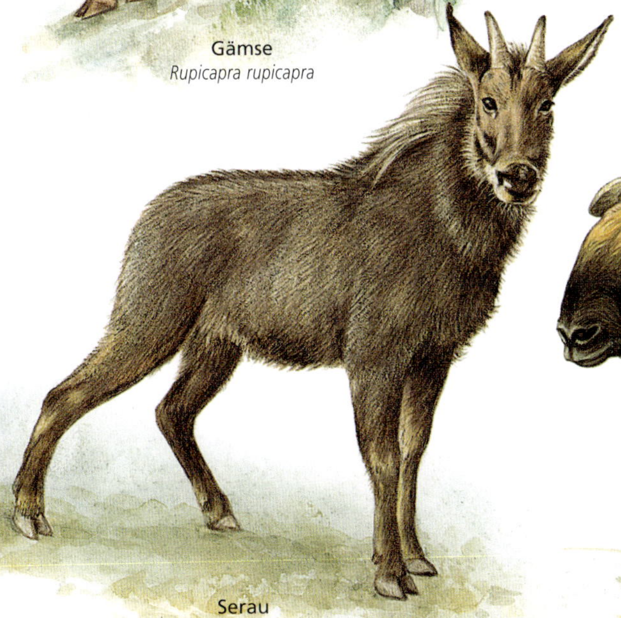

Serau
Capricornis sumatraensis

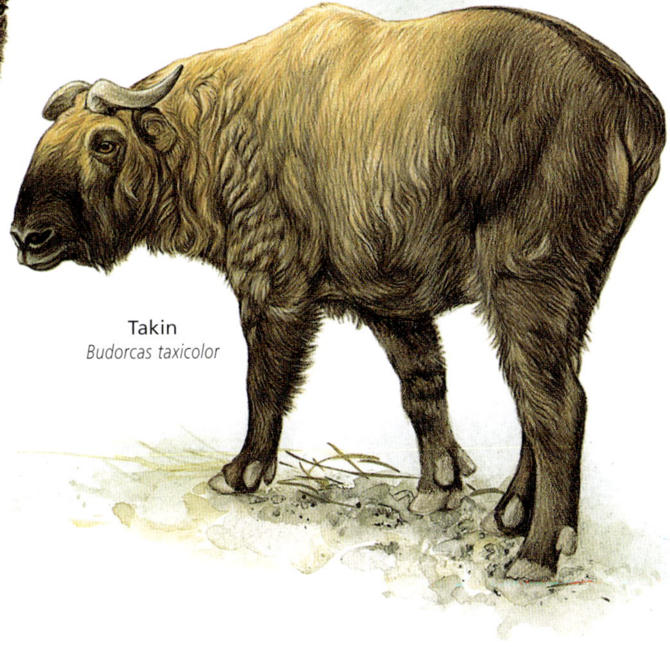

Takin
Budorcas taxicolor

AUF EINEN BLICK

Iberiensteinbock Einst kam er auf der Iberischen Halbinsel häufig vor, doch durch die Jagd hat der Bestand in moderner Zeit stark abgenommen. Es gibt weniger als 30 000 Tiere und einige Unterarten sind ausgestorben.

Spanien

- Bis 1,4 m
- Bis 75 cm
- Bis 80 kg
- Herden
- Weniger gefährdet

Westkaukasischer Steinbock Er lebt in Gruppen von einigen Dutzend Tieren in großen Höhen. Manchmal bilden sich Herden bis zu 500 Tieren. Er zieht im Sommer in größere Höhen, um zu grasen, im Winter wechselt er zu tiefer gelegenem Laub.

W-Kaukasus

- Bis 1,7 m
- Bis 1,1 m
- Bis 100 kg
- Herden
- Stark gefährdet

Schneeziege Sie kann rasch und gewandt felsige Hänge hochklettern, wenn sie Nahrung wie Gras, Flechten und verholzte Gewächse sucht.

W-Nordamerika

- Bis 1,6 m
- Bis 1,2 m
- Bis 140 kg
- Familiengruppen
- Regional häufig

ANPASSUNGSFÄHIG

Schafe, Ziegen, Moschusochsen und ihre Verwandten gehören zur Familie Caprinae, der Ziegenartigen. Sie war anfangs nur in den Tropen verbreitet, siedelte sich dann aber auch in extremen Lebensräumen wie Wüsten und Gebirgen an. Ein Teil der heutigen Arten lebt in üppigen, nahrungsreichen Gegenden, z. B. die Seraus, andere, wie die Gämsen, kommen in sehr kargen Regionen zurecht.

Alpines Leben *Gämsen leben in Europa und Westasien oberhalb der Baumgrenze. Bei Gefahr stampfen und pfeifen sie und fliehen in großen Sprüngen über Stock und Stein an einen Platz, den Feinde nur schwer erreichen.*

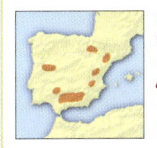

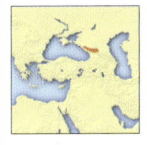

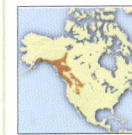

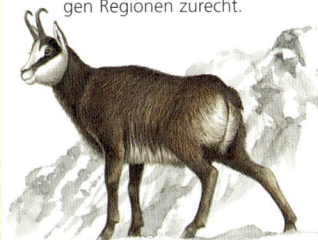

AUF EINEN BLICK

Tahr Zur Paarungszeit im Sommer laufen rivalisierende Böcke mit aufgestellter Mähne und gesenktem Kopf herum, um die Hörner zu zeigen, wobei der stärkere dem anderen den Weg versperrt oder ihn verjagt. Echte Kämpfe sind selten.

🐏 Bis 1,4 m
🐏 Bis 1 m
🏋 Bis 100 kg
🐾 Herden
⚡ Gefährdet

Himalaja

Nilgiri-Tahr Einst zogen große Herden über die grasbedeckten Hügel Südindiens, doch Lebensraumverlust sowie Jagd verringerten den Bestand auf etwa 100 Tiere. Dank Schutzmaßnahmen erhöhte sich der Gesamtbestand wieder auf etwa 1000 Tiere. Der Nilgiri-Tahr besitzt ein raues Fell und eine kurze borstige Mähne.

🐏 Bis 1,4 m
🐏 Bis 1 m
🏋 Bis 100 kg
🐾 Herden
⚡ Stark gefährdet

Nilgiri (S-Indien)

Schraubenziege Die Jagd hat den Bestand verringert; es gibt nur noch kleine Populationen in isoliertem rauem Gelände oberhalb der Baumgrenze. Die spiraligen Hörner sind als Trophäen und in der Chinesischen Medizin gefragt. Die Nahrungskonkurrenz zu Hausziegen fordert ebenfalls Opfer.

🐏 Bis 1,8 m
🐏 Bis 1,1 m
🏋 Bis 110 kg
🐾 Herden
⚡ Stark gefährdet

Turkmenistan bis Pakistan

Vietnamesisches Waldrind oder Saola Bis in die 1990er-Jahre hatte man lange Zeit keine neue Säugetierart wissenschaftlich beschrieben, 1992 entdeckte man den Saola in Vietnam, jenem Land, in dem durch Krieg und stark eingeschränkte internationale Kontakte die Erforschung der Fauna kaum möglich war. Der nachtaktive, im Wald lebende Saola, eines der seltensten Säugetiere der Welt, kommt nur in entlegenen Berggebieten vor. Er sucht in kleinen Gruppen mit nur wenigen Tieren seine Nahrung, Feigenblätter und andere Pflanzen des Regenwalds.

🐏 Bis 2 m
🐏 Bis 90 cm
🏋 Bis 100 kg
🐾 Einzelg., Fam.-Grupp.
⚡ Stark gefährdet

Laos, Vietnam

Der Bock trägt eine dichte Mähne um Hals und Schultern

Nilgiri-Tahr
Hemitragus hylocrius

Tahr
Hemitragus jemlahicus

Arabischer Tahr
Hemitragus jayakari

Die Hörner können 1,5 m lang sein

Die Innenkante der Hörner ist scharf

Schraubenziege
Capra falconeri

Bezoarziege
Capra aegagrus

Vietnamesisches Waldrind oder Saola
Pseudoryx nghetinhensis

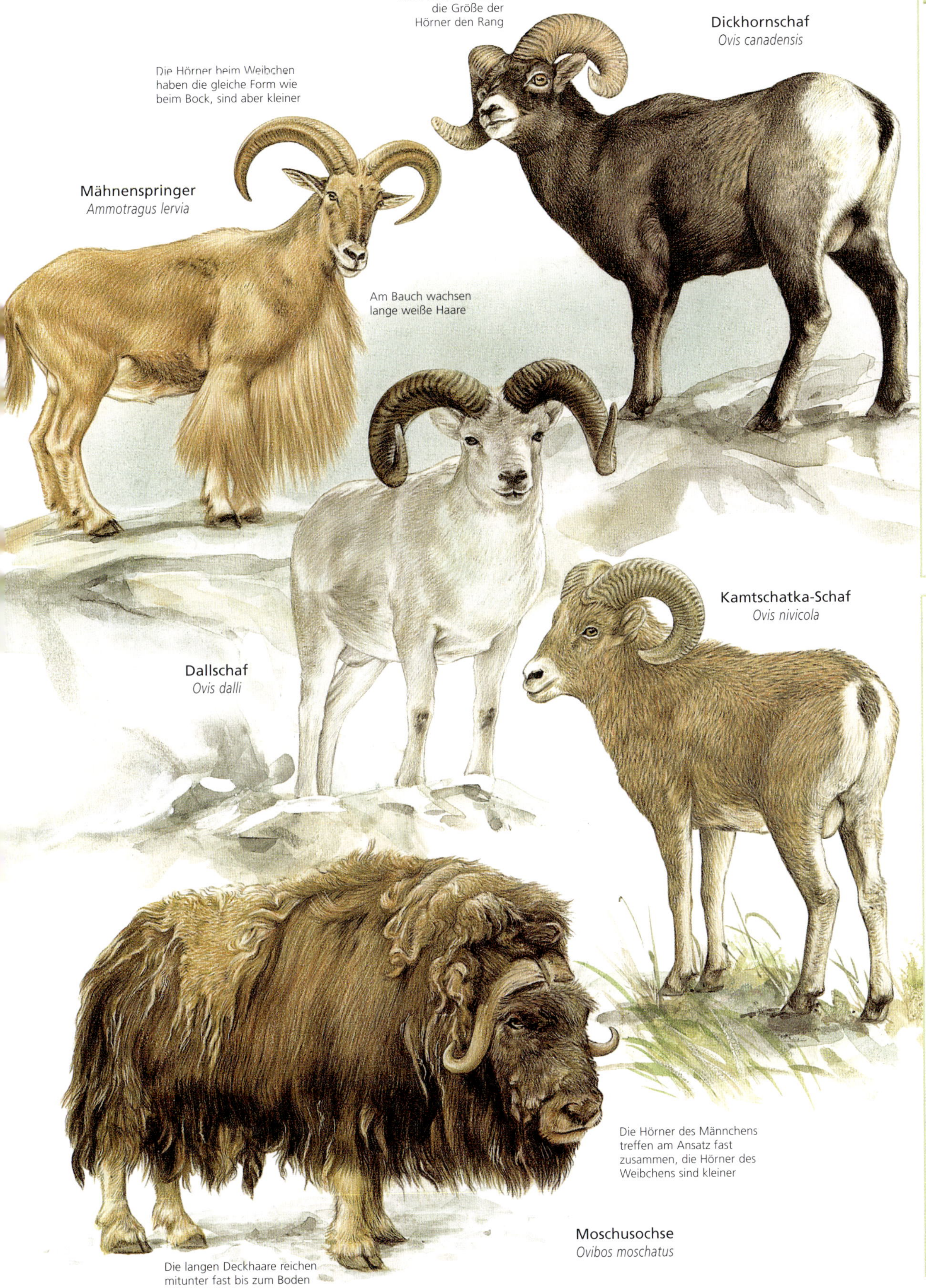

Beim Bock bestimmt
die Größe der
Hörner den Rang
Dickhornschaf
Ovis canadensis
Die Hörner beim Weibchen
haben die gleiche Form wie
beim Bock, sind aber kleiner
Mähnenspringer
Ammotragus lervia
Am Bauch wachsen
lange weiße Haare
Kamtschatka-Schaf
Ovis nivicola
Dallschaf
Ovis dalli
Die Hörner des Männchens
treffen am Ansatz fast
zusammen, die Hörner des
Weibchens sind kleiner
Moschusochse
Ovibos moschatus
Die langen Deckhaare reichen
mitunter fast bis zum Boden

AUF EINEN BLICK

Mähnenspringer Das in den Bergen der Sahara heimische Tier führte man kurz nach 1800 in Europa und in den 1950ern im Südwesten der USA ein. Vor der Paarung leckt das Weibchen dem Männchen die Flanken und das Paar führt die Schnauzen zusammen.

- Bis 1,7 m
- Bis 1,1 m
- Bis 145 kg
- Herden
- Gefährdet

N-Afrika; eingeführt in Europa und den USA

Dickhornschaf Für das Recht zur Paarung kämpfen Böcke Kopf gegen Kopf, manchmal mehr als 24 Stunden lang. Dabei helfen ihnen nicht nur die massiven Hörner, die bis zu 14 kg wiegen, sondern auch der kräftige Schädel, der mit einer dicken Sehne an der Wirbelsäule befestigt ist.

- Bis 1,8 m
- Bis 1,2 m
- Bis 135 kg
- Herden
- Schutz nötig

Westliches Nordamerika

ÜBERLEBENSKÜNSTLER

Moschusochsen überstehen lange Winter mit Minustemperaturen und wenig Licht. Die langen Deckhaare liegen über einem dichten Unterfell, das im Frühjahr abgestoßen wird. Mit Hörnern und Füßen räumen die Tiere ringförmig den Schnee weg, um Gräser zu erreichen. Eine Herde umringt ein Jungtier, um es vor einem Feind zu schützen.

- Bis 2,3 m
- Bis 1,5 m
- Bis 410 kg
- Herden
- Selten

Arktisches Kanada und Alaska; Grönland

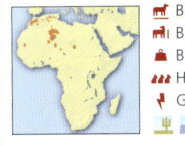

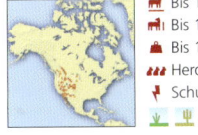

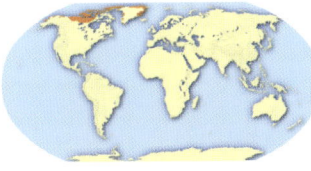

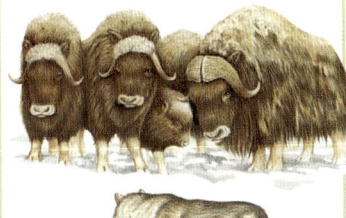

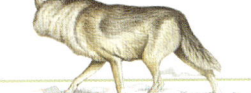

Tiefland-Anoa Der Einzelgänger lebt in Tiefland-Wäldern und Feuchtgebieten und frisst Pflanzen des Unterholzes.

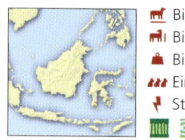

🐂 Bis 1,7 m
🐄 Bis 1 m
🐂 Bis 300 kg
🐾 Einzelgänger
🚩 Stark gefährdet

Sulawesi

Bison In Nordamerika gab es einst rund 60 Mio. Bisons, heute findet man die Art wild nur noch in 2 Nationalparks. Sie leben in Gruppen mit Kühen, Jungen und einigen älteren Bullen. Andere geschlechtsreife Bullen leben allein oder in Junggesellengruppen.

🐂 Bis 3,5 m
🐄 Bis 2 m
🐂 Bis 1 t
🐾 Herden
🚩 Schutz nötig

Kanada, NW-USA

Gaur Herden von Kühen und Jungen, die ein Bulle führt, kommen morgens aus dem Wald, um auf nahe gelegenen Hängen zu grasen. Nachts kehren sie zum Schlafen in den Wald zurück.

🐂 Bis 3,3 m
🐄 Bis 2,2 m
🐂 Bis 1 t
🐾 Herden
🚩 Gefährdet

Indien bis Indochina und Malaysia

Yak Domestizierte Yaks findet man in weiten Teilen Asiens, wilde Yaks beschränken sich auf unbewohnte Bergwälder und kalte Steppengebiete.

🐂 Bis 3,3 m
🐄 Bis 2 m
🐂 Bis 1 t
🐾 Herden
🚩 Gefährdet

Tibet

Wildrinder und Wildbüffel Lebensraumverlust, extreme Bejagung und Hausrinder (die sich mit Wildarten paaren, Krankheiten übertragen und um Nahrung konkurrieren) hatten eine verheerende Wirkung auf wilde Rinder- und Büffelarten. Heute sind einige, wie Kouprey und Tamaran, vom Aussterben bedroht. Die notwendigen Schutzmaßnahmen zeigten vor allem beim Wisent Erfolg. 1919 erklärte man ihn für in der Natur ausgestorben, doch inzwischen wilderte man ihn aus Zoobeständen wieder aus.

Berg-Anoa
Bubalus quarlesi

Tiefland-Anoa
Bubalus depressicornis

Die Hörner können flach am Rücken angelegt werden, damit das Tier nicht im Unterholz hängen bleibt

Tamarau
Bubalus mindorensis

Buckel aus Muskeln

Bison
Bison bison

Das Fell ist vorn am Körper länger als hinten

Dank großer Lungen und einem hohen Anteil an roten Blutkörperchen können Yaks in großen Höhen leben

Gaur
Bos frontalis

Yak
Bos grunniens

Wilde Bullen sind 3-mal schwerer als wilde Kühe und 2- bis 3-mal schwerer als domestizierte Bullen

Kouprey
Bos sauveli

Nilgauantilope
Boselaphus tragocamelus

Größte Antilope Asiens

Kleiner Kudu
Tragelaphus imberbis

Von einem Streifen längs der Wirbelsäule gehen 11 bis 14 senkrechte Streifen ab

Vierhornantilope
Tetracerus quadricornis

Elenantilope
Taurotragus oryx

Die Wamme hilft vielleicht bei der Abkühlung

Großer Kudu
Tragelaphus strepsiceros

Die Hörner des Männchens werden bis zu 1,2 m lang

Bongo
Tragelaphus eurycerus

Riesenelen
Taurotragus derbianus

HÖRNER VON RINDERN

Alle Rinderarten besitzen hohle, nicht gegabelte Hörner, bei denen ein knöcherner Kern von einer Keratinschicht umgeben ist. Anders als Stoßzähne stören Hörner nicht beim Grasen. Sie dienen manchmal der Verteidigung, obwohl Rinder im Allgemeinen Fluchttiere sind. Bei den Arten mit den raffiniertesten Hörnern verteidigt ein Männchen sein Revier oder seinen Harem und kämpft um das Recht zur Paarung.

Viele Hörner
Die Vierhornantilope ist das einzige Rind mit 4 Hörnern.

Größte Breite
Die Hörner des Kaffernbüffels (Syncerus caffer) laden 1,3 m weit aus.

Spiralen
Dank der Spiralform können Kudus bei Rangkämpfen ihre Hörner fest verhaken, damit sie nicht abrutschen und sich in den Rivalen bohren.

Korkenzieher
Die Elenantilope der afrikanischen Savanne hat eng gedrehte Hörner mit sehr scharfen Spitzen.

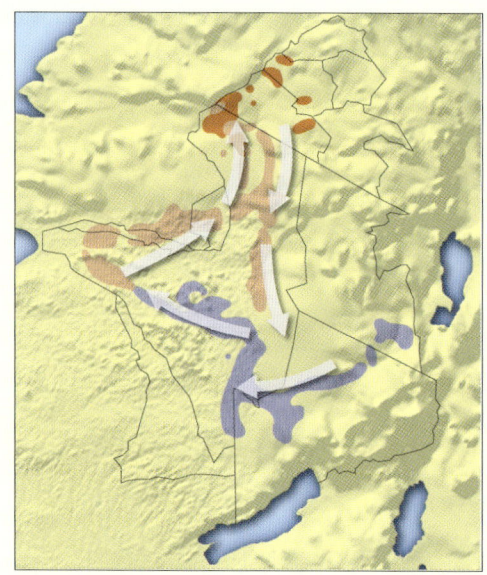

UNGLAUBLICHE REISEN

Es gibt in der Natur kaum etwas Erstaunlicheres zu sehen als die jahreszeitlichen Wanderungen großer Huftiere wie der Karibus in Kanada und Alaska, der Gazellen in der Mongolei, der Kobs im südlichen Sudan und der Gnus, Zebras und Gazellen in Ostafrika. Tausende von Tieren sammeln sich und beginnen je nach Klima ihre Massenwanderung. In kälteren Klimazonen ziehen Karibus und Gazellen nach Norden zu den Sommer- und nach Süden zu den Winterweiden. In Afrika richten sich die Züge nach der Regen- und Trockenzeit. Heute ist die größte Wanderung die von etwa 1,3 Mio. Gnus, begleitet von etwa 200 000 Zebras und Gazellen, aus der Serengeti in Tansania in die Masai Mara in Kenia – im Uhrzeigersinn ein jährlicher Weg von mehr als 2900 km. Einige unglaubliche Reisen finden heute nicht mehr statt, da der Huftierbestand zurückging und die Wege jetzt über erschlossenes Land führen würden. Hunderttausende von Springböcken zogen einst über weite Strecken durch das südliche Afrika. In Nordamerika fanden in früheren Zeiten 4 Mio. Bisons ihren Weg durch die Great Plains zu frischem Gras auf Sommerweiden im Norden und Winterweiden im Süden.

Flussüberquerung Der gefährlichste Augenblick bei der großen Wanderung der Gnus ist die Überquerung des Mara-Flusses, der die Masai-Mara-Savanne teilt. Durch die unmittelbar vorausgegangenen Regenfälle ist der Fluss oft reißend. Die wandernde Herde sammelt sich am Ufer, bis die nachdrängenden Tiere den Übergang erzwingen. Viele Gnus brechen sich beim Sprung auf den felsigen Untergrund die Beine. Andere ertrinken oder werden von der starken Strömung mitgerissen. Riesige Krokodile warten im Wasser, für die Gnus das wichtigste Festmahl des Jahres bilden. Die überlebenden Tiere müssen am anderen Ufer versuchen, den hungrigen Löwen zu entkommen.

IM UHRZEIGERSINN

Früh im Jahr werfen Tausende von Gnus ihre Jungen und bevölkern dann die Ebenen der Serengeti, die frische mineralstoffreiche Gräser bieten. Ende Mai, gegen Ende der Regenzeit, sind die Ebenen abgeweidet und die Tiere ziehen in kleinen Gruppen nach Westen und Norden in das Übergangsgebiet, wo sie sich paaren. Während der Brunftzeit im Mai hallt die Region vom tiefen Muhen wider, wenn jedes dominante Männchen seinen Harem gegen die Aufmerksamkeiten der anderen verteidigt. Anfang Juli finden sich viele Tausend Gnus zu einer einzigen großen Herde zusammen, die nach Masai Mara zieht, wo sie während der Trockenzeit das junge Gras fressen und an den stets Wasser führenden Flüssen trinken. Der Rückweg in die Serengeti beginnt Ende November.

- Regenzeit
- Übergangsbereich
- Trockenzeit

Schwimmende Karibus Immer im Frühling ziehen in Alaska und Kanada Tausende Von Karibus von ihren Überwinterungsgebieten zu den Plätzen weiter nördlich, wo sie ihre Jungen werfen. Ihr Weg führt sie durch tiefen Schnee und eisige Flüsse. Nach dem Werfen fressen die Muttertiere die nährstoffreichen Tundrapflanzen, die ihre Milch gehaltvoll machen. Wenn der Winter mit kaltem Wind beginnt, ziehen sie wieder in Richtung Süden. In Europa domestizierte man die Karibus und sie sind als Rentiere bekannt. Die samischen Hirten im Norden Skandinaviens folgen den Wanderrouten der Tiere.

Winterherde Die größten Graslandgebiete in gemäßigten Zonen finden sich in der östlichen Mongolei. In diesen Steppen lebt die Mongoleigazelle (*Procapra gutturosa*). Im Sommer bilden Männchen und Weibchen getrennte Herden, die Weibchen bringen die Jungen zur Welt. Große gemischte Herden von mehreren Tausend Tieren sammeln sich für die Winterwanderungen, bei denen sie auf dem Weg zu ihren südlichen Paarungsplätzen bis zu 300 km pro Tag zurücklegen. Der Gesamtbestand der Art nimmt ab. Dazu tragen Naturkatastrophen, z. B. Feuer und Epidemien, genauso bei wie die Hindernisse bei den Wanderungen, z. B. die Zäune entlang der chinesischen Grenze oder eine neue Eisenbahn in der Mongolei.

Jährlicher Zyklus Die Paarung der Gnus findet im Mai und Juni statt. Zur Zeit der gefährlichen Flussüberquerung, meistens im Juli, sind mehr als 90 % der erwachsenen Gnu-Kühe trächtig.

Wandergenossen Zebras ziehen mit der großen Herde von Gnus oder ihr voraus. Sie weiden die zähen längeren Gräser ab und legen die zarten jungen Halme für die Gnus frei. Gazellen folgen oft der Gnu-Herde.

Überlebenskampf Nur die stärksten Tiere der Gnu-Herde schaffen die Überquerung des Flusses. Sie werden am anderen Ufer von üppigem grünen Gras belohnt. Damit können sie die Reserven aufbauen, die sie für ihren langen Weg zurück in die Ebenen der Serengeti brauchen.

Reiche Beute Die Anwesenheit der großen Herde in der Masai-Mara-Savanne zieht viele Beutegreifer an. Die Stunde der Krokodile schlägt bei der Flussüberquerung, Löwen und Hyänen jagen Nachzügler.

Gefährliche Reise Jedes Jahr kommen in der Serengeti während eines Zeitraums von 6 Wochen Ende Januar etwa 400 000 Gnus zur Welt. Von diesen Kälbern sterben zwei Drittel während ihrer ersten Wanderung in die Masai-Mara-Savanne, doch überleben genug, um die großen Gnu-Herden Ostafrikas wieder aufzufüllen.

HIRSCHE

KLASSE	Mammalia
ORDNUNG	Artiodactyla
FAMILIEN	4
GATTUNGEN	21
ARTEN	51

Zur Familie Cervidae gehören Hirsche und ihre engen Verwandten wie Elche und Karibus (Rentiere). Hirsche ähneln in vielem Antilopen mit langem Körper und Hals, schlanken Beinen, kurzem Schwanz, großen, seitlich am Kopf stehenden Augen und hoch oben positionierten Ohren. Sie unterscheiden sich durch die oft gewaltigen Geweihe, die Männchen der meisten Arten tragen (beim Ren auch die Weibchen). Geweihe sind aus Horn und werden einmal jährlich abgeworfen. Wachsende Geweihe überzieht eine Haut, der »Bast«, der abstirbt und abgerieben wird, wenn das Geweih ausgewachsen ist. Geweihe können kleine Stangen oder riesige verzweigte Gebilde sein.

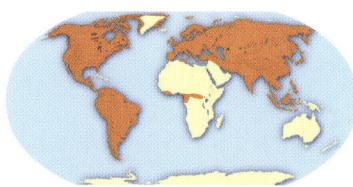

Verbreitung der Hirsche Hirsche gelangten nie nach Afrika südlich der Sahara. Sie sind in Nordwestafrika, Eurasien und in Amerika heimisch, einige wurden auch anderswo eingeführt. Die Arten der Familie Cervidae teilen sich nach ihrer Herkunft in 2 Gruppen: Altweltarten tauchten zuerst in Asien auf, Neuweltarten nahmen von der Arktis ihren Ausgang.

Abgetaucht Neugeborene Kitze, hier ein Maultierhirsch-Kitz, werden in dichter Vegetation versteckt, bis sie kräftig genug sind, um der Gruppe zu folgen. Die Neugeborenen vieler Hirscharten besitzen ein gesprenkeltes Fell, um ihren Umriss zu unterbrechen und Tarnung zu geben. Die Mutter kommt regelmäßig zum Säugen.

Raue Lebensräume Die meisten Hirsche kommen in Wäldern gemäßigter oder tropischer Zonen vor. Einige Arten vertragen rauere Bedingungen. Der Elch (rechts) lebt in nördlichen Feuchtgebieten, wo er auch Wurzeln von Wasserpflanzen frisst. Karibus findet man in der arktischen Tundra.

GROSS UND KLEIN

Die Familie Cervidae reicht vom Südlichen Pudu mit nur 8 kg bis zum Elch mit 800 kg. Das Geweih des Elchs kann eine Breite von 2 m erreichen, obwohl auch dies noch winzig scheint gegen die 3,5 m des ausgestorbenen Europäischen Riesenhirschs (*Megaloceros*). Das Chinesische Wasserreh hat kein Geweih, doch seine verlängerten Eckzähne bilden messerscharfe Stoßzähne. Die südostasiatischen Muntjaks tragen nur einfache Geweihstangen, aber auch Stoßzähne.

Als potenzielle Beute entwickelten Hirsche vielfältige Fluchtstrategien. Manche springen fort und suchen ein Versteck auf. Andere vertrauen auf ihr Tempo und ihre Ausdauer und rennen davon. Der Elch stapft über Hindernisse weg, die seine Feinde aufhalten.

Alle Hirscharten sind Wiederkäuer mit einem vierkammerigen Magen, doch anders als Rinder verdauen sie keine harten Gräser, sondern Triebe, junge Blätter und Gräser, Flechten und Früchte. Selbst jene Arten, die Gras fressen, brauchen auch nährstoffreiche Pflanzen.

Zur Unterordnung der Wiederkäuer zählen neben der Familie Cervidae u. a. 3 Familien von Huftieren, die leicht den Hirschen ähneln: die Hirschferkel (Tragulidae) und die Moschushirsche (Moschidae), die lange Eckzähne statt Geweihe tragen. Eine eigene Familie bildet der Gabelbock Nordamerikas, Antilocapridae.

Äsen in der Gruppe Kleinere Hirscharten leben allein oder in kleinen Familiengruppen. Größere Arten wie die Damhirsche bilden Herden. In der Gruppe besteht weniger Gefahr zur Beute zu werden, weil die Gruppe Feinde leichter entdeckt und nur die schwächsten Tiere gefährdet sind. In Neuseeland und anderen Ländern führte man Hirsche ein und züchtete sie.

Moschushirsch
Moschus moschiferus

Die muskulösen Hinterbeine ermöglichen dem Tier wendige Sprünge

Wie bei anderen Tieren der Familie Moschidae fehlt bei dieser Art das Geweih, die Männchen haben stattdessen lange Eckzähne

Stark gejagt wegen des Moschus, den eine Drüse zwischen dem Nabel und den Geschlechtsorganen produziert

Chinesisches Wasserreh
Hydropotes inermis

Einzige Art der Familie Cervidae, bei der den Männchen ein Geweih fehlt

Fleckenkantschil
Moschiola meminna

Afrikanisches Hirschferkel
Hyemoschus aquaticus

Großkantschil
Tragulus napu

Kleinkantschil
Tragulus javanicus

Das gefleckte und gestreifte Fell tarnt das Tier im Laubwerk des Waldes

AUF EINEN BLICK

Fleckenkantschil Zur vielfältigen Nahrung dieses nachtaktiven Tiers gehören Pflanzen und kleine Tiere.

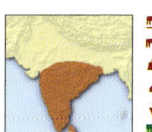

Bis 60 cm
Bis 30 cm
Bis 2,7 kg
Einzelgänger
Selten

Indien, Sri Lanka

Afrikanisches Hirschferkel Dieser nachtaktive Einzelgänger versteckt sich tagsüber im dichten Unterholz des Tropenwaldes. Er lebt in Wassernähe und flieht vor Feinden ins Wasser, kann aber nicht lange schwimmen.

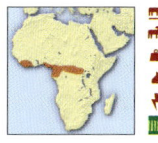

Bis 95 cm
Bis 40 cm
Bis 13 kg
Einzelgänger
Keine Angabe

Tropisches W-Afrika

Großkantschil Da Weibchen dieser Art zu jeder Jahreszeit werfen und sich Stunden nach dem Wurf schon wieder paaren, sind sie die meiste Zeit ihres Lebens trächtig.

Bis 60 cm
Bis 35 cm
Bis 6 kg
Einzelgänger
Selten

Indochina, Thailand, Malaysia, Sumatra, Borneo

Kleinkantschil Die Beine dieses kleinsten Paarhufers sind etwa bleistiftdick. Er lebt als Einzelgänger oder in kleinen Familiengruppen und ernährt sich von abgefallenen Früchten und Blättern.

Bis 48 cm
Bis 20 cm
Bis 2 kg
Einzelg., kl. Gruppen
Selten

Indochina, Thailand bis Malaysia u. Indonesien

HIRSCHFERKEL

Hirschferkel sind kleine paarhufige Wiederkäuer, denen im Gegensatz zu Hirschen und Rindern ein Geweih oder Hörner fehlen. Die Männchen haben lange, stetig wachsende Eckzähne. Die scheuen nachtaktiven Einzelgänger leben im Wald. Sie bilden die Familie Tragulidae.

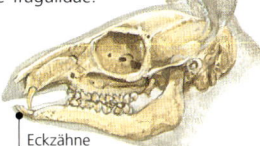

Eckzähne

AUF EINEN BLICK

Indischer Sambar Der nachtaktive Hirsch ist in Asien heimisch und wurde in Australien, Neuseeland und den USA eingeführt. Er lebt meist an bewaldeten Hängen. Mehrere Kühe mit Jungen leben zusammen, während Böcke Einzelgänger sind und ihr Revier in der Paarungszeit verteidigen, wenn sie sich mit den dort lebenden Kühen paaren.

🦌 Bis 2,5 m
🦌 Bis 1,6 m
🏋 Bis 260 kg
🐾 Einzelgänger, Harems
🏹 Regional häufig

Indien und Sri Lanka bis S-China und SO-Asien

IN DER BRUNFT

Der Rothirsch (*Cervus elaphus*) – eine Unterart ist der nordamerikanische Wapiti – ist die lauteste aller Hirscharten. Er beginnt sein Werben mit einem Röhren, sammelt dann einen Harem um sich, den er während der gesamten Paarungszeit heftig gegen Rivalen verteidigt.

Stimmen Der dominante Bock eines Harems und sein Herausforderer röhren einander vor einem Kampf minutenlang an.

Geweihkampf Nachdem zwei rivalisierende Böcke rituell nebeneinander hergelaufen sind, verhaken sie die Geweihe und ringen, bis einer zurückgedrängt wird und flieht.

⚡ SCHUTZSTATUS

Von den 51 Arten der 4 Hirschfamilien stehen 76 % auf der Roten Liste der IUCN:

1 Ausgestorben
1 Vom Aussterben bedroht
7 Stark gefährdet
11 Gefährdet
7 Weniger gefährdet
12 Keine Angaben

Das Geweih kann bis zu 1 m lang werden

Bei erhobenem Schwanz gibt der weiße Spiegel das Signal »Folge mir«

Barasingha
Cervus duvaucelii

Indischer Sambar
Cervus unicolor

Leierhirsch
Cervus eldii

Mähnenhirsch
Cervus timorensis

Das Kitz ist zur Tarnung gefleckt

Roosevelt-Wapiti
Cervus elaphus roosevelti

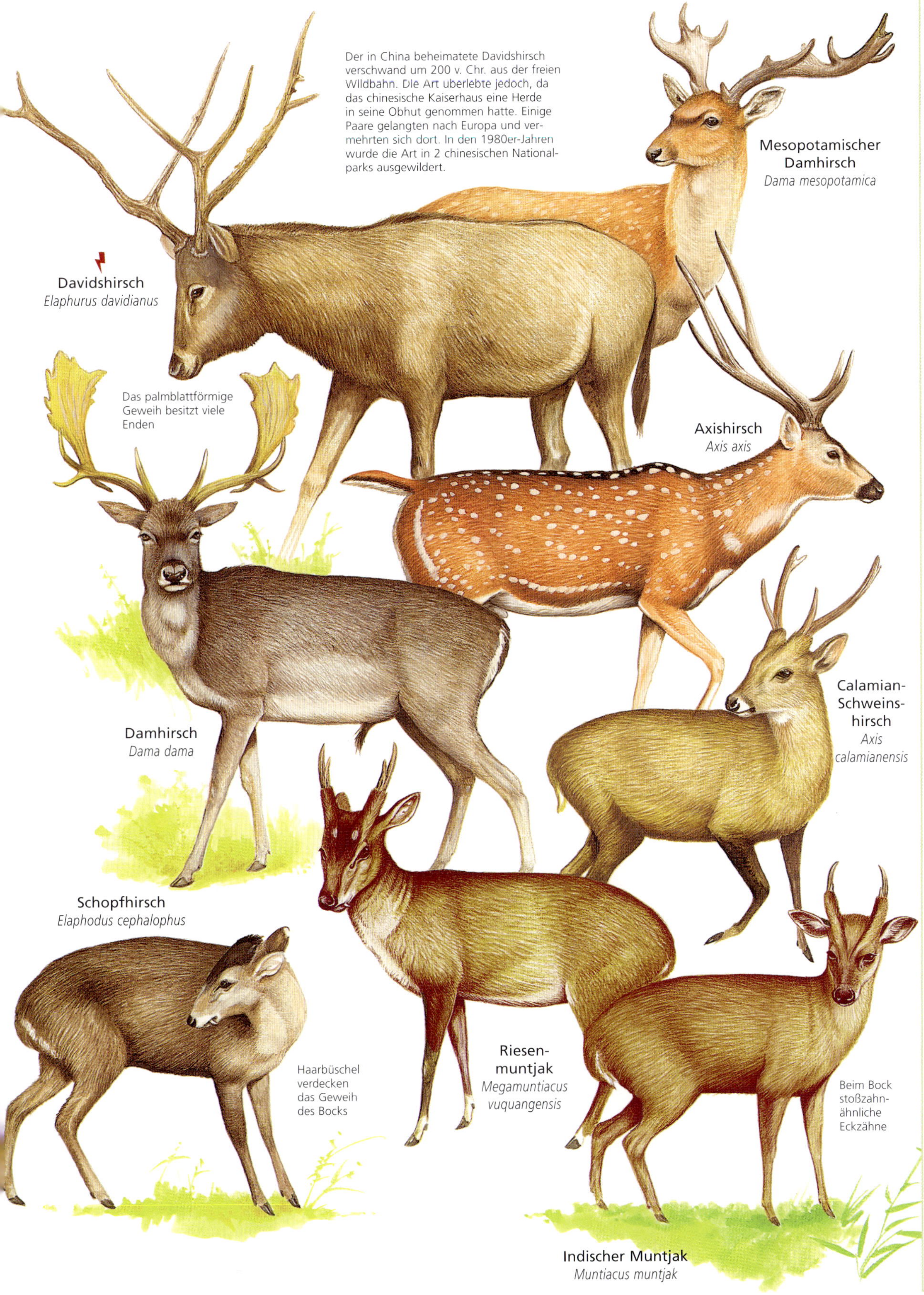

Der in China beheimatete Davidshirsch verschwand um 200 v. Chr. aus der freien Wildbahn. Die Art überlebte jedoch, da das chinesische Kaiserhaus eine Herde in seine Obhut genommen hatte. Einige Paare gelangten nach Europa und vermehrten sich dort. In den 1980er-Jahren wurde die Art in 2 chinesischen Nationalparks ausgewildert.
Mesopotamischer Damhirsch
Dama mesopotamica
Davidshirsch
Elaphurus davidianus
Das palmblattförmige Geweih besitzt viele Enden
Axishirsch
Axis axis
Calamian-Schweinshirsch
Axis calamianensis
Damhirsch
Dama dama
Schopfhirsch
Elaphodus cephalophus
Haarbüschel verdecken das Geweih des Bocks
Riesenmuntjak
Megamuntiacus vuquangensis
Beim Bock stoßzahnähnliche Eckzähne
Indischer Muntjak
Muntiacus muntjak

AUF EINEN BLICK

Axishirsch Er lebt vorwiegend im Grasland, sucht aber auch in benachbarten Wäldern nach Früchten und Blättern. Dominante Böcke folgen zur Paarungszeit Herden von Kühen und Jungen.

- Bis 1,8 m
- Bis 1 m
- Bis 110 kg
- Herden
- Häufig

Sri Lanka, Indien, Nepal

Damhirsch Die meisten Populationen leben außerhalb ihres ursprünglichen Verbreitungsgebiets. Die anpassungsfähigen Damhirsche wurden in unterschiedliche Lebensräume eingeführt.

- Bis 1,8 m
- Bis 1,1 m
- Bis 100 kg
- Herden
- Regional häufig

Ursprünglich Mittelmeerraum bis SW-Asien

Schopfhirsch Der Bock besitzt einfache Geweihstangen und stoßzahnähnliche obere Eckzähne. Das Geweih ist oft von Haaren auf der Stirn versteckt.

- Bis 1,6 m
- Bis 70 cm
- Bis 50 kg
- Einzelgänger
- Keine Angabe

O-Tibet und N-Myanmar bis SO-China

Riesenmuntjak Das scheue Tier wurde 1994 erstmals beschrieben. Es ist etwa so groß wie ein großer Hund und doppelt so groß wie der Indische Muntjak.

- Bis 1 m
- Bis 70 cm
- Bis 50 kg
- Einzelgänger
- Unbekannt

Vietnam

Indischer Muntjak Wenn dieses Tier einen Feind wittert, bellt es manchmal länger als eine Stunde. Es ist ein Allesfresser und macht kleine Beute mit Tritten und Bissen kampfunfähig.

- Bis 1,1 m
- Bis 65 cm
- Bis 28 kg
- Einzelgänger
- Selten

Sri Lanka, Indien, Nepal bis S-China, SO-Asien

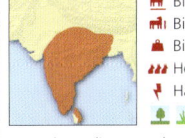

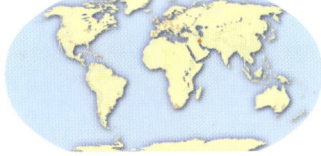

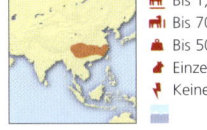

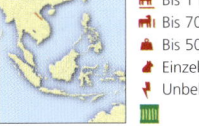

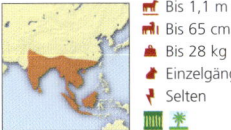

GEWEIHENTWICKLUNG

Geweihe werden in Rangkämpfen eingesetzt, doch sie wachsen wohl vor
allem so groß, um die Kühe von den
gesunden Genen der Böcke zu über-
zeugen. Bei den Hirscharten mit dem
größten Geweih spielt es im Imponiergehabe eine wichtige Rolle.

Frühling
*Bei Hirscharten
gemäßigter Zonen
beginnt das Geweih im
Frühling zu wachsen. Es
ist mit Haut, dem Bast,
bedeckt.*

Sommer
*Im Spätsommer ist das Geweih ausge-
wachsen und hart geworden. Der Bast
trocknet und löst sich.*

Herbst
*Der Bock reibt den
Bast an Büschen und
kleinen Bäumen ab. Damit ist das Geweih
für Rangkämpfe und zum Imponieren zur
Paarungszeit bereit.*

Winter *Nach der Paarungszeit werden beide Geweih-
hälften im Abstand von
einigen Tagen abgeworfen.*

Das massive
Geweih des
Bocks besitzt bis
zu 20 Enden

Größte aller Hirscharten

Elch
Alces alces

Sumpfhirsch
*Blastocerus
dichotomus*

Die Rentierkuh ist
die einzige Hirsch-
kuh mit einem
echten
Geweih

Beim Ren-
tierbock ist
das Geweih
größer als bei
der Kuh

Klickendes Geräusch
beim Laufen, wenn in
den Füßen die Sehnen
über die Knochen
verlaufen

Rentier (Karibu)
Rangifer tarandus

Die großen Füße
geben im
Schnee und im
Morast der
Tundra Halt

Pampashirsch
*Ozotoceros
bezoarticus*

Maultierhirsch
Odocoileus hemionus

Weißwedelhirsch
Odocoileus virginianus

Reh
Capreolus capreolus

Großer Roter Spießhirsch
Mazama americana

Bock und Kuh tragen Hörner, doch die Hörner des Bocks sind länger und gegabelt

Schwarze Zeichnung nur beim Bock

Gabelbock
Antilocapra americana

Kleiner Roter Spießhirsch
Mazama rufina

Taucht im Staatswappen von Chile auf

Nördlicher Andenhirsch
Hippocamelus antisensis

Südlicher Andenhirsch
Hippocamelus bisulcus

Nördlicher Pudu
Pudu mephistophiles

Südlicher Pudu
Pudu puda

Kleinster Hirsch der Familie Cervidae

AUF EINEN BLICK

Großer Roter Spießhirsch Der scheue Hirsch lebt meist in dichtem Tropenwald. Um Feinden zu entkommen, läuft er ins Unterholz oder schwimmt davon. Er lebt allein oder im Paar und frisst Früchte, Blätter und Pilze.

- Bis 1,5 m
- Bis 80 cm
- Bis 48 kg
- Einzelgänger
- Keine Angabe

S-Mexiko bis N-Argentinien

Südlicher Pudu Der kleinste aller echten Hirsche stellt sich auf die Hinterbeine, um Blätter an Bäumen zu erreichen. Außer in der Paarungszeit lebt er allein und folgt von ihm gut markierten Wegen zu den Nahrungs- und Schlafplätzen. Die Rote Liste führt ihn als gefährdet: Er fällt Haushunden zum Opfer und leidet unter der Nahrungskonkurrenz eingeführter Arten wie des Damhirsches.

- Bis 83 cm
- Bis 43 cm
- Bis 13 kg
- Einzelgänger
- Gefährdet

S-Chile, SW-Argentinien

GABELBOCK

Der Gabelbock, die einzige Art der Familie Antilocapridae kann Geschwindigkeiten bis zu 65 km/h erreichen und gehört zu den schnellsten Landsäugetieren. Charakteristisch sind die ungewöhnlichen gegabelten Hörner, die wie die Hörner der Antilopen aus Keratin mit einem Knochenkern bestehen. Das Keratinteil wird, wie Hirschgeweihe, jährlich abgeworfen.

- Bis 1,5 m
- Bis 1 m
- Bis 70 kg
- Herden
- Regional häufig

Westliches Nordamerika

Einzigartige Hörner
Auffallend am Kopf des Gabelbock-Männchens sind die gegabelten Hörner, die vorstehenden Augen mit langen Wimpern, die schwarze Maske.

GIRAFFEN UND OKAPI

KLASSE	Mammalia
ORDNUNG	Artiodactyla
FAMILIE	Giraffidae
GATTUNGEN	2
ARTEN	2

Die Giraffe, deren Kopf 5,5 m über dem Boden schwebt, ist das größte Tier der Welt. Mit ihrem einzigen nahen Verwandten, dem Okapi, bildet sie die Familie Giraffidae. Bei Giraffe und Okapi sind Hals, Schwanz und Beine lang. Durch die längeren Vorder- als Hinterbeine fällt der Rücken ab. Ihre kleinen, stetig wachsenden Hörner bestehen aus Knochen, die von Fell bedeckt sind. Kein anderes Säugetier besitzt solche Hörner. Die Lippen sind dünn und beweglich, die Zunge ist lang, schwarz und kann greifen; Augen und Ohren sind groß. Beide Arten kommen in Afrika südlich der Sahara vor. Dank der Zeichnung fallen sie in ihrem Lebensraum wenig auf: Die Flecken der Giraffe tarnen sie im Zwielicht der Baumsavanne, während die Streifen am Hinterteil des Okapis in der dichten Vegetation des Regenwalds tarnen.

Gefährliches Trinken Eine Giraffe nimmt die meiste Flüssigkeit über Nahrung auf. Zum Trinken an Wasserlöchern muss sie die Vorderbeine spreizen. Dabei ist sie dann eine leichte Beute für Feinde.

»Halsringen« Um den Rang zu entscheiden, kämpfen junge Giraffenmännchen mit ritualisiertem »Halsringen«. Ähnlich dem menschlichen Armdrücken pressen hier zwei Giraffen mit den Hälsen gegeneinander, bis eine nachgibt. Ältere Giraffenmännchen stoßen mit dem Kopf nach dem Rivalen, um ihn umzustoßen. Auch rivalisierende Okapi-Männchen beginnen ihre Kämpfe mit Halsringen, bevor sie aggressiver werden.

GESTREIFTE KEHRSEITE

Ein britischer Forscher beschrieb das Okapi 1901 erstmalig. Er suchte nach einem pferdeähnlichen Tier, das die Einheimischen jagten. Auf den ersten Blick erinnert das Okapi mehr an ein Zebra als an eine Giraffe. Doch es hat einige typische Merkmale mit der Giraffe gemeinsam: die ungewöhnlichen fellbedeckten Hörner, die spezialisierten Zähne und Zunge und den vierkammerigen Magen der Wiederkäuer. Die Streifen am Hinterteil sind wohl ein Folge-mir-Signal, damit ein junges Okapi die Mutter findet. Mit den Streifen an den Vorderbeinen brechen sie die Umrisslinie in der dichten Waldvegetation.

KLARE UNTERSCHIEDE

Giraffen und Okapi besitzen nicht nur Gemeinsamkeiten, sondern es gibt Unterschiede, am offensichtlichsten in Größe und Figur. Das Okapi hat gewisse Ähnlichkeit mit einem Pferd. Die Giraffe mit ihrer extremen Längung ist sofort zu erkennen. Die Giraffe hat, wie fast alle Säugetiere, 7 Halswirbel, doch jeder Wirbel ist verlängert. Ein spezieller Blutkreislauf pumpt Blut bis ins Gehirn – eine Reihe von Ventilen regulieren den Blutdruck, wenn das Tier sich zum Trinken bückt. Dank ihrer ungewöhnlichen Statur kann die Giraffe das Nahrungsangebot der Baumsavanne voll nützen. Da sie in der Trockenzeit die Blätter der hohen Akazien erreicht, kann die Giraffe zu riesiger Höhe wachsen und sich ganzjährig fortpflanzen. Am gefährdetsten durch Feinde ist sie, wenn sie sich hinlegt oder zum Trinken bückt. Um Feinden zu entfliehen, hilft es der Giraffe, dass sie gut sieht, riecht und hört. Sie kann mit mehr als 50 km/h davonlaufen oder mit ihren Vorderfüßen den Feind kräftig treten.

Das Okapi, das im dichten Tropenwald lebt, sieht schlecht, hört und riecht aber gut. Es ist äußerst scheu und verschieden beim ersten Anzeichen von Gefahr im dichten Pflanzenzuwuchs. Diese Art lebt meist allein und markiert das Territorium mit Urin oder dadurch, dass es seinen Hals am Baum reibt.

Der offenere Lebensraum der Savanne lässt Giraffen gesellig leben. Die meisten leben in kleinen lockeren Herden von etwa einem Dutzend Tieren. Junge Männchen leben in Junggesellenherden, werden aber im Alter zu Einzelgängern. Männchen kämpfen um das Recht der Paarung, dabei schwingen sie ihren langen Hals, um den Rivalen mit dem Kopf in den Bauch zu treffen. Der verstärkte Schädel fängt normalerweise die Auswirkung der Stöße ab, doch gelegentlich wird ein Tier bewusstlos geschlagen.

Kurze
Mähne
am Hals
entlang

Massaigiraffe
*Giraffa camelopardalis
tippelskirschi*

Männchen und
Weibchen tragen
Hörner

Kap-Giraffe
*Giraffa camelopardalis
giraffa*

Der lange Schwanz mit
der Quaste verjagt
Fliegen

Die Vorderbeine
sind länger als
die Hinterbeine

Netzgiraffe
Giraffa camelopardalis reticulata

Nur die Männchen
tragen Hörner

Okapi
Okapia johnstoni

AUF EINEN BLICK

Giraffe Die geselligen Tiere bilden meist lockere Herden von etwa einem Dutzend Weibchen mit Jungen, angeführt von einem erwachsenen Männchen. Da sie lange Zeit ohne zu trinken überleben und von den höchsten Akazienbäumen Nahrung holen, haben sie zu jeder Jahreszeit Nachwuchs.

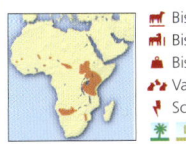

🦒	Bis 5,7 m
🦒	Bis 3,5 m
⚖	Bis 1,4 t
🐾	Variabel
🍃	Schutz nötig

Afrika südlich der Sahara

Okapi Es zieht am Tag auf fest gelegten Wegen durch den Tropenwald und sucht Blätter, Knospen und Triebe. Das Okapi ist Einzelgänger, nur Mütter und Junge leben zusammen. Ein einzelnes Kalb wird in der Regenzeit geboren.

🦒	Bis 2 m
🦒	Bis 1,6 m
⚖	Bis 250 kg
🐾	Einzelgänger
🍃	Weniger bedroht

NO-Zaire

TYPISCHE ZEICHNUNG

Die Fleckenzeichnung auf dem Fell dient der Giraffe als Tarnung im Zwielicht der Baumsavanne. Jedes einzelne Tier besitzt eine individuelle Zeichnung, doch gewisse Gemeinsamkeiten kennzeichnen die Unterarten.

Netzzeichnung Die Netzgiraffe besitzt große kastanienbraune Flecken, die durch dünne weiße Linien getrennt sind.

Starker Kontrast Kleinere, dunklere Flecken, getrennt durch größere weiße Bereiche, sind typisch für die Massaigiraffe.

SCHUTZSTATUS

Auf der Roten Liste Giraffen und Okapi stehen auf der Roten Liste der IUCN. Die Giraffe, deren Lebensraum um 50 % zurückgegangen ist, bedarf des Schutzes. Da sie ihre Nahrung oberhalb der Köpfe von Haustieren sucht, ist es ihr besser ergangen als anderen Huftieren. Das Okapi gilt als weniger gefährdet. Obwohl es seit 1933 geschützt ist, jagt man es noch. Durch sein begrenztes Verbreitungsgebiet ist Lebensraumverlust sehr bedrohlich.

NAHRUNGSSPEZIALISTEN

Giraffe und Okapi fressen vorwiegend Blätter. Beide besitzen dünne, muskulöse Lippen und eine lange schwarze Zunge, die geschickt genug ist, um Blätter zu pflücken oder Äste ins Maul zu ziehen. Die Zunge der Giraffe (rechts) ist besonders lang, sie kann 46 cm erreichen. Beide Arten streifen mit den typischen eingekerbten Eckzähnen Blätter von Ästen und mahlen sie mit den Molaren. Der vierkammerige Wiederkäuermagen erlaubt ihnen, so viele Nährstoffe wie möglich aus ihrer Nahrung zu holen, die hochgewürgt und ein zweites Mal gekaut wird. Im Gegensatz zu anderen Wiederkäuern können Giraffen beim Wiederkäuen laufen – so haben sie mehr Zeit zum Fressen. Eine Giraffe verbringt 12 bis 20 Stunden täglich mit Fressen und verzehrt bis zu 34 kg Pflanzen auf einmal.

Giraffen fressen vielerlei Nahrung. Sie bevorzugen frische Triebe, Blüten und Früchte, können aber auch zu Zweigen und trockenen Blättern wechseln. Hauptbestandteil der Nahrung sind Akazienblätter, die durch Gift geschützt sind. Zum Schutz nehmen Giraffen die wenigst giftigen Blätter und sie besitzen einen dicken klebrigen Speichel und eine besondere Leberfunktion. Giraffe und Okapi reichern ihre Nahrung mit Mineralstoffen aus anderen Quellen an: Giraffen fressen Erde und kauen Knochen, die Aasfresser weggeworfen haben, Okapis lecken den Lehm von Flussufern und fressen die Holzkohle verbrannter Bäume.

KAMELE

KLASSE	Mammalia
ORDNUNG	Artiodactyla
FAMILIE	Camelidae
GATTUNGEN	3
ARTEN	6

Sie sind bekannt für ihre Höcker und dafür, dass sie lange Zeit ohne Wasser überleben: das einhöckrige Dromedar, das heute nur noch in domestizierten Populationen in Nordafrika und Nahost vorkommt, und das zweihöckrige Trampeltier, das es in Nordasien domestiziert und, in geringer Anzahl, auch wild gibt. Ihre 4 Verwandten in der Familie der Camelidae leben in Südamerika – die wilden Guanakos und Vikunjas sowie die domestizierten Lamas und Alpakas. Kamele tauchten vor 45 Mio. Jahren in Nordamerika erstmalig auf. Sie verschwanden dort am Ende der Eiszeit vor rund 10 000 Jahren. Zu der Zeit hatten sie sich bereits auf andere Teile der Welt ausgebreitet.

Alt und neu Die 2 Altweltkamelarten leben in Nordafrika und Zentralasien. Die 4 südamerikanischen Arten kommen von den Ausläufern bis zu den Bergwiesen der Anden vor. Domestizierte Kamele wurden in vielen Weltgegenden eingeführt, auch in Australien, wo verwilderte Tiere durch das Outback ziehen.

Gut entwickelte Junge Bei allen Kamelarten wird ein einzelnes, gut entwickeltes Junges nach einer langen Tragzeit geboren, beim Guanako z. B. nach 11 Monaten. Das Neugeborene kann der Mutter schon 30 Minuten nach der Geburt folgen.

ROBUSTE KAMELE

Alle Kamelarten sind an aride oder semiaride Lebensräume angepasst. Der komplexe dreikammerige Wiederkäuermagen entzieht dem Gras, der Hauptnahrung, möglichst viele Nährstoffe. Ihre Füße sind einmalig unter den Huftieren, weil nur die Vorderkante der Hufe den Boden berührt und das Gewicht der Tiere auf fleischigen Ballen ruht. Bei Kamelen sind die Füße breit, damit sie beim Laufen im Sand nicht einsinken. Die vier südamerikanischen Arten besitzen schmälere Füße, um sicher auf Felshängen zu gehen. Ein dichtes doppeltes Fell isoliert gegen Hitze und Kälte.

Altweltkamele unterscheiden sich von ihren Artgenossen in der Neuen Welt durch die Größe und die Höcker, doch sonst gleicht sich die Anatomie. Typisch sind die langen, schlanken Beine, der kurze Schwanz, der lange, gebogene Hals und der relativ kleine Kopf mit der gespaltenen Oberlippe. Kamele sind Passgänger, d. h. beim Laufen setzen sie die Beine derselben Körperseite gleichzeitig auf. Sie sind gesellig und leben in Harems von Weibchen und Jungen, die ein dominantes Männchen führt. Männchen ohne Harem bilden Junggesellengruppen.

Die Domestizierung der Kamele, die Fleisch, Milch, Wolle, Brennstoff und Transportmöglichkeit liefern, erlaubt Menschen ein Leben in extremer Umgebung, von der Sahara bis zu den Hochebenen der Anden. Von den mehr als 20 Mio. Kamelen sind etwa 95 % Haustiere.

Wasser sparend Dromedare führte man vor mehreren tausend Jahren aus Arabien nach Nordafrika ein. Ihr Höcker speichert kein Wasser, sondern Fett, doch sie können monatelang ohne zu trinken überleben, wenn sie Wüstenpflanzen fressen. Ist Wasser erreichbar, trinken sie Mengen, die ein Viertel ihres Körpergewichts erreichen.

DOMESTIZIERT UND WILD

Bis vor kurzem nahm man an, dass das domestizierte Lama (rechts) und das domestizierte Alpaka beide vom wilden Guanako abstammen. Nach DNS-Studien scheint es möglich, dass das Alpaka eine Kreuzung zwischen dem Lama und dem wilden Vikunja ist. Lamas und Alpakas werden seit Jahrhunderten in Herden gehalten, es gibt keine wilden Exemplare mehr. Sie übertreffen an Zahl die wilden Guanakos und Vikunjas, doch Schafe verdrängten die südamerikanischen Kamele weitgehend. In Südamerika wurden Kamele zum ersten Mal vor 4000 bis 5000 Jahren domestiziert und das Lama trug wesentlich zum Gedeihen des Inkareiches bei. Lamas und Alpakas wurden inzwischen auch anderswo eingeführt, als Wolllieferanten, zum Hüten von Schafen, als Packtiere und Heimtiere.

Bei Nahrungsknappheit
wird das in den Höckern
gespeicherte Fett
verbraucht; die Höcker
werden dann kleiner

Trampeltier
Camelus bactrianus

Das lange
Winterfell
wird im
Sommer
abgestoßen

Die schmalen Nüstern
lassen sich bei Sand-
stürmen verschließen

Die langen Wimpern
schützen vor Sand
und Staub

Die dicken, harten
Lippen haben kein
Problem mit
dornigen Pflanzen

Dromedar
Camelus dromedarius

Guanako
Lama guanicoe

Vikunja
Vicugna vicugna

AUF EINEN BLICK

Trampeltier Nur das Trampeltier und
das Dromedar besitzen unter allen
Säugetieren Blutkörperchen, die nicht
rund, sondern oval sind. Diese Form
erlaubt wohl eine leichtere Fortbewegung in dickem, dehydriertem Blut.

- Bis 3,5 m
- Bis 2,3 m
- Bis 700 kg
- Herden
- Vom Aussterben bedr.

Kasachstan bis zur Mongolei

Dromedar Obwohl sie domestiziert
sind, leben viele Herden von Drome-
daren während der Paarungszeit ohne
menschliche Aufsicht in Harems.

- Bis 3,5 m
- Bis 2,3 m
- Bis 650 kg
- Herden
- Nur noch domestiziert und verwildert

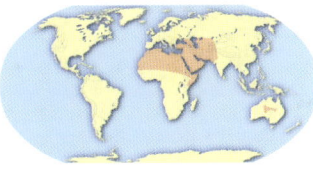

N-Afrika bis Indien; eingeführt in Australien

Guanako Guanako-Männchen haben
wie die Männchen aller südamerikanischen Kamelarten scharfe Zähne, die
sie in Rivalenkämpfen einsetzen.

- Bis 2 m
- Bis 1,2 m
- Bis 120 kg
- Familiengruppen
- Regional häufig

S-Peru bis O-Argentinien und Feuerland

Vikunja Dieses kleine Kamel besitzt
scharfe, nachwachsende Schneidezähne, um kurze Gräser abzubeißen.

- Bis 1,9 m
- Bis 1,1 m
- Bis 65 kg
- Familiengruppen
- Schutz nötig

S-Peru bis NW-Argentinien

SCHUTZSTATUS

Bedrohungen Von den 6 Kamelarten
stehen 2 auf der Roten Liste der
IUCN: Das Trampeltier mit nur noch
etwa 1000 wilden Exemplaren ist
vom Aussterben bedroht und das
Vikunja benötigt Schutz. Das Dromedar ist in der Natur seit langem
ausgestorben, ist aber domestiziert
und verwildert noch weit verbreitet.

SCHWEINE

KLASSE	Mammalia
ORDNUNG	Artiodactyla
FAMILIE	Suidae
GATTUNGEN	5
ARTEN	14

Anders als die meisten Huftiere, die nur Pflanzen fressen, sind Schweine und Hirscheber in der Familie der Suidae Allesfresser, zu deren Nahrung Insektenlarven, Regenwürmer und kleine Wirbeltiere ebenso gehören wie vielerlei Pflanzen. Die Nasenlöcher an der vorstehenden Schnauze liegen in einer Knorpelplatte, der Rüsselscheibe. Sie hilft, gestützt von einem speziellen Knochen, beim Suchen von Nahrung in Laubstreu oder Schmutz. Die oberen und unteren Eckzähne bilden bei Männchen und Weibchen scharfe Hauer, die auch als Waffe dienen. Wilde Arten leben in den Wäldern Afrikas und Eurasiens, sie wurden in Nordamerika, Australien und Neuseeland eingeführt.

Statussymbole Die verlängerten Eckzähne des Hirscheber-Männchens bilden gebogene Hauer. Die oberen Hauer wachsen durch die Haut des Gesichts.

Familienbande Keiler leben allein oder sie gehören einer Junggesellengruppe an, während Bachen mit ihrem Nachwuchs in eng verbundenen Familiengruppen leben. Diese jungen Warzenschweine folgen ihrer Mutter bei der Nahrungssuche.

⚡ SCHUTZSTATUS

Verwilderte Schweine bedrohen vielerorts die ursprüngliche Fauna, auch andere Schweinearten. Lebensraumverlust ließ die Zahlen einiger Arten auch zurückgehen. Von den 14 Arten in der Familie der Suidae stehen 43 % auf der Roten Liste:

- 2 Vom Aussterben bedroht
- 1 Stark gefährdet
- 2 Gefährdet
- 1 Keine Angabe

Wildschwein
Sus scrofa

Die Bache hat kleinere Hauer als der Keiler

Mit seinem Gewicht von 6–9 kg stellt es die kleinste Art der Familie Suidae dar

⚡ **Zwergwildschwein**
Sus salvanius

Die Ferkel sind zur Tarnung gestreift, die Zeichnung verschwindet mit dem Älterwerden

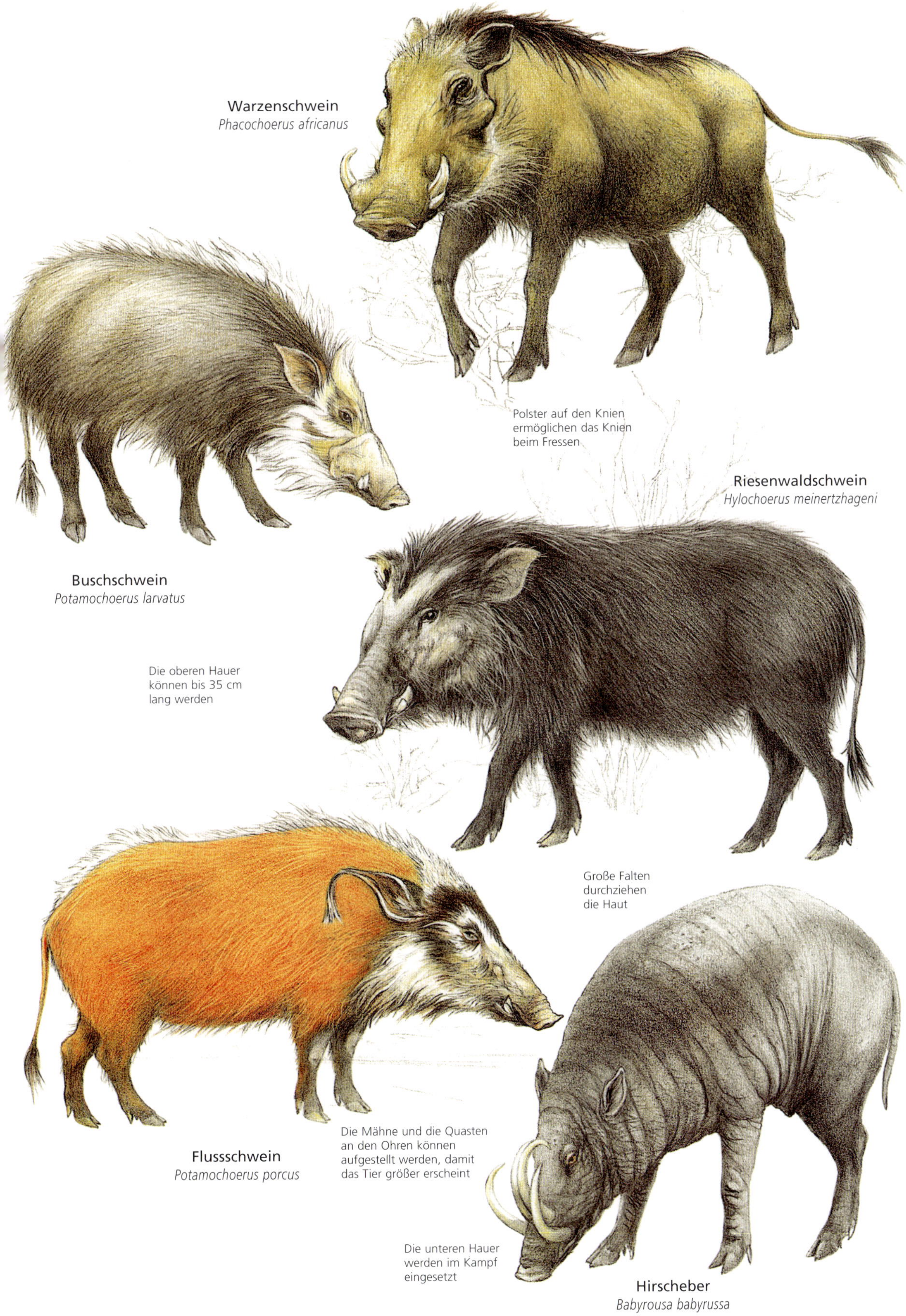
Warzenschwein
Phacochoerus africanus
Polster auf den Knien ermöglichen das Knien beim Fressen
Riesenwaldschwein
Hylochoerus meinertzhageni
Buschschwein
Potamochoerus larvatus
Die oberen Hauer können bis 35 cm lang werden
Große Falten durchziehen die Haut
Flussschwein
Potamochoerus porcus
Die Mähne und die Quasten an den Ohren können aufgestellt werden, damit das Tier größer erscheint
Die unteren Hauer werden im Kampf eingesetzt
Hirscheber
Babyrousa babyrussa

AUF EINEN BLICK

Warzenschwein Dieses Tier des Graslands kniet auf den Vorderbeinen und zupft mit seinen speziellen Schneidezähnen frisches Gras. Wenn in der Trockenzeit die Halme verdorren, gräbt es Rhizome, Wurzelstöcke, aus.

- Bis 1,5 m
- Bis 70 cm
- Bis 105 kg
- Vorwiegend Einzelg.
- Häufig

Afrika südlich der Sahara

Buschschwein Es folgt oft Affen und sammelt die Früchte auf, die sie fallen lassen. Es frisst auch Feldfrüchte. Bei Rangkämpfen drücken die Keiler die Köpfe gegeneinander.

- Bis 1,3 m
- Bis 90 cm
- Bis 115 kg
- Familiengruppen
- Regional häufig

O- und SO-Afrika; auf Madagaskar eingeführt

Riesenwaldschwein Gegen Abend zieht sich eine gemischte Gruppe von Riesenwaldschweinen in ein großes Schlafnest in dichter Vegetation zurück. Die Bachen teilen sich die Aufzucht aller Ferkel. Rangkämpfe sind heftig, bei Zusammenstößen mit hohem Tempo kommt es zu Schädelbrüchen.

- Bis 2,1 m
- Bis 1 m
- Bis 235 kg
- Familiengruppen
- Selten

Zentral- und W-Afrika

Flussschwein Die Art gräbt sich einen unterirdischen Bau. Dort ruht sie bei Tag, nachts sucht sie Nahrung. Sie lebt in Harems von Bachen und Ferkeln, geführt von einem Keiler.

- Bis 1,5 m
- Bis 1 m
- Bis 130 kg
- Familiengruppen
- Regional häufig

W-Afrika

Hirscheber Nur selten gräbt er mit der Schnauze nach seiner ziemlich spezialisierten Nahrung, die aus Laub, Früchten und Pilzen besteht. Fossilien haben gezeigt, dass der Hirscheber die urtümlichste aller Schweinearten ist.

- Bis 1,1 m
- Bis 80 cm
- Bis 100 kg
- Familiengruppen
- Gefährdet

Sulawesi und benachbarte kleine Inseln

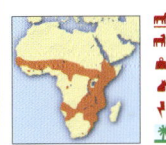

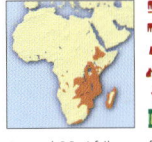

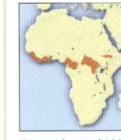

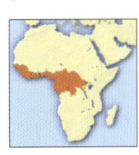

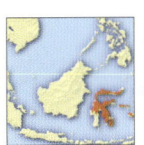

NABELSCHWEINE

KLASSE	Mammalia
ORDNUNG	Artiodactyla
FAMILIE	Tayassuidae
GATTUNGEN	3
ARTEN	3

Die 3 Pekariarten der Familie Tayassuidae ähneln weitgehend den Schweinen der Familie Suidae, unterscheiden sich durch die langen, schlanken Beine, den komplexeren Magen und die Duftdrüse am Hintern. Sie sind Allesfresser, doch bevorzugen sie Früchte, Samen, Wurzeln und Ranken, das Chacopekari ernährt sich vorwiegend von Kakteen. Pekaris sind gesellig, Chacopekaris leben in Herden von 2 bis 10, Weißbartpekaris in Herden von 50 bis 400 Tieren. Die sozialen Bindungen festigt das Reiben der Wangen an den Duftdrüsen eines anderen Tiers. Bei Gefahr bleiben einige Weißbartpekaris zurück und kämpfen, um den anderen die Flucht zu ermöglichen.

Amerikanische Schweineverwandte
Während Schweine nur in Afrika und Eurasien heimisch sind, gibt es die Nabelschweine (Pekaris) nur vom Südwesten der USA bis nach Nordargentinien. Halsband- und Weißbartpekari leben in Tropenwäldern, Baum- und Dornbuschsavannen. Das Chacopekari kommt hauptsächlich im semiariden Dornwald vor.

Pekari-Zwillinge Pekaris werfen meist 2, manchmal aber auch bis zu 4 Junge. Junge Halsbandpekaris brauchen etwa 6 Monate lang die Mutter.

⚡ SCHUTZSTATUS

Vielerlei Bedrohungen Die Jagd wegen des Fleischs, Infektionskrankheiten eingeführter Arten und die rasche Zerstörung des südamerikanischen Tropenwalds haben verheerende Auswirkungen auf die Populationen der 3 Pekariarten, die stark vom Lebensraum abhängig sind. Der Chacopekari, mit nur etwa 5000 Tieren, wird auf der Roten Liste der IUCN als stark gefährdet geführt.

Gesellig Alle Pekari-Arten sind gesellig. Halsbandpekaris (oben) und Chacopekaris leben in Herden mit einigen Tieren. Hunderte von Weißbandpekaris sammeln sich zu Herden, doch gehen kleinere Gruppen auf Nahrungssuche. Wie Schweine kommunizieren Pekaris mit Grunzen, Quieken und Zähneklappern.

Weißbartpekari
Tayassu pecari

Weißer oder gelblicher Kragen aus Haar um Schultern und Hals

Knorpelscheibe am Ende der Schnauze

Halsbandpekari
Pecari tajacu

Die Eckzähne bilden scharfe Hauer

Chacopekari
Catagonus wagneri

Bis zu seiner Entdeckung 1972 nur durch Fossilien bekannt

FLUSSPFERDE

KLASSE Mammalia

ORDNUNG Artiodactyla

FAM. Hippopotamidae

GATTUNGEN 2

ARTEN 4

Heute weiß man, dass Flusspferde näher mit den Walen als mit anderen Huftieren verwandt sind. Die 2 überlebenden Arten verbringen den Tag ruhend im Wasser und kommen nachts zur Nahrungssuche an Land. Ihre dicke Haut hat nur eine dünne Oberschicht, die rasch austrocknet und reißt, wenn sie nicht regelmäßig befeuchtet wird. Beide Arten haben einen großen Kopf, einen fassförmigen Körper und erstaunlich kurze Beine. Enorm ist der Größenunterschied: Das im Grasland fressende Flusspferd ist 7-mal so schwer wie das im Wald Nahrung suchende Zwergflusspferd. Da häufig das Wasser ihr Gewicht trägt, sparen sie Energie und brauchen relativ wenig Nahrung.

Unter Wasser Dem Flusspferd fehlen die Schweißdrüsen, daher bleibt es im Wasser, um sich abzukühlen. Es schwimmt und taucht behände. Dank des spezifischen Gewichts seines Körpers kann es auf dem Grund von Flüssen oder Seen laufen und etwa 5 Minuten am Stück unter Wasser bleiben. Füllt es die Lungen mit Luft, treibt es. An den Füßen hat es Schwimmhäute, Nasenlöcher und Ohren sind verschließbar. Augen, Ohren und Nasenlöcher sitzen so, dass es sieht, hört und atmet, wenn nur der obere Teil seines Kopfs auftaucht. Junge werden unter Wasser geboren und gesäugt. Herden von bis zu 40 Tieren verbringen den Tag im Wasser, meist schlafend oder ruhend. Nachts kommen sie für etwa 6 Stunden zum Fressen an Land.

Weit offen Da die Kiefergelenke weit hinten am Schädel sitzen, kann ein Flusspferd sein Maul erstaunlich weit aufreißen, bis zu 150°, während ein Mensch es nur auf 50° bringt. Die langen unteren Hauer des Bullen dienen als Waffen in Rivalenkämpfen.

AUF EINEN BLICK

Flusspferd Einige Weibchen und ihre Jungen verbringen den Tag zusammen im Wasser, suchen aber nachts allein an Land Nahrung. Dominante Bullen besitzen ein Revier und paaren sich mit den Weibchen, die an ihr Uferstück kommen. Die Art frisst vor allem Gras.

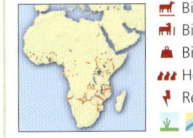

🐗 Bis 4,2 m
🐗 Bis 1,5 m
🏋 Bis 2 t
🐾 Herden
⚑ Regional häufig

Tropisches und subtropisches Afrika

Zwergflusspferd Es lebt meist allein und verbringt den Tag versteckt im Sumpf oder im Bau eines Otters am Ufer. Zu seiner vielfältigen Nahrung gehören Wurzeln und Früchte.

🐗 Bis 2 m
🐗 Bis 90 cm
🏋 Bis 275 kg
🐾 Einzelgänger, paarw.
⚑ Gefährdet

W-Afrika

Flusspferd
Hippopotamus amphibius

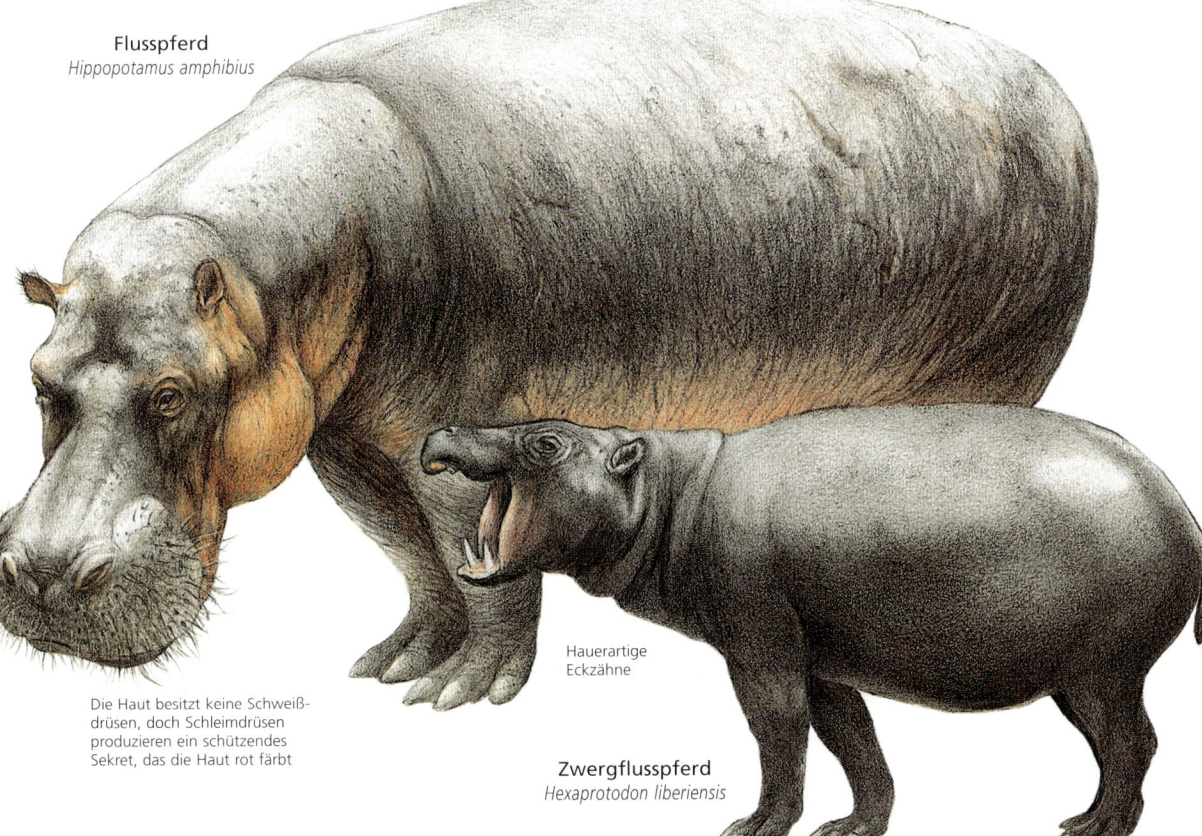

Die Haut besitzt keine Schweißdrüsen, doch Schleimdrüsen produzieren ein schützendes Sekret, das die Haut rot färbt

Hauerartige
Eckzähne

Zwergflusspferd
Hexaprotodon liberiensis

SCHUTZSTATUS

Lebensräume Das Flusspferd ist in manchen Gebieten häufig, doch in Westafrika selten. Da es sich gern in großen Herden sammelt, ist es eine leichte Beute für Jäger. Wilderei und Lebensraumverlust bedrohen das Zwergflusspferd, das als gefährdet auf der Roten Liste der IUCN steht. Im dichten Wald ist es schwer, den genauen Bestand herauszufinden.

WALTIERE

KLASSE Mammalia

ORDNUNG Cetacea

FAMILIEN 10

GATTUNGEN 41

ARTEN 81

Ganz aufs Leben im Wasser eingestellt, sind Wale, Delfine und Schweinswale der Ordnung Cetacea wohl die spezialisiertesten Säugetiere. Sie fressen, ruhen, paaren sich im Wasser, bringen dort auch ihre Jungen zur Welt und ziehen sie auf, doch sie sind Warmblüter und atmen Luft wie andere Säugetiere. Die geselligen, intelligenten Wale stammen wohl vom selben Landsäugetier ab wie Flusspferde, doch ihre Vorfahren passten sich vor 50 Mio. Jahren an das Leben im Wasser an. Allmählich wurden sie wie Fische stromlinienförmig, ohne Haare und Hinterbeine, mit Flossen statt Armen und die kräftige Fluke entstand, die manche zu den schnellsten Lebewesen des Meeres macht.

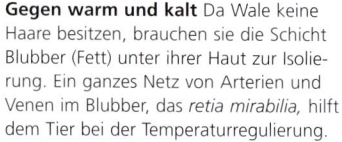

Blasloch Kommt ein Wal zum Atmen an die Wasseroberfläche, stößt er Luft und Kondenswasser durch zu einem einfachen oder doppelten Blasloch umgebildete Nasenlöcher aus. Das Blasloch liegt oben am Kopf und schließt sich unter Wasser.

Gegen warm und kalt Da Wale keine Haare besitzen, brauchen sie die Schicht Blubber (Fett) unter ihrer Haut zur Isolierung. Ein ganzes Netz von Arterien und Venen im Blubber, das *retia mirabilia,* hilft dem Tier bei der Temperaturregulierung.

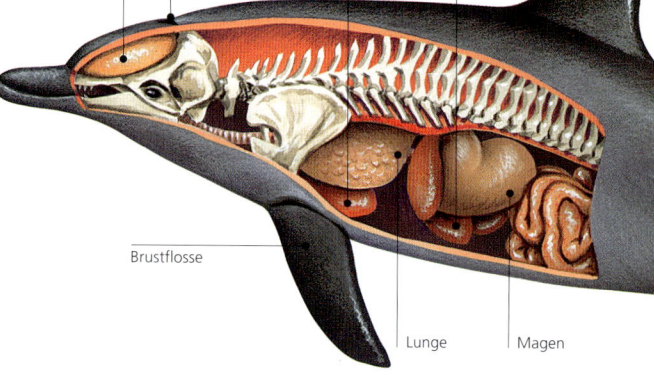

Melone | Blasloch | Herz | Leber | Rückenflosse

Brustflosse | Lunge | Magen

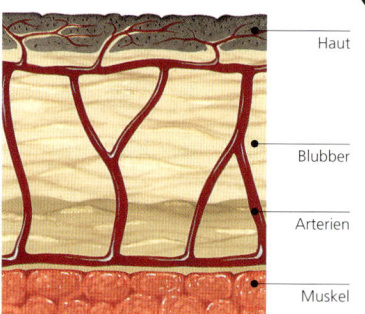

Haut

Blubber

Arterien

Muskel

Wassersäugetier Die Körperform von Delfinen und anderen Waltieren ist zwar deutlich an das Leben im Wasser angepasst, doch sie sind Warmblüter und atmen Luft durch Lungen. Ihr Herz hat 4, ihr Magen 3 Kammern.

Eine mächtige Fluke Wie andere Wale treibt der Pottwal sich mit Schlägen seiner kräftigen Fluke durchs Wasser. Die Flossen setzt er zum Steuern ein.

Enge Bindung Nach einer langen Tragzeit kommt unter Wasser ein einziges Junges mit dem Schwanz voran zur Welt. Seine Mutter und manchmal andere Mitglieder der Gruppe stupsen es für seinen ersten Atemzug zur Oberfläche. Dank der reichhaltigen Milch wächst das Kalb rasch, es bleibt aber einige Jahre bei der Mutter.

REKORDE DER WALE

Wale kommen in allen Meeren der Welt, manchmal auch in Flüssen und Seen, vor. Man teilt sie in 2 Unterordnungen: die Zahnwale, Odontoceti, und die Bartenwale, Mysticeti. Zahnwale, zu denen Delfine, Schweins- und Pottwale gehören, besitzen einfache, kegelförmige Zähne, die glitschige Fische oder Tintenfische festhalten können. Zu den Bartenwalen zählen Buckel-, Grauwale und Kaper. Sie filtern ihre Nahrung durch Hornplatten im Oberkiefer, die Barten, aus dem Wasser. Dabei nehmen sie große Mengen Plankton und andere Wirbellose sowie kleine Fische auf.

Da das Wasser ihr Gewicht trägt, konnten einige Wale enorme Größen erreichen. Der Blauwal ist das größte existierende Tier mit einem Rekordgewicht von 190 t – das entspricht etwa dem Gewicht von 35 Elefanten – und einer Rekordlänge von 33,5 m.

Ein anderer Wal, der Pottwal, kann sich rühmen, so tief und lange zu tauchen wie kein anderes Säugetier. Man nimmt an, dass Pottwale bis auf 3050 m abtauchen und bis zu 2 Stunden am Stück unter Wasser bleiben können. Wenn ein Wal taucht, verringert sich die Herzfrequenz um 50 % und das Blut wird von den Muskeln zu den lebenswichtigen Organen umgeleitet. So kann das Tier mit sehr wenig Sauerstoff überleben, bis es auftaucht, um zu atmen.

Wale haben wenig oder gar keinen Geruchssinn. Mit ihren kleinen Augen sehen sie über und im Wasser ausreichend. Allen Arten fehlen Ohrmuscheln, doch ihr Gehör ist gut entwickelt, sodass sie weit entfernte Rufe ihrer Art hören. Zum Auffinden von Beute und Umgehen von Hindernissen arbeiten Zahnwale mit der Echoortung. Sie stoßen eine Reihe von Klicken und Pfiffen aus und analysieren dann die zurücklaufenden Schallwellen.

Töne sind entscheidend in der Kommunikation der Wale. Blauwale und Finnwale senden Töne in niedriger Frequenz aus, die weit durchs Meer reichen und bis zu 188 Dezibel laut sein können – das lauteste Geräusch aller Tiere. Buckelwal-

Tolle Sprünge Buckelwale springen bis zu 100 und mehr Male nacheinander aus dem Wasser. Die Sprünge dienen vermutlich der Verständigung mit anderen Walen; eventuell haben sie auch einen anderen Zweck.

Männchen produzieren die längsten und kompliziertesten Gesänge des ganzen Tierreichs.

Da Wale die meiste Zeit unter Wasser leben, sind genaue Bestandsangaben schwierig. Fest steht, dass menschliche Aktivitäten grausame Folgen haben. Walfang (weitgehend verboten, doch von Norwegen und Japan noch betrieben), Schleppnetz-Fischerei (Wale sind unabsichtlicher Beifang) und Wasserverschmutzung fordern ihren Tribut.

Gesellige Tiere Fast alle Wale sind bis zu einem gewissen Maß gesellig. Zahnwale bilden größere Gruppen als Bartenwale und besitzen komplexere Sozialstrukturen. Hunderte oder manchmal Tausende von Delfinen ziehen miteinander, sie schwimmen sehr schnell und springen hoch aus dem Wasser. Mitglieder einer Gruppe fressen meist gleichzeitig und treiben bei der Jagd gemeinsam Fischschwärme in die Enge.

Große Wanderung Grauwale werfen ihre Jungen im Winter in den warmen Gewässern in Äquatornähe. Die Kälber werden dank der Milch ihrer Mütter kräftig genug für den langen Weg zu den Sommerplätzen in den planktonreichen polaren Gewässern. Da die erwachsenen Tiere während der 3- bis 5-monatigen Reise nicht fressen, leben sie vom Blubber und verlieren bis zur Hälfte ihres Körpergewichts.

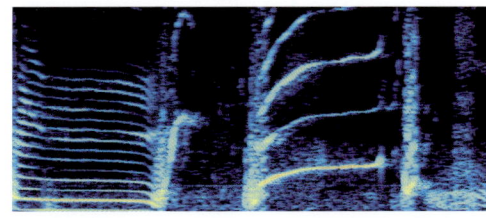

Lied des Schwertwals Jede Gruppe hat eine eigene Sprache, ein ganz bestimmtes Muster von Tönen, das bei der Wanderung oder beim Fressen dazu dient, die Aktivitäten der Tiere zu koordinieren.

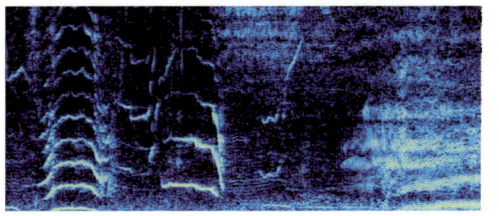

Lied des Buckelwals Die Lieder der Männchen sind kompliziert, sie haben bis zu 9 Themen und können eine halbe Stunde dauern. Alle Männchen in einem Meeresgebiet singen das gleiche Lied, das sich mit der Zeit ändern kann.

ZAHNWALE

KLASSE	Mammalia
ORDNUNG	Cetacea
FAMILIEN	6
GATTUNGEN	35
ARTEN	68

Etwa 90% aller Wale sind Zahnwale und gehören zu einer der 6 Familien in der Unterordnung Odontoceti. Im Gegensatz zu den riesigen Bartenwalen sind Zahnwale meist mittelgroß, obwohl der größte unter ihnen, der Pottwal, ebenfalls ein massiges Tier ist. Sie gehören zu den intelligentesten Säugetieren neben den Primaten. Einige Arten leben als Einzelgänger, doch die meisten sind sehr gesellig, gesprächig und verspielt. Die Angehörigen einer Gruppe jagen gemeinsam und helfen einander bei der Aufzucht der Jungen. Die meisten Zahnwale fressen Fisch oder Tintenfisch, doch eine Art – der Schwertwal – jagt Warmblüter wie Robben und andere Wale.

Scharfe Zähne Zahnwale haben scharfe, kegelförmige Zähne. Bei den Fisch fressenden Delfinen sind sie klein und zahlreich, bem Schwertwal (oben), der Meeressäuger jagt, weniger, aber größer. Die Tintenfisch fressenden Schnabelwale besitzen in jedem Kiefer nur einen Zahn.

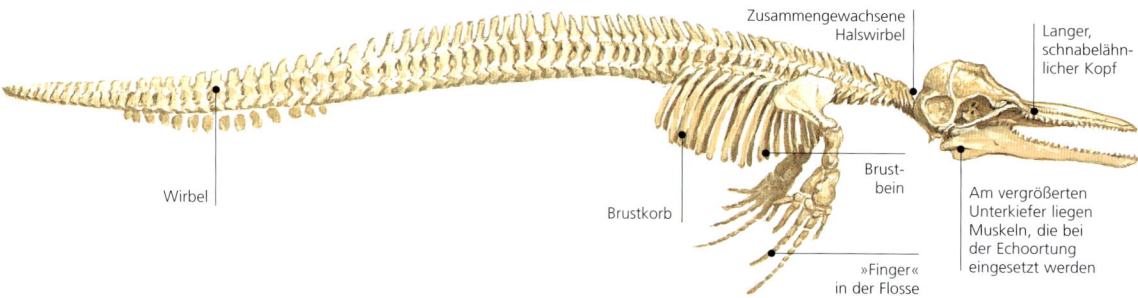

Zusammengewachsene Halswirbel

Langer, schnabelähnlicher Kopf

Wirbel

Brustkorb

Brustbein

»Finger« in der Flosse

Am vergrößerten Unterkiefer liegen Muskeln, die bei der Echoortung eingesetzt werden

Lang und schmal Das Skelett eines Zahnwals hat sich gegenüber seinem an Land lebenden Säugetier-Vorfahren stark verändert. Die Hinterbeine sind verschwunden. Die Vorderbeine entwickelten sich zu Flossen, obwohl die Knochen für die fünf Finger noch vorhanden sind. Der Kopf ist meist lang, schmal und schnabelähnlich.

Spiel mit ernstem Hintergrund Delfine, wie dieser Schwarzdelfin (*Lagenorhynchus obscurus*), springen, um ihre Partner zu beeindrucken, um Fische zusammenzutreiben oder zum Spaß. Spiele verstärken die soziale Bindung unter den Gruppenangehörigen und sorgen so für die Vertrautheit, die bei der gemeinsamen Jagd nötig ist.

GESELLIGE WALE
Zu der Unterordnung Odontoceti zählen Pott-, Nar- und Weißwale; Schnabelwale; Delfine, Schwert- und Grindwale (zur Familie der Delphinidae zusammengefasst); Schweinswale und Flussdelfine. Die meisten besitzen einen langen, schnabelähnlichen Kopf mit scharfen, kegelförmigen Zähnen, die Beute festhalten, aber nicht kauen können. Da sie nur ein Blasloch haben, ist der Kopf asymmetrisch. Die Melone, ein im Kopf sitzendes, mit Flüssigkeit gefülltes Organ, bündelt die klickenden Laute für die Echoortung und Verständigung. Bei Pottwalen ist die Melone stark vergrößert und mit Öl, dem Walrat, gefüllt. Auch dieses Walratorgan dient wahrscheinlich der Echoortung.

Die Sozialstrukturen der Zahnwale sind verschieden. Im Mittelpunkt von Gruppen stehen meist Weibchen, Männchen dagegen verlassen ihre Gruppe mit beginnender Geschlechtsreife. Schwert- und Grindwale bleiben lebenslang bei derselben Gruppe. Flussdelfine bilden kleine Gruppen oder leben allein. Delfine in Küstengewässern bilden größere Gruppen, weil die Beute auf engem Raum lebt und sie mehr Feinde haben. Im offenen Meer schließen sich Familiengruppen zeitweilig zu riesigen Verbänden zusammen.

Delfine gelten als verspielt, doch sie kämpfen auch. Zahnwale tragen oft Narben von Verletzungen, die sie bei Rivalenkämpfen um Partner oder Nahrung davontrugen.

Gesellige Art Pottwale leben in eng vertrauten Gruppen von etwa 12 verwandten Weibchen mit Jungen. Die Erwachsenen kümmern sich um alle Jungen und schützen ein verletztes Tier vor Feinden. Junge Männchen bilden Junggesellengruppen, werden im Alter aber weniger gesellig.

SCHUTZSTATUS

Von den 68 Zahnwalarten stehen 82% auf der Roten Liste der IUCN, unter den Gefährdungsgraden:

2	Vom Aussterben bedroht
2	Stark gefährdet
4	Gefährdet
10	Schutz nötig
38	Keine Angaben

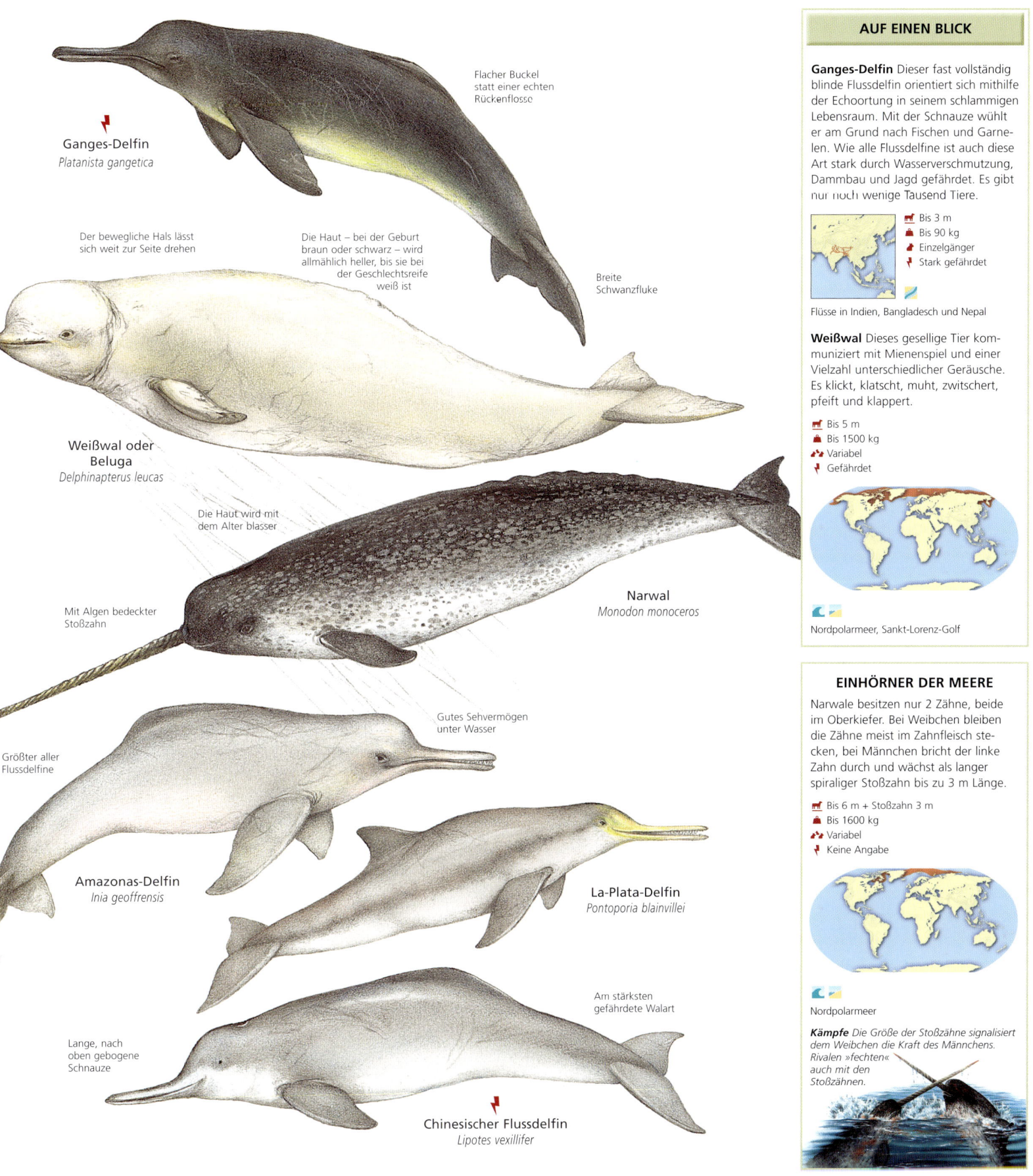

Ganges-Delfin
Platanista gangetica

Flacher Buckel
statt einer echten
Rückenflosse

Der bewegliche Hals lässt
sich weit zur Seite drehen

Die Haut – bei der Geburt
braun oder schwarz – wird
allmählich heller, bis sie bei
der Geschlechtsreife
weiß ist

Breite
Schwanzfluke

Weißwal oder
Beluga
Delphinapterus leucas

Die Haut wird mit
dem Alter blasser

Narwal
Monodon monoceros

Mit Algen bedeckter
Stoßzahn

Gutes Sehvermögen
unter Wasser

Größter aller
Flussdelfine

Amazonas-Delfin
Inia geoffrensis

La-Plata-Delfin
Pontoporia blainvillei

Am stärksten
gefährdete Walart

Lange, nach
oben gebogene
Schnauze

Chinesischer Flussdelfin
Lipotes vexillifer

AUF EINEN BLICK

Ganges-Delfin Dieser fast vollständig
blinde Flussdelfin orientiert sich mithilfe
der Echoortung in seinem schlammigen
Lebensraum. Mit der Schnauze wühlt
er am Grund nach Fischen und Garnelen. Wie alle Flussdelfine ist auch diese
Art stark durch Wasserverschmutzung,
Dammbau und Jagd gefährdet. Es gibt
nur noch wenige Tausend Tiere.

- Bis 3 m
- Bis 90 kg
- Einzelgänger
- Stark gefährdet

Flüsse in Indien, Bangladesch und Nepal

Weißwal Dieses gesellige Tier kommuniziert mit Mienenspiel und einer
Vielzahl unterschiedlicher Geräusche.
Es klickt, klatscht, muht, zwitschert,
pfeift und klappert.

- Bis 5 m
- Bis 1500 kg
- Variabel
- Gefährdet

Nordpolarmeer, Sankt-Lorenz-Golf

EINHÖRNER DER MEERE

Narwale besitzen nur 2 Zähne, beide
im Oberkiefer. Bei Weibchen bleiben
die Zähne meist im Zahnfleisch stecken, bei Männchen bricht der linke
Zahn durch und wächst als langer
spiraliger Stoßzahn bis zu 3 m Länge.

- Bis 6 m + Stoßzahn 3 m
- Bis 1600 kg
- Variabel
- Keine Angabe

Nordpolarmeer

Kämpfe *Die Größe der Stoßzähne signalisiert
dem Weibchen die Kraft des Männchens.
Rivalen »fechten«
auch mit den
Stoßzähnen.*

Großer Tümmler Diese Art wurde durch die Fernsehserie *Flipper* bekannt und taucht häufig in Meeresshows auf. In der Natur kommt sie sowohl in Küstengewässern als auch im offenen Meer in Gruppen von etwa 12 Tieren vor, die manchmal Schwärme von Hunderten bilden. Bei der Nahrungssuche sind die Tiere mit einer Durchschnittsgeschwindigkeit von 20 km/h unterwegs.

 Bis 4 m
 Bis 275 kg
 Variabel
 Keine Angabe

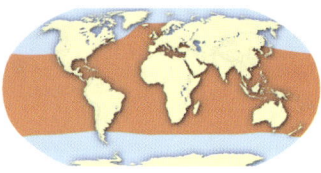

Gemäßigte bis tropische Meere

Delfin Diese kleine und häufigste aller Delfinarten lebt in Gruppen von mehreren Hundert oder sogar einigen Tausend Tieren, denen sich beim Fressen auch Streifendelfine und Große Tümmler anschließen.

 Bis 2,4 m
Bis 85 kg
Herden
Häufig

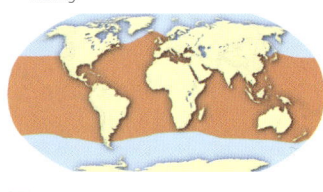

Gemäßigte bis tropische Meere

ZUFÄLLIGE OPFER

Die großen Netze des kommerziellen Fischfangs stellen für Delfine ein großes Risiko dar. Sie folgen ihrer Beute und verfangen sich in den Netzen. Da sie nicht zum Atmen auftauchen können, ertrinken sie rasch. Man hat die Netze auffälliger gemacht, trotzdem geraten jährlich noch Tausende Delfine hinein.

Amazonas-Sotalia
Sotalia fluviatilis

Balu-Weißer Delfin
Stenella coeruleoalba

Sowohl im Salz- als auch im Süßwasser vorkommend

Kurze, stummelige Schnauze

Großer Tümmler
Tursiops truncatus

Rauzahndelfin
Steno bredanensis

Kreuz und quer liegen die Narben von Kämpfen mit Tintenfischen oder anderen Delfinen

Rundkopfdelfin
Grampus griseus

Delfin
Delphinus delphis

Commerson-Delfin
Cephalorhynchus commersonii

Atlantischer Weißseitendelfin
Lagenorhynchus acutus

Die zweifarbige Zeichnung tarnt den Delfin in seiner maritimen Umgebung

Weißstreifendelfin
Lagenorhynchus obliquidens

Schlanker Körper
ohne Rückenflosse

Nördlicher Glattdelfin
Lissodelphis borealis

Breitschnabeldelfin
Peponocephala electra

Die Rücken-
flosse des
Männchens
kann 1,8 m
erreichen

Schwertwal
Orcinus orca

Kann beim Verfolgen vom Tintenfisch bis zu 600 m tief tauchen

**Gewöhnlicher
Grindwal**
Globicephala melas

Beweglicher Hals

Männchen sind fast
doppelt so schwer
wie Weibchen

Irawadi-Delfin
Orcaella brevirostris

Zwerggrindwal
Feresa attenuata

Das junge Tier kann leicht
mit dem Kleinen Schwert-
wal verwechselt werden

Kräftige Zähne

Kleiner Schwertwal
Pseudorca crassidens

ECHOORTUNG

Um den Weg zu finden und Beute zu
orten, senden Zahnwale eine Reihe
hoch frequenter Klicks aus und orien-
tieren sich am Echo. Die Klicks entstehen im weichen Gewebe der Nasen-
höhlen. Die ölgefüllte Melone im Kopf
bündelt die Klicks.

Ölgefüllte
Melone

Blasloch
Luftsäcke und
Nasengänge

»Lippen« in der Nase

Muskeln
ändern die
Form der
Melone

AUF EINEN BLICK

Brillentümmler Er ist weniger akrobatisch als viele andere kleine Wale und bewegt sich langsam durchs Wasser. Meist lebt er allein oder in Paaren und frisst Fische und Tintenfische.

🐃 Bis 2,1 m
🏋 Bis 115 kg
🐟 Einzelgänger, kleine Gruppen
🚩 Keine Angaben

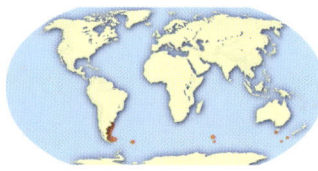

Argentinien, Tasmanien und subarkt. Inseln

Schwarzer Tümmler Der Artname *spinipinnis* bedeutet »dornige Flosse« und kommt von den kleinen Erhöhungen am oberen Rand der Rückenflosse. Diese Besonderheit haben die meisten Tümmler und Schweinswale.

🐃 Bis 1,8 m
🏋 Bis 70 kg
🐟 Kleine Gruppen
🚩 Keine Angabe

Meere/Küstengewässer von Peru bis Brasilien

Hafenschweinswal Diese Art, die nur im nördlichen Teil des Golfs von Kalifornien vorkommt, hat das begrenzteste Verbreitungsgebiet aller Walarten. Sie entstand vermutlich aus dem Schwarzen Tümmler und blieb auf der Nordhalbkugel, als die tropischen Gewässer wärmer wurden.

🐃 Bis 1,5 m
🏋 Bis 55 kg
🐟 Unbekannt
🚩 Vom Aussterben bedr.

Mündung des Colorado; Golf von Kalifornien

Gewöhnlicher Schweinswal Seine geringe Körperoberfläche (runde Form, Flossen und Schwanz klein) und eine Schicht Blubber lassen ihn trotz seiner Kleinheit in kaltem Wasser überleben.

🐃 Bis 1,9 m
🏋 Bis 65 kg
🐟 Variabel
🚩 Gefährdet

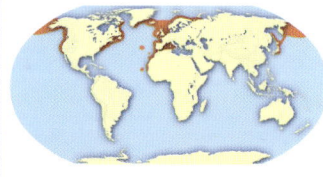

Gemäßigte Meere der Nordhalbkugel

Brillentümmler
Australophocaena dioptrica

Die Rückenflosse sitzt weiter hinten als bei allen anderen kleinen Walen

Benannt nach den Ringen um seine Augen

Schwarzer Tümmler
Phocoena spinipinnis

Hafenschweinswal
Phocoena sinus

Gewöhnlicher Schweinswal
Phocoena phocoena

Vom Schwanz geht eine Fontäne in der Form eines Hahnenschwanzes aus

Weniger scheu und langsamer als andere Schweinswale

Dall-Hafenschweinswal
Phocoenoides dalli

Keine deutliche Rückenflosse

Indischer Schweinswal
Neophocaena phocaenoides

STRATEGIEN DER WALE

Um im Meer reiche Beute zu machen, entwickelten Wale eine Vielzahl von Verhaltensweisen und körperlichen Eigenheiten. Bartenwale besitzen ein riesiges Maul, mit dem sie ungeheure Mengen winziger Tiere verschlingen können. Zahnwale verfolgen mithilfe der Echoortung einzelne Beutetiere. Viele Arten jagen gemeinschaftlich und verständigen sich dabei mit einer Reihe von Lauten. Der Erfolg dieser Jagdform basiert auf einer Sozialstruktur, die enge Bindungen fördert.

Verfolgung mit Klicks Zahnwale spüren ihre Beute mithilfe von Echoortung auf. Ein Delfin sendet bis zu 600 Klicks pro Sekunde aus. Die Echos liefern ihm ein Bild der Umgebung und die Position der Beute. Schwertwale verfolgen Fische mittels Echoortung, setzen aber bei der Jagd auf andere Wale oder Robben, die durch Klicks aufmerksam würden, ihr Sehvermögen ein.

Ausgesandtes Geräusch

Zurückgeworfenes Echo

Mahlzeiten der Buckelwale Buckelwale (oben) stürzen sich gemeinsam auf Fischschulen oder treiben verstreute Beute zusammen. Beim Fischfang mittels Blasennetz (unten) schwimmt ein Buckelwal in Spiralen zur Wasseroberfläche, während er ausatmet und so ein großes Netz aus Blasen schafft. In diesem sammelt sich kleine Beute. Der Wal schwimmt rasch durch die Mitte dieses Netzes, um seine Beute zu fangen.

3. Reiche Ernte Wenn die Fische erst einmal im Blasennetz eingeschlossen sind, schwimmt der Buckelwal mitten hindurch in Richtung Oberfläche. Dabei öffnet er das Maul, um Beutetiere zu verschlucken.

Am Meeresgrund Der Grauwal frisst im Flachwasser bodenbewohnende Krustentiere, Weichtiere und Würmer. Er taucht zum Grund, dreht sich zur Seite und saugt ein Maul voll Sediment auf. Dies drückt er dann durch die Barten und filtert so die Beute heraus.

1. Langsames Ausatmen Ein Buckelwal bewegt sich in Spiralen zur Oberfläche und atmet dabei langsam aus, sodass Säulen von Blasen entstehen. Kleine schwarmbildende Fische fangen sich in diesem Netz aus Blasen.

2. Gemeinschaftsarbeit Den Fischfang mittels Blasennetz führt ein einzelner Wal oder mehrere Wale gemeinsam aus.

Gemeinsam und allein Schwertwale fressen vor allem Beute, die es reichlich gibt, und richten danach ihre Jagdmethode aus. Wo es etwa viele Lachse oder Heringe gibt, jagen Schwertwale in Gruppen. In Argentinien gleitet ein einzelner Wal auf den Strand, um einen jungen Seelöwen zu fassen (oben).

AUF EINEN BLICK

Pottwal Sein Schlund ist so groß, dass er sogar einen Menschen verschlucken könnte. Der tief tauchende Pottwal frisst auch Haie und Rochen, aber vor allem Riesenkraken, Tintenfische und Tiefseefische. Er lebt in Gruppen von 30 bis 100 Tieren.

🐂 Bis 18,5 m
⚖ Bis 70 t
🔀 Variabel
❗ Gefährdet

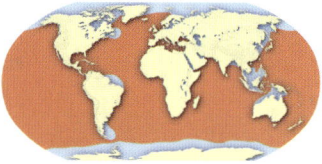

Tiefe gemäßigte und tropische Meere

Baird-Schnabelwal Eng verbundene Gruppen von 6 bis 30 Tieren leben in tiefen küstenfernen Gewässern, ein dominantes Männchen führt sie an. Die meisten Männchen tragen auf Rücken und Schnabel Narben von bei Rangkämpfen erlittenen Wunden.

🐂 Bis 13 m
⚖ Bis 15 t
🔀 Variabel
❗ Schutz nötig

N-Pazifik

SCHNÄBEL MIT STOSSZÄHNEN

Die Schnabelwale haben keine Zähne, da sie ihre Hauptnahrung, Tintenfische, einsaugen. Bei Männchen ragen jedoch 1 oder 2 Paar Zähne aus dem Maul und bilden Stoßzähne, die wohl als Waffen eingesetzt werden.

Eingewickelt
Beim Layard-Schnabelwal (Mesoplodon lay-ardii) sind die Stoßzähne besonders lang und wickeln sich um den Oberkiefer. Deshalb kann er das Maul nur etwa 2,5 cm weit öffnen..

Zwergpottwal
Kogia breviceps

Pottwal
Physeter catodon

Keine Rückenflosse, sondern ein Buckel und Furchen

Männchen wiegen 3-mal so viel wie Weibchen

Baird-Schnabelwal
Berardius bairdii

Männchen und Weibchen besitzen 2 Paar vorstehende Zähne

Nördlicher Entenwal
Hyperoodon ampullatus

Blainville-Schnabelwal
Mesoplodon densirostris

Kann bis zu 30 Minuten in Tiefen bis 1000 m tauchen

Cuvier-Schnabelwal
Ziphius cavirostris

Das Weibchen ist meist etwas größer als das Männchen

Kurzer Schnabel

Sowerby-Zweizahnwal
Mesoplodon bidens

BARTENWALE

<table>
<tr><td>**KLASSE** Mammalia</td></tr>
<tr><td>**ORDNUNG** Cetacea</td></tr>
<tr><td>**FAMILIEN** 4</td></tr>
<tr><td>**GATTUNGEN** 6</td></tr>
<tr><td>**ARTEN** 13</td></tr>
</table>

Die Riesen der Meere, die Bartenwale der Unterordnung Mysticeti, fressen winzige Beute. Sie filtern sehr kleine Wirbellose und kleine Fische durch ihre siebähnlichen Barten. Ihre beträchtliche Größe ist ein Vorteil in kühleren Gewässern, da die Oberfläche des Körpers im Verhältnis zur Masse klein ist und sie dadurch wenig Wärme verlieren. Eine dicke Schicht Blubber isoliert und dient als Fettspeicher für die gewaltigen jährlichen Wanderungen. Man findet Bartenwale in allen Weltmeeren. Zu dieser Unterordnung gehören der Grauwal, die Glattwale, der Grönlandwal sowie die Furchenwale – Blauwal, Finnwal, Seiwal, Bryde-Wal, Buckelwal und Zwergwal.

Legaler Walfang Aus kulturellen Gründen dürfen die Inuit (oben) jährlich eine kleine Anzahl Grönlandwale für den Eigenbedarf erlegen. Der Bestand war durch den kommerziellen Walfang im 19. Jahrhundert dramatisch zurückgegangen, scheint sich aber langsam wieder zu stabilisieren.

BARTEN UND BLUBBER

Glattwale bewegen sich langsam an der Oberfläche und filtern kleine Tiere mithilfe ihrer Barten aus dem Wasser. Furchenwale stürzen sich mit offenem Maul auf Schwärme ihrer Beute, schlucken große Mengen Wasser und drücken es mit der Zunge wieder nach draußen. Dabei fangen sich Krill und andere Lebewesen in den kurzen Barten. Grauwale fressen am Grund, sie filtern Krusten- und Weichtiere mithilfe der Barten aus dem Sediment.

Die meisten Bartenwale fressen winzige Beutetiere, deshalb brauchen sie große Mengen davon, um zu überleben. Im Sommer verzehrt ein großer Blauwal 4 t Krill am Tag. Während des restlichen Jahres frisst er kaum und lebt vom im Sommer gespeicherten Fett und Blubber.

Barten und Blubber, lebenswichtig für diese Riesen, lockten auch die kommerziellen Walfänger an. Seit 1985 ist der kommerzielle Walfang verboten, doch Norwegen und Japan jagen trotzdem.

Großer Schluck Buckelwale haben wie alle Furchenwale Kehlfalten, die sich ausdehnen, wenn die Tiere Wasser und Plankton schlucken. Die Falten ziehen sich zusammen, wenn die Wale das Wasser ausstoßen und die Beute in den Barten festhalten.

Leichte Knochen Das Skelett eines Wals unterstützt sein Körpergewicht kaum, sondern dient vor allem als Aufhängung für die Muskeln. Die Knochen sind leicht, relativ weich und mit Öl gefüllt. Am auffälligsten am Walskelett ist der große Schädel.

Typische Kennzeichen Glattwale unterscheiden sich durch die Hautwucherungen am Kopf, die oft von Parasiten wie Seepocken befallen sind. Die Hautwucherungen sind bei Männchen etwas größer als bei Weibchen; man kann daraus schließen, dass sie als Waffen im Kampf gegen Rivalen eingesetzt werden.

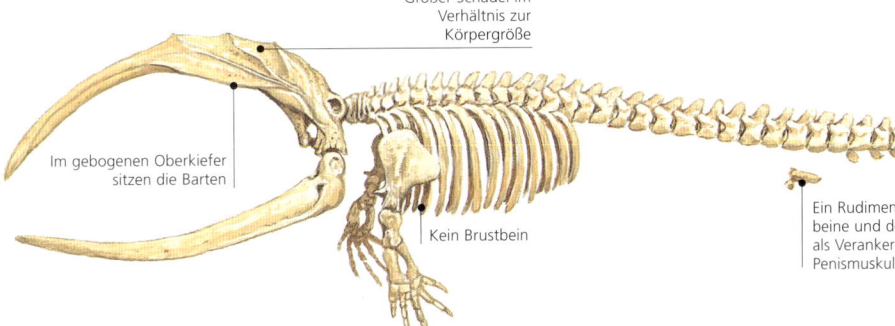

Großer Schädel im Verhältnis zur Körpergröße

Im gebogenen Oberkiefer sitzen die Barten

Kein Brustbein

Ein Rudiment der Hinterbeine und des Beckens dient als Verankerungspunkt der Penismuskulatur

AUF EINEN BLICK

Blauwal Im Sommer, wenn der Blauwal am meisten frisst, braucht er etwa 4 t Krill täglich. Er ist das größte Tier, das jemals gelebt hat. Ein neugeborenes Kalb ist mindestens 5,9 m lang und saugt täglich 190 l Milch. Dank dieser üppigen Ernährung nimmt es stündlich etwa 3,6 kg zu. Es kann 110 Jahre alt werden. Blauwale wurden in der ersten Hälfte des 20. Jahrhunderts gnadenlos gejagt, deshalb umfasst der Gesamtbestand weltweit heute nur noch 6000 bis 14 000 Tiere.

- Bis 33,5 m
- Bis 190 t
- Variabel
- Stark gefährdet

 Alle Weltmeere

Finnwal Nur der Blauwal ist größer, doch schneller ist der Finnwal, der als schnellster Wal eine Geschwindigkeit von 37 km/h erreicht. Bei Wanderungen sammeln sich oft 300 oder mehr Tiere, sonst leben Finnwale paarweise oder in Gruppen von wenigen Tieren.

- Bis 25 m
- Bis 80 t
- Variabel
- Stark gefährdet

 Alle Weltmeere

Nordkaper Reich an Waltran und leicht zu fangen, war diese Art bei den Walfängern des 18. und 19. Jahrhunderts besonders beliebt. Heute gibt es nur noch einige Hundert Tiere.

- Bis 18 m
- Bis 90 t
- Variabel
- Stark gefährdet

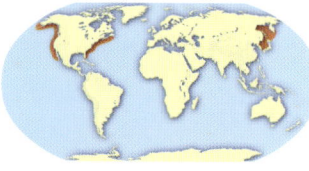

N-Pazifik und westlicher N-Atlantik

Blauwal
Balaenoptera musculus

50 bis 90 Kehlfalten

Finnwal
Balaenoptera physalus

80 % der Finnwale wurden im 20. Jahrhundert von Walfängern getötet

Unterscheidet sich von den Glattwalen durch zwei Kehlfalten und eine Rückenflosse

Kleine Rückenflosse, weit hinten am Rücken angesetzt

Zwergglattwal
Caperea marginata

Grönlandwal
Balaena mysticetus

Längste Barten aller Wale

Eine 60 cm dicke Schicht Blubber hält den Grönlandwal in der Kälte des arktischen Winters warm

Halsband aus schwarzen Flecken

Der einzige Wal in gemäßigten Gewässern ohne Rückenflosse

Die Hautwucherungen sind mit Walläusen bedeckt

Nordkaper
Eubalaena glacialis

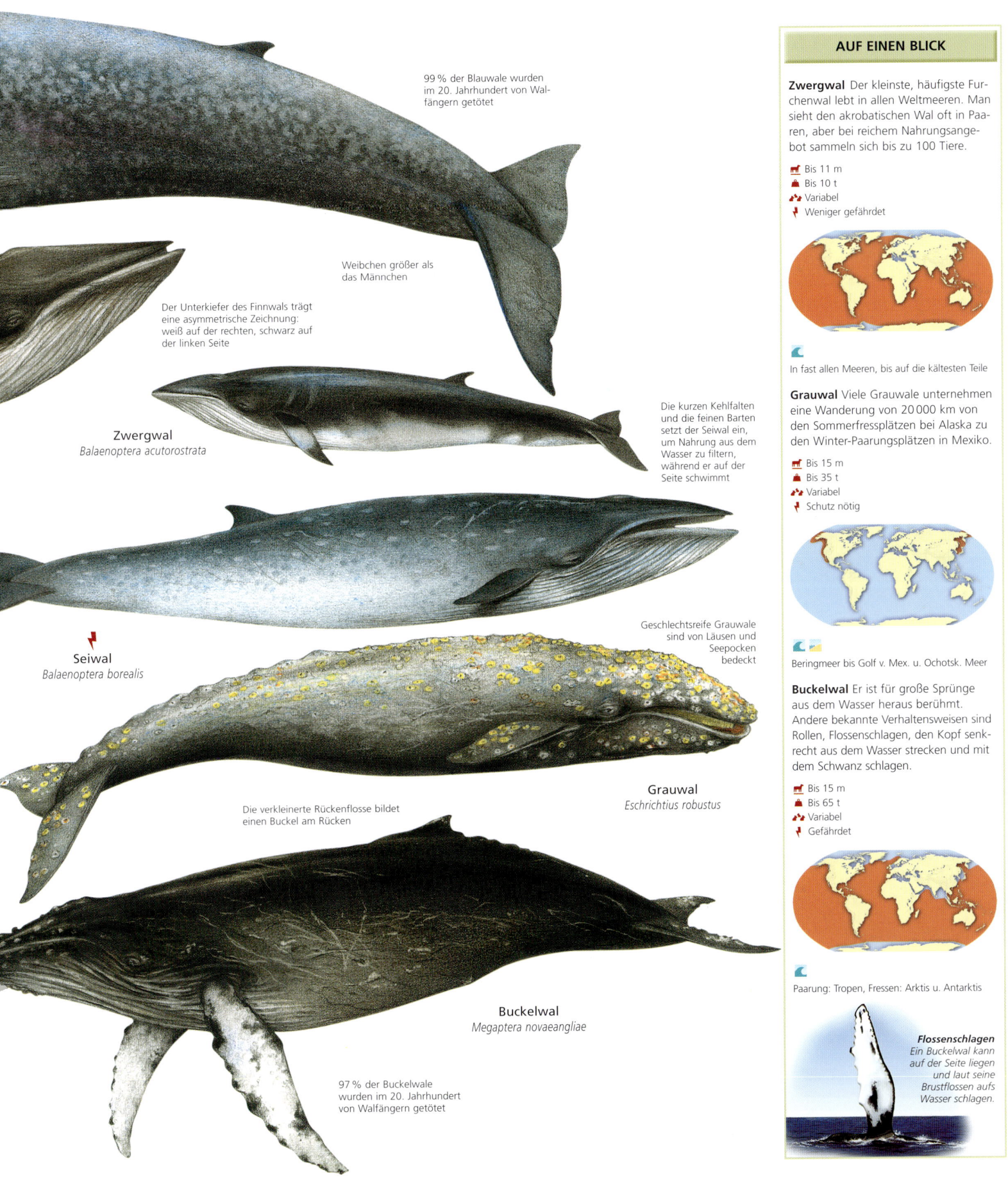

99 % der Blauwale wurden im 20. Jahrhundert von Walfängern getötet

Weibchen größer als das Männchen

Der Unterkiefer des Finnwals trägt eine asymmetrische Zeichnung: weiß auf der rechten, schwarz auf der linken Seite

Zwergwal
Balaenoptera acutorostrata

Die kurzen Kehlfalten und die feinen Barten setzt der Seiwal ein, um Nahrung aus dem Wasser zu filtern, während er auf der Seite schwimmt

Seiwal
Balaenoptera borealis

Geschlechtsreife Grauwale sind von Läusen und Seepocken bedeckt

Grauwal
Eschrichtius robustus

Die verkleinerte Rückenflosse bildet einen Buckel am Rücken

Buckelwal
Megaptera novaeangliae

97 % der Buckelwale wurden im 20. Jahrhundert von Walfängern getötet

AUF EINEN BLICK

Zwergwal Der kleinste, häufigste Furchenwal lebt in allen Weltmeeren. Man sieht den akrobatischen Wal oft in Paaren, aber bei reichem Nahrungsangebot sammeln sich bis zu 100 Tiere.

- Bis 11 m
- Bis 10 t
- Variabel
- Weniger gefährdet

In fast allen Meeren, bis auf die kältesten Teile

Grauwal Viele Grauwale unternehmen eine Wanderung von 20 000 km von den Sommerfressplätzen bei Alaska zu den Winter-Paarungsplätzen in Mexiko.

- Bis 15 m
- Bis 35 t
- Variabel
- Schutz nötig

Beringmeer bis Golf v. Mex. u. Ochotsk. Meer

Buckelwal Er ist für große Sprünge aus dem Wasser heraus berühmt. Andere bekannte Verhaltensweisen sind Rollen, Flossenschlagen, den Kopf senkrecht aus dem Wasser strecken und mit dem Schwanz schlagen.

- Bis 15 m
- Bis 65 t
- Variabel
- Gefährdet

Paarung: Tropen, Fressen: Arktis u. Antarktis

Flossenschlagen
Ein Buckelwal kann auf der Seite liegen und laut seine Brustflossen aufs Wasser schlagen.

NAGETIERE

KLASSE	Mammalia
ORDNUNG	Rodentia
FAMILIEN	29
GATTUNGEN	442
ARTEN	2010

Mit rund 2000 Arten machen Nagetiere mehr als 40 % aller Säugetier-arten aus und nehmen nahezu jeden Lebensraum auf der Erde ein. Dafür ist vor allem ihre Fähigkeit sich schnell und in großer Zahl fortzupflan-zen verantwortlich, denn so konnten sie auch in rauen Bedingungen überle-ben und günstige vollstens ausnutzen. Auch half vielen Nagern ihre geringe Größe, um Kleinlebensräume zu besiedeln. Obwohl Nagetiere zu den frühen Plazentatieren gehören – die ältesten Fossilien stammen aus der Zeit vor etwa 57 Mio. Jahren, entstand die größte Familie, Muridae (Ratten und Mäuse), erst vor 5 Mio. Jahren. Zu dieser Ordnung gehören heute zwei Drittel aller Arten.

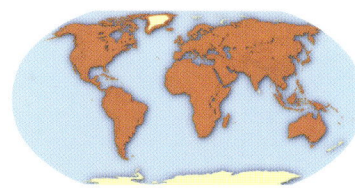

Erfolgreiche Verbreitung Angehörige der Ordnung Rodentia sind auf allen Kontinenten verbreitet, außer in der Antarktis. Dank ihrer Verbindung mit dem Menschen sind sie sogar auf entlegene Inseln gelangt. Sie passten sich an viele Lebensräume an, darunter arktische Tundra, Tropenwälder, Wüsten, Hochgebirge und Stadtgebiete.

Hartnäckige Schädlinge Viele Nagetiere behaupteten sich neben dem Menschen, weil sie in ihrer Nahrung nicht heikel sind und sich schnell vermehren. Schädlinge wie die Hausratte (links) richten nicht nur große Schäden an Ernte und Vorräten an, sondern übertragen auch Krankheiten.

Rasche Fortpflanzung Gartenschläfer paaren sich meist im April oder Mai, wenn sie aus dem Winterschlaf erwacht sind. Darauf folgt eine kurze Tragzeit von 22 bis 28 Tagen, dann wirft das Weibchen 2 bis 9 Junge. Die Neugeborenen sind noch hilf-los und öffnen ihre Augen erst nach etwa 21 Tagen. Mit 6 Wochen sind sie selbst-ständig und wachsen dann rasch bis zu ihrem ersten Winterschlaf. Manche Nage-tierarten sind bereits mit rund 6 Wochen geschlechtsreif, beim Gartenschläfer dauert es fast ein Jahr. Ein Gartenschläfer wurde in Gefangenschaft mehr als 5 ½ Jahre alt, ein langes Leben für ein Nagetier.

GLEICHER KÖRPERBAU

Die Größe der Nagetiere reicht von der winzigen Springmaus mit weni-ger als 5 cm Länge und gerade 5 g Gewicht bis zum massigen Wasser-schwein, das 1,3 m lang wird und 64 kg wiegt. Typischerweise sind Nagetiere klein mit gedrungenem Körper, kurzen Beinen und mehr oder weniger langem Schwanz.

Das wichtigste Unterscheidungs-merkmal der Nagetiere ist das Zahnschema. Alle Nagetiere besit-zen 2 Paare extrem scharfer Schnei-dezähne, mit denen sie Samenhül-len, Nussschalen und anderes harte Material durchnagen können, um an den nahrhaften Kern zu gelan-gen. Die Schneidezähne wachsen fortwährend und schärfen sich beim Aneinanderreiben selbst. Auf die Schneidezähne folgen nicht Eckzäh-ne, sondern eine Lücke, die es den Tieren ermöglicht, beim Nagen das Maul zu schließen, damit ungenieß-bares Material nicht hineingelangt. Hinten im Maul mahlt eine Reihe von Molaren die Pflanzen, die Hauptnahrung der Nagetiere.

Einige Nager fressen vor allem Fleisch, doch die meisten verzehren als Allesfresser Blätter, Früchte, Nüsse und Samen, dazu Raupen, Spinnen und andere kleine Wirbel-lose. Die schwer verdauliche Zellu-

Typischer Nager Die Wanderratte besitzt die typische Anatomie der Nager: kompakter Körper, kurze Beine, Krallen, langer Schwanz und sensible Schnurrhaare. Der scharfe Geruchssinn und das gute Gehör helfen bei der Nahrungssuche beim Vermeiden von Feinden.

Vielseitig Als Bewohner von Laubwäldern frisst das Eichhörnchen vor allem Samen und Nüsse, verzehrt aber auch Blüten, Triebe, Pilze und kleine Wirbellose. Es legt Vorräte mit Samen und Nüssen an, auf die es im Winter zurückgreifen kann.

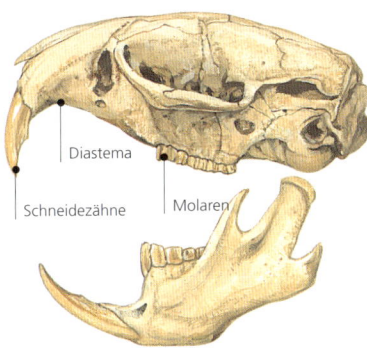

Diastema

Schneidezähne — Molaren

Nagezähne Eine Lücke, das Diastema, trennt bei den Nagern die Molaren von den scharfen, ständig wachsenden Schneidezähnen. Die Lücke erlaubt das Schließen des Mauls beim Nagen und verhindert, dass ungenießbares Material verzehrt wird.

Wichtige Rolle Als Hauptbeute für mittelgroße Beutegreifer, wie Schleiereulen, spielen Nagetiere eine große Rolle im Ökosystem. Wichtig ist in nordamerikanischen und australischen Wäldern die Verteilung von Pilzsporen, die Baumwurzeln nähren.

Nagetierschwänze Die unterschiedliche Lebensweise zeigt sich in den Schwanzformen und der Verwendung (rechts). Das Nördliche Gleithörnchen (*Glaucomys sabrinus*, oben) steuert und balanciert mit dem Schwanz beim Gleiten von Baum zu Baum.

Hamster: kurzer Schwanz, grabende Lebensweise

Bisamratte: senkrecht abgeflachter Schwanz, beim Schwimmen als Ruder benutzt

Springmaus: langer Quastenschwanz für die Balance beim Springen

Biber: breiter schuppiger Schwanz als Antrieb und Steuer im Wasser

Gleithörnchen: buschiger Schwanz für Balance beim Gleiten

Stachelschwein mit Greifschwanz: agiler Schwanz als fünfte Gliedmaße

lose der Pflanzen wird im großen Blinddarm durch Bakterien aufgeschlossen. Einige Arten nehmen den Blinddarmkot vom After auf und fressen ihn. So werden der Nahrung möglichst viele Nährstoffe entzogen.

Die intelligenten Nagetiere setzen ihren ähnlichen Körperbau unterschiedlich ein. Viele Arten leben am Boden und suchen ihre Nahrung im Wald, Grasland, in Wüsten oder menschlichen Siedlungen. Andere sind baumbewohnend und klettern über Äste, manche gleiten sogar von Baum zu Baum. Wieder andere legen unter der Erde ein System von Bauen an. Einige sind gute Schwimmer und verbringen viel Zeit im Wasser. Wenige Nager sind Einzel-

gänger, die meisten sind sehr gesellig, Präriehunde leben in Gemeinschaften von Tausenden von Tieren.

Man unterteilte die Ordnung Rodentia einst nach den Kiefermuskeln in 3 Unterordnungen: Hörnchenverwandte, Mäuseverwandte und Meerschweinchenverwandte. Diese Unterteilung verwendet man heute noch informell, doch die genetischen Strukturen verweisen auf nur 2 Unterordnungen. Zur Unterordnung Sciurognathi gehören alle Hörnchen- und Mäuseverwandten, dazu die Gundis, eine Familie der Meerschweinchenverwandten. Die andere Unterordnung, Hystricognathi, umfasst alle anderen Meerschweinchenverwandten.

⚡ **SCHUTZSTATUS**

Einige Nagetierarten haben sich an der Seite des Menschen zu wahren Plagen entwickelt. Viele andere, mit begrenzter Verbreitung, sind durch menschliche Aktivitäten bedroht oder sogar schon ausgestorben. Von den 2010 Nagetierarten stehen 33 % auf der Roten Liste der IUCN:

32	Ausgestorben
68	Vom Aussterben bedroht
95	Stark gefährdet
165	Gefährdet
5	Schutz nötig
255	Weniger gefährdet
49	Keine Angaben

HÖRNCHENVERWANDTE

KLASSE Mammalia	
ORDNUNG Rodentia	
FAMILIEN 8	
GATTUNGEN 71	
ARTEN 383	

Hörnchen, Biber und andere, die alle zusammen Hörnchenverwandte genannt werden, haben die Anordnung der Kiefermuskeln gemeinsam, die ihnen einen kräftigen Biss verleiht. Ihr Gebiss ist einfach, mit 1 oder 2 Prämolaren in jeder Reihe, die bei anderen Nagern fehlen. Außer Kiefermuskeln und Prämolaren besitzen sie nur wenig Gemeinsamkeiten und entwickelten sich wohl schon in den Frühzeiten der Evolution auseinander. Dazu gehören Biber (Familie Castoridae), Biberhörnchen (Aplodontidae), Hörnchen (Sciuridae), Taschenratten (Geomyidae), Taschenmäuse (Heteromyidae), Dornschwanzhörnchen (Anomaluridae) und Springhase (Pedetidae).

Winterschlaf Von Oktober bis März oder April hält das Waldmurmeltier (*Marmota monax*) in Erdbauen Winterschlaf. Dabei verlangsamt sich der Herzschlag, die Körpertemperatur sinkt und das Tier lebt vom Körperfett. Die Paarung erfolgt im Frühjahr.

GRABEN UND SPRINGEN

Die Nagetiere in der Familie Sciuridae machen fast drei Viertel aller Hörnchenverwandten aus. Die tagaktiven Eichhörnchen besitzen lange, leichte Körper, scharfe Krallen, um sich an der Rinde festzuhalten, und ein gutes Sehvermögen, um die Entfernungen abzuschätzen. Sie laufen Äste entlang, klettern mit dem Kopf voran Stämme hinunter oder springen von Baum zu Baum. Die nachtaktiven Gleithörnchen gleiten durch die Luft – mittels einer fellbedeckten Membran an beiden Körperseiten. Baumbewohner fressen meist Früchte, Nüsse, Samen, Triebe und Blätter, ergänzen ihre Nahrung auch durch Insekten. Bodenbewohner wie Streifenhörnchen, Präriehunde, Murmeltiere und Backenhörnchen fressen am liebsten Gräser und Kräuter. Viele der bodenbewohnenden Arten zeigen komplexe Sozialstrukturen.

Dornschwanzhörnchen sind mit den anderen Hörnchen nur entfernt verwandt. Fast alle Arten haben, wie auch die Gleithörnchen, eine Gleitmembran – ein Beispiel für konvergente Evolution.

Biber sind mit stromlinienförmigem Körper, flachem Schwanz und Füßen mit Schwimmhäuten gut ans Leben im Wasser angepasst. Mit ihren großen Schneidezähnen fällen sie Bäume und bauen Dämme.

Taschenratten, Taschenmäuse, Biberhörnchen und Springhasen graben alle Baue. Taschenratten und Taschenmäuse tragen Nahrung in ihren Backentaschen.

Sprung durch die Luft Springt ein Eichhörnchen, wie dieses Rothörnchen, von Baum zu Baum, streckt es sich, macht den Körper flach und biegt den Schwanz leicht, um möglichst viel Oberfläche zu haben. Der buschige Schwanz dient als Steuer.

Gesellige Arten Präriehunde leben in großen Kolonien mit komplexer Sozialstruktur. Eine Kolonie besteht aus kleinen Gruppen von einem Männchen, einigen verwandten Weibchen und ihren Jungen. Die Mitglieder der Gruppe teilen Nahrung und Baue.

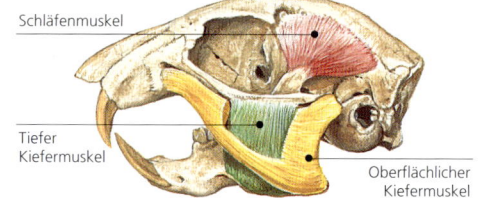

Starker Biss Bei den Hörnchenverwandten erstreckt sich der oberflächliche Kiefermuskel zur Schnauze und zieht den Kiefer beim Beißen nach vorn. Der tiefe Kiefermuskel ist kurz und verläuft direkt, er schließt ganz einfach die Kiefer.

Schläfenmuskel

Tiefer Kiefermuskel

Oberflächlicher Kiefermuskel

⚡	**SCHUTZSTATUS**

Von den 383 Arten der Hörnchenverwandten stehen 21 % auf der Roten Liste der IUCN:

8	Vom Aussterben bedroht
11	Stark gefährdet
3	Schutz nötig
58	Weniger gefährdet
2	Keine Angabe

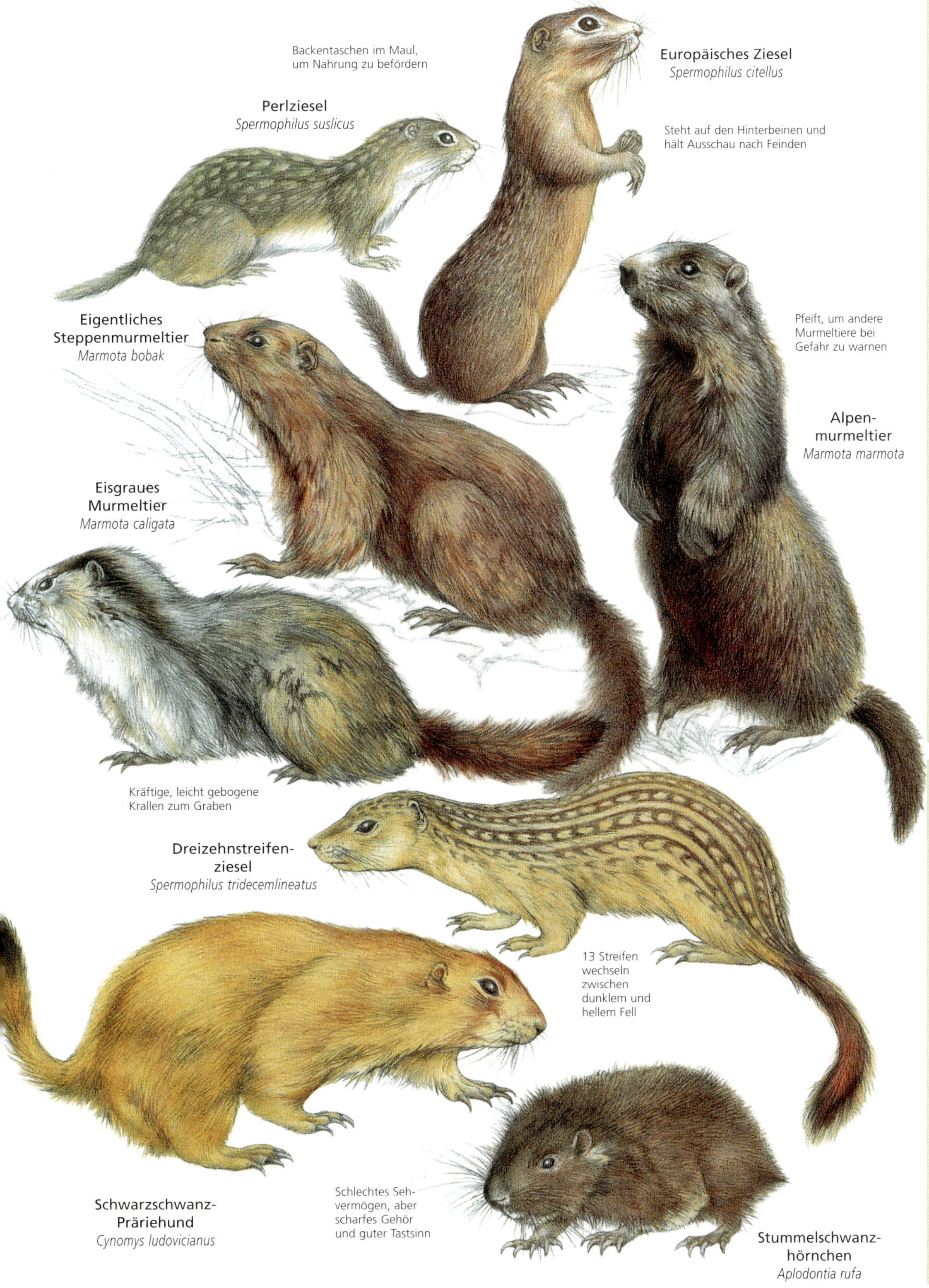
Backentaschen im Maul, um Nahrung zu befördern
Perlziesel
Spermophilus suslicus
Europäisches Ziesel
Spermophilus citellus
Steht auf den Hinterbeinen und hält Ausschau nach Feinden
Eigentliches Steppenmurmeltier
Marmota bobak
Pfeift, um andere Murmeltiere bei Gefahr zu warnen
Alpen-murmeltier
Marmota marmota
Eisgraues Murmeltier
Marmota caligata
Kräftige, leicht gebogene Krallen zum Graben
Dreizehnstreifen-ziesel
Spermophilus tridecemlineatus
13 Streifen wechseln zwischen dunklem und hellem Fell
Schwarzschwanz-Präriehund
Cynomys ludovicianus
Schlechtes Seh-vermögen, aber scharfes Gehör und guter Tastsinn
Stummelschwanz-hörnchen
Aplodontia rufa

AUF EINEN BLICK

Dreizehnstreifenziesel Das tagaktive Tier ernährt sich vorwiegend von Gräsern und Samen. In den Backentaschen bringt es Nahrung zu seinen unterirdischen Verstecken.

- Bis 18 cm
- Bis 13 cm
- Bis 270 g
- Einzelgänger
- Regional häufig

Prärien im zentralen Nordamerika

Schwarzschwanz-Präriehund Die geselligen Tiere spielen miteinander, betreiben gegenseitige Fellpflege und kommunizieren mit vielerlei Rufen. Ein Alarmgebell warnt vor Gefahr, eine andere Art Bellen gibt Entwarnung.

- Bis 34 cm
- Bis 9 cm
- Bis 1,5 kg
- Familiengr., Kolonien
- Weniger gefährdet

Prärien mit kurzem Gras in W-Nordamerika

Stummelschwanzhörnchen Das ausschließlich bodenbewohnende Tier lebt in einem System von unterirdischen Gängen – meist als Einzelgänger, doch verbringt es auch Zeit mit Artgenossen.

- Bis 42 cm
- Bis 5 cm
- Bis 1,2 kg
- Einzelgänger
- Weniger gefährdet

SW-Kanada bis N-Kalifornien

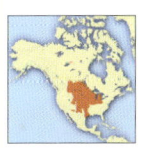

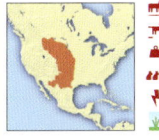

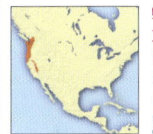

MURMELTIERE

Murmeltiere leben nur auf der Nordhalbkugel, und zwar vorwiegend im Gebirge. Sie halten einen Winterschlaf in ihren Bauen und leben von ihrem Körperfett. Alle Murmeltiere, bis auf das Waldmurmeltier, leben in Familiengruppen. Junge Weibchen bleiben oft bei den Eltern, um bei der Aufzucht ihrer jüngeren Geschwister zu helfen.

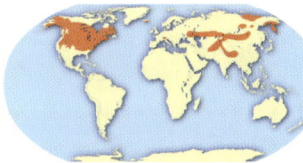

***Eng verbunden** Auch das Olympische Murmeltier (Marmota olympus) ist sehr gesellig. Die Jungen brauchen 2 Jahre lang die Mutter.*

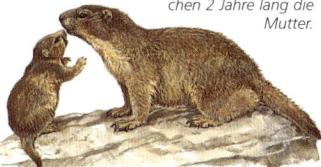

AUF EINEN BLICK

Grauhörnchen Es besitzt zusätzlich zu seiner Höhle in einem Baumstamm ein aus Zweigen gebautes und mit Gras und Rindenstückchen gepolstertes Nest in den Ästen eines Baumes. Im Nest ruht und frisst es und bringt dort auch seine Jungen unter.

- Bis 28 cm
- Bis 24 cm
- Bis 750 g
- Einzelgänger
- Häufig

S-Kanada bis Texas und Florida

Eichhörnchen Dank seiner kräftigen Schneidezähne knackt es eine Nuss in Sekunden. Es sammelt fast den ganzen Tag lang Samen, Nüsse, Pilze, Vogeleier und Baumsaft.

- Bis 28 cm
- Bis 24 cm
- Bis 280 g
- Einzelgänger
- Weniger gefährdet

W-Europa bis O-Russland, Korea und N-Japan

VORRATSKAMMER

Wie viele Hörnchen in Klimazonen mit rauen Wintern lagert das Rothörnchen Nahrung für die kalten Monate ein. Es sammelt Tausende von Kiefern- und Fichtenzapfen und versteckt sie in einer »Vorratskammer«, die unter einem Baumstamm oder in einem hohlen Strunk liegen kann. Das umgebende Revier wird vehement verteidigt.

SCHUTZSTATUS

Konkurrenz Das Eichhörnchen ist in weiten Teilen Mitteleuropas häufig, doch in Osteuropa sind seine Populationen durch die Jagd dezimiert. Diese Art ist heute aus den meisten Gegenden in Großbritannien verschwunden, weil das 1902 aus Nordamerika eingeführte Grauhörnchen ihm mit großem Erfolg die Nahrungsquellen streitig gemacht hat.

Rothörnchen
Tamiasciurus hudsonicus

Weißer Ring um die Augen

Bunthörnchen
Sciurus variegatoides

Die Ohren tragen im Winter lange Büschel

Grauhörnchen
Sciurus carolinensis

Nützt Gelbkiefern für Nahrung und Schutz

Pinselohrhörnchen
Sciurus aberti

Bunthörnchen
Sciurus variegatoides

Eichhörnchen
Sciurus vulgaris

Das Fell des Eichhörnchens kann rot oder schwarz sein

Das Fell wird im Winter dichter

Guayaquil-Hörnchen
Sciurus stramineus

Prevost-Schönhörnchen
Callosciurus prevostii

Lebt hoch oben in den Baumkronen,
frisst aber auf tiefer gelegenen Ästen

Pferdeschwanzhörnchen
Sundasciurus hippurus

Südliches Gleithörnchen
Glaucomys volans

Die Gleitmembran, das
Patagium, ist zusammen-
gefaltet, wenn das
Gleithörnchen sitzt

**Gewöhnliches
Gleithörnchen**
Pteromys volans

Graufußhörnchen
Paraxerus palliatus

Erde färbt oft das Fell

Gestreiftes Zieselhörnchen
Xerus erythropus

Hält
Nahrung
in den
Vorder-
pfoten

**Graufuß-
hörnchen**
Heliosciurus gambianus

Sitzt beim Fressen
und auf Wache auf
den Hinterbeinen

**Streifenbacken-
hörnchen**
Tamias striatus

Kleinstes
Hörnchen
der Welt

**Afrikanisches
Zwerghörnchen**
Myosciurus pumilio

5 schwarze
Streifen am
Rücken

AUF EINEN BLICK

Südliches Gleithörnchen Dieser nachtaktive Gleiter frisst vor allem Nüsse und Eicheln, verzehrt aber auch Insekten und Jungvögel. Er lebt in Paaren, doch für den Winter schließen sich oft größere Gruppen zusammen.

🐿	Bis 14 cm
🐿	Bis 12 cm
⚖	Bis 85 g
🐾	Paarw., kl. Gruppen
🌱	Regional häufig

S-Kanada bis O-USA

Gestreiftes Zieselhörnchen Wie Präriehunde lebt dieses gesellige Tier in Kolonien. Bei Gefahr stößt es einen lauten Warnruf aus.

🐿	Bis 40 cm
🐿	Bis 30 cm
⚖	Bis 1 kg
🐾	Kolonien
🌱	Regional häufig

W-Afrika bis Kenia

Streifenbackenhörnchen Der Einzelgänger sucht Schutz in Bauen. Wenn die Backentaschen voll gestopft sind, sind sie so groß wie sein Kopf.

🐿	Bis 17 cm
🐿	Bis 12 cm
⚖	Bis 150 g
🐾	Einzelgänger
🌱	Regional häufig

SO-Nordamerika

Afrikanisches Zwerghörnchen Es ist etwa so groß wie ein menschlicher Daumen und ist die kleinste Hörnchenart. Es lebt in hohlen Baumstämmen.

🐿	Bis 7,5 cm
🐿	Bis 6 cm
⚖	Bis 17 g
🐾	Einzelgänger
🌱	Gefährdet

Äquatorialafrika

GLEITEN

Ein Gleithörnchen kann in der Luft bis zu 100 m zurücklegen. Dabei braucht es deutlich weniger Energie als beim Klettern und entkommt allen Feinden, die nicht fliegen können. Bei den meisten Arten wird die Gleitmembran beim Klettern weggesteckt.

Bremsen
Dabei heben
Gleithörnchen
den Schwanz und
strecken die Glieder nach
vorn. So wird die Membran zum Fallschirm.

KLEINE HOLZFÄLLER

Biber, die großen Ingenieure des Tierreichs, ändern ihre Umwelt durch den Bau von Dämmen, Kanälen und Burgen. Ihre Konstruktionen sind bei Menschen nicht gerade beliebt, doch sie besitzen eine wichtige ökologische Funktion, denn sie verringern die Erosion und schaffen durch Überflutung neue Lebensräume für Wassertiere. Biber leben in Familiengruppen (ein monogames Paar und mehrere Junge). Sie kommunizieren durch Rufe und Haltungen. Als Alarm schlagen sie mit dem Schwanz aufs Wasser. Die 2 Arten, der nordamerikanische *Castor canadensis* und der eurasische *C. fiber*, ähneln sich in Aussehen und Verhalten, aber paaren sich nicht miteinander.

Werkzeug Wie alle Nagetiere haben Biber Schneidezähne, die sich selbst schärfen und nie zu wachsen aufhören. Die Außenseite ist durch harten Zahnschmelz geschützt, die Innenseite ist weicher und reibt sich beim Nagen ab. So entsteht eine scharfe Kante.

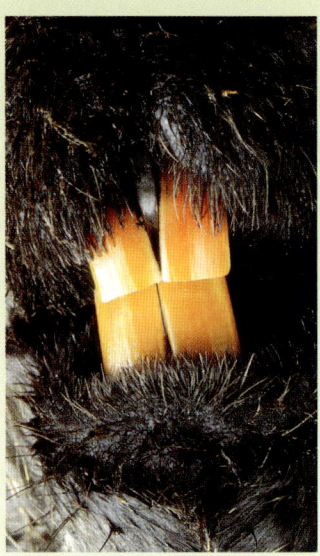

Winterruhe Biber fressen und bauen normalerweise nachts. In schneereichen Wintern kommen sie aber nur selten aus dem warmen Bau. Als Nahrung dienen ihnen Stöcke und Baumstämme, die unter Wasser lagern, und das im Schwanz gespeicherte Fett.

Baue und Dämme Eine Biberkolonie teilt sich ein Gängesystem am Ufer oder baut im Wasser eine Burg. Diese Kuppel aus Stecken und Schlamm hat einen Eingang unter Wasser, der zu einem mit Pflanzen ausgepolsterten Lebensbereich über der Wasseroberfläche führt. Um einen ruhigen Teich für ihre Burg zu schaffen, legen Biber Dämme an, die das Wasser stauen. Sie graben auch Kanäle, um ihren Damm mit Nahrungs- und Baumaterialquellen zu verbinden. Oft bleibt ein Damm über Generationen bestehen, doch wenn der Teich verlandet, müssen die Biber einen neuen Platz finden.

Leben im Wasser Der Biber bewegt sich mithilfe des flachen Schwanzes und der Hinterfüße mit Schwimmhäuten durchs Wasser. Durchsichtige Augenlider schützen die Augen. Nasenlöcher und Ohren sind verschließbar. Das dicke Fell isoliert im Wasser.

Biberjunge Ein Wurf umfasst meist 2 bis 4 Junge, die 6 bis 8 Wochen gesäugt werden. Die Jungen wachsen rasch, bleiben aber bis zu 2 Jahre bei ihrer Familiengruppe, damit sie den Bau von Dämmen und Burgen lernen.

Staudamm Biber bauen aus Steinen, Stecken, Ästen und Schlamm einen Damm. So entsteht ein Teich, der als Wassergraben um ihre Burg dient und die meisten Feinde abschreckt.

Schnelle Erholung Biber bevorzugen Espen, Pappeln, Erlen und Weiden, die alle rasch wachsen. Manchmal treiben sie sogar wieder aus, wenn ein Biber sie gefällt hat.

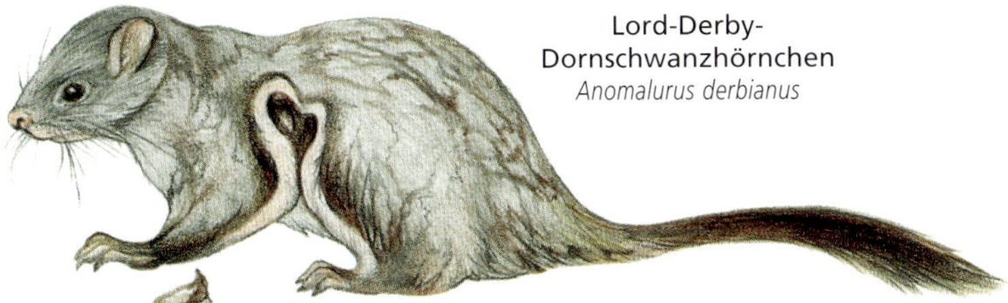

Lord-Derby-Dornschwanzhörnchen
Anomalurus derbianus

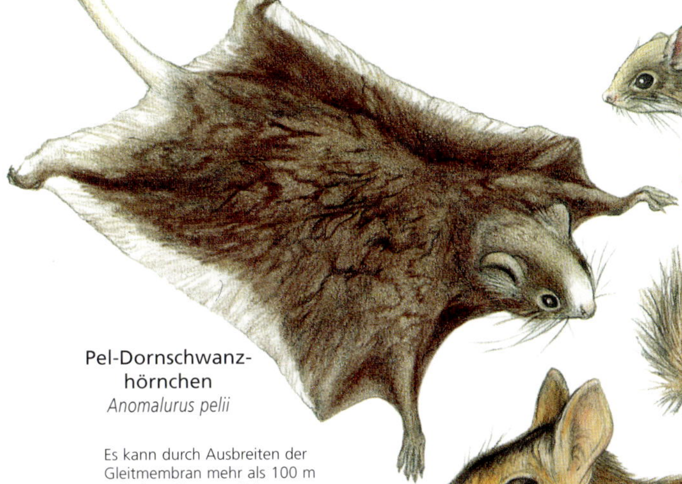

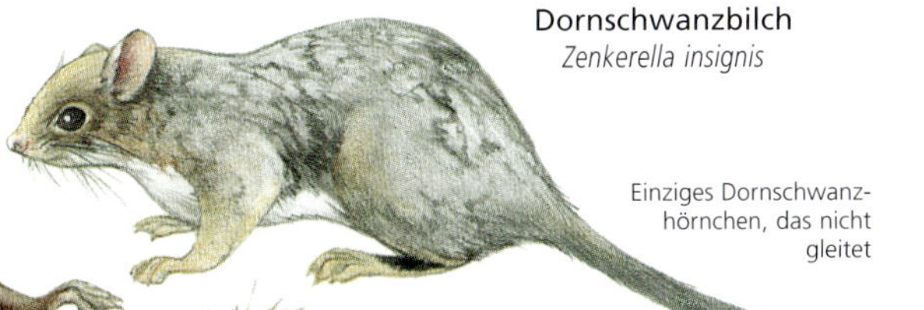

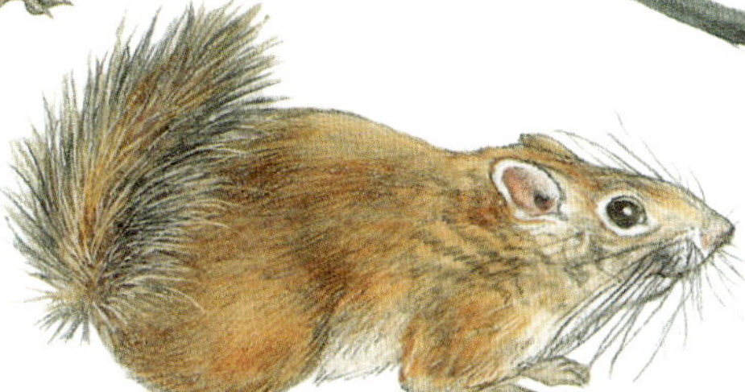

Pel-Dornschwanzhörnchen
Anomalurus pelii

Es kann durch Ausbreiten der Gleitmembran mehr als 100 m zwischen Bäumen gleiten

Dornschwanzbilch
Zenkerella insignis

Einziges Dornschwanzhörnchen, das nicht gleitet

Buschschwanzgundi
Pectinator spekei

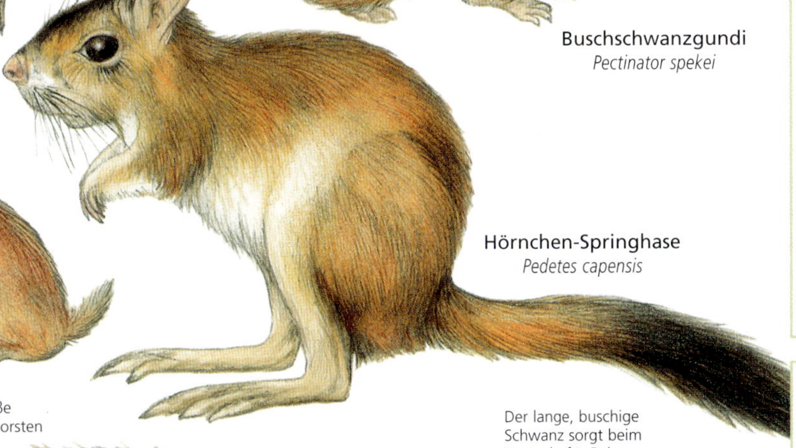

Hörnchen-Springhase
Pedetes capensis

Der lange, buschige Schwanz sorgt beim Hoppeln für Balance

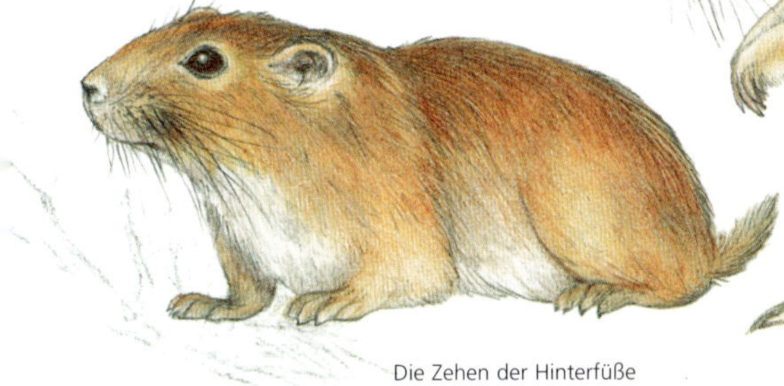

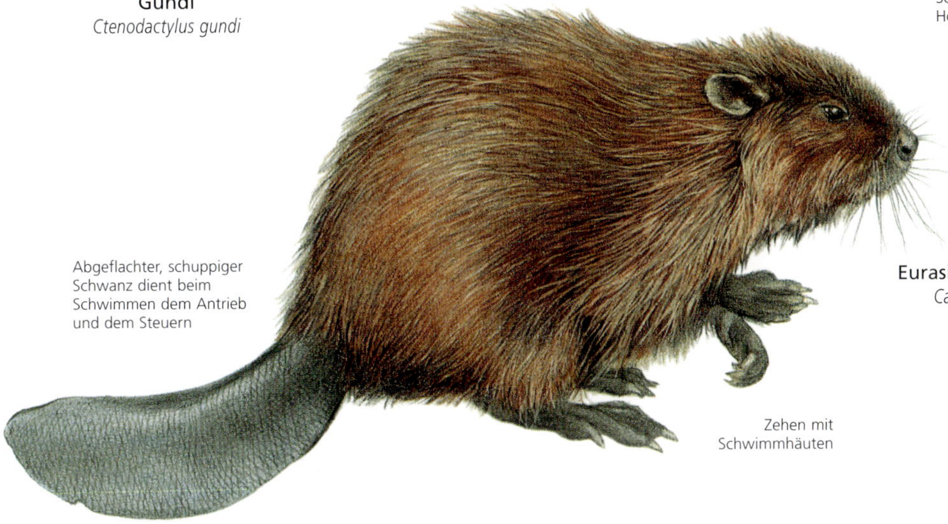

Gundi
Ctenodactylus gundi

Die Zehen der Hinterfüße tragen kammähnliche Borsten

Eurasischer Biber
Castor fiber

Mit den langen Schneidezähnen fällt der Biber Bäume

Abgeflachter, schuppiger Schwanz dient beim Schwimmen dem Antrieb und dem Steuern

Zehen mit Schwimmhäuten

AUF EINEN BLICK

Ctenodactylus gundi Man rechnete es zu den Meerschweinchenverwandten, heute zählt es zu den Hörnchen- und Mäuseverwandten (Sciurognathi). Es trinkt nicht, sondern entnimmt die Flüssigkeit seiner Pflanzennahrung.

- Bis 20 cm
- Bis 2,5 cm
- Bis 290 g
- Familiengr., Kolonien
- Regional häufig

N-Afrika

Hörnchen-Springhase Wie ein kleines Känguru hat der Hörnchen-Springhase lange Hinterbeine, auf denen er hüpft. Tagsüber schützt er sich in seinem Bau vor der Hitze, nachts frisst er Gras und Feldfrüchte.

- Bis 43 cm
- Bis 47 cm
- Bis 4 kg
- Einzelgänger
- Gefährdet

O- und südliches Afrika

Eurasischer Biber Das teilweise wasserlebende Tier ernährt sich vor allem von Wasserpflanzen. Es frisst auch an Espen, während es Erlen und Eichen als Baumaterial fällt.

- Bis 80 cm
- Bis 45 cm
- Bis 25 kg
- Paarweise, Familiengr.
- Weniger gefährdet

W-Europa bis O-Sibirien

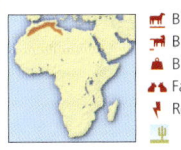

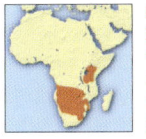

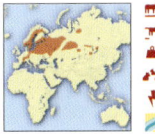

SCHUPPIGE SCHWÄNZE

Die Dornschwanzhörnchen der Familie Anomaluridae sind nicht direkt mit den Hörnchen der Familie Sciuridae verwandt. Bis auf eine Art bewegen sie sich gleitend vorwärts, eine Anpassung, die sich unabhängig auch bei den Gleithörnchen entwickelt hat. Die Schuppen an der Schwanzwurzel geben Dornschwanzhörnchen bei der Landung und beim Hochklettern an Bäumen Halt.

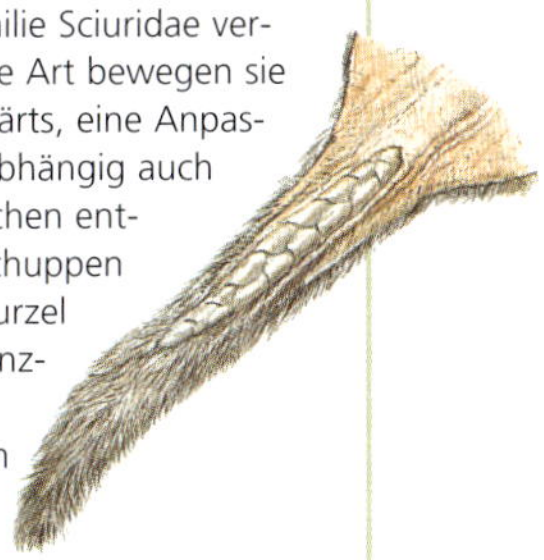

SCHUTZSTATUS

Baumlöcher Die meisten Arten der Dornschwanzhörnchen Afrikas gelten als weniger gefährdet. Sie brauchen hohle Bäume zum Leben, die es nur in alten Wäldern gibt, doch diese müssen rasch Landflächen für den Ackerbau weichen.

Heteromyidae Zu dieser Familie gehören Taschenmäuse und Kängururatten. Mit den Taschenratten (Familie Geomyidae) sind sie eng verwandt. Mit ihnen haben sie Backentaschen und die grabende Lebensweise gemeinsam.

Chaetodipus formosus Diese Art lebt vorwiegend in Steinwüsten. Während der Dürrezeit vermeiden die Weibchen es, Junge in die Welt zu setzen.

🐁 Bis 10 cm
🐀 Bis 12 cm
⚖ Bis 25 g
♟ Einzelgänger
🏃 Häufig
🌵

Nevada und Utah bis Niederkalifornien

Mexikanische Stacheltaschenmaus Sie kann zu jeder Jahreszeit Junge werfen. Dadurch ist sie in der Lage, günstige Bedingungen zu nützen.

🐁 Bis 13 cm
🐀 Bis 13 cm
⚖ Bis 60 g
♟ Einzelgänger
🏃 Selten
🌾 🌱

S-Texas bis Mexiko

Flachlandtaschenratte Dieser Einzelgänger gräbt einen Bau, dessen Gänge zu einer zentralen Kammer führen. In der Paarungszeit gräbt sich ein Männchen oft zum Bau eines Weibchens vor.

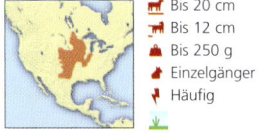

🐁 Bis 20 cm
🐀 Bis 12 cm
⚖ Bis 250 g
♟ Einzelgänger
🏃 Häufig
🌿

Prärien von S-Kanada bis Texas

Großohrkängururatte Wie andere Kängururatten hüpft diese Art auf langen Hinterbeinen. Mit den kurzen Vorderbeinen hält sie die Nahrung.

🐁 Bis 15 cm
🐀 Bis 20 cm
⚖ Bis 90 g
♟ Einzelgänger
🏃 Unbekannt
🏞

Kalifornien

Wüstenkängururatte Um in ihrer ariden Umgebung Wasser zu sparen, kommt sie nur nachts aus ihrem Bau, wenn die Luftfeuchtigkeit am höchsten ist. Sie trinkt selten, fast alle Flüssigkeit nimm sie über die Nahrung auf.

🐁 Bis 15 cm
🐀 Bis 21 cm
⚖ Bis 150 g
♟ Einzelgänger
🏃 Häufig
🌵

Nevada bis N-Mexiko

Chaetodipus formosus

Der Schwanz ist länger als Kopf und Körper

Mexikanische Stacheltaschenmaus
Liomys irroratus

Heteromys anomalus

Raues, borstiges Fell

Große vorstehende Zähne, um Wurzeln abzubeißen oder zu graben

Dank der locker sitzenden Haut kommt die Taschenratte in engen Bauen zurecht

Massiver Schädel mit Furchen

Vergrößerte Krallen zum Graben von Bauen

Flachlandtaschenratte
Geomys bursarius

Gebirgstaschenratte
Thomomys bottae

Wüstenkängururatte
Dipodomys deserti

Bewegt sich meist hüpfend

Großohrkängururatte
Dipodomys elephantinus

Der lange Schwanz gibt beim Hüpfen Balance

MÄUSEVERWANDTE

KLASSE	Mammalia
ORDNUNG	Rodentia
FAMILIEN	3
GATTUNGEN	306
ARTEN	1409

Mehr als ein Viertel aller Säugetierarten sind Mäuseverwandte. Sie galten einst als eigene Unterordnung. Diese Nagetiere haben die Anordnung der Kiefermuskeln gemeinsam, die ihnen wirksames Nagen ermöglicht. Sie besitzen alle maximal 3 Backenzähne in einer Reihe. Sie werden nicht alt, doch die meisten werden früh geschlechtsreif und pflanzen sich häufig fort. Wichtigste Familie sind die Muridae, zu der mehr als 1000 Arten gehören, darunter die Altwelt- und Neuweltratten und -mäuse, die Wühlmäuse und Lemminge, die Hamster und Rennmäuse. Die anderen Familien der Mäuseverwandten sind die Schläfer (Myoxidae) und die Springmäuse (Dipodidae).

Immer der Nase nach Bis zu 50 Hausmäuse leben in einer Familiengruppe. In ihrem Revier setzen sie Duftmarken ab, mit deren Hilfe sie einander erkennen und Eindringlinge entdecken.

RASCHE AUSBREITUNG

Die ersten Angehörigen der Familie Muridae tauchten erst vor einigen Millionen Jahren auf – eine kurze Zeit in der Evolution. Seitdem hat die Familie sich reich verzweigt und kommt heute in fast jedem Lebensraum der Welt vor, von den Polargebieten bis zu Wüsten. Die meisten Arten sind kleine, nachtaktive, Samen fressende Bodenbewohner mit spitzer Schnauze und langen Schnurrhaaren. Einige verbringen die meiste Zeit im Wasser und wieder andere leben unter der Erde.

Es gibt mehr als 500 Arten von Altweltratten und -mäusen. Dazu gehören die häufigen Hausmäuse und Hausratten – als Schädlinge in Städten wohl bekannt. Unter den Neuweltratten und -mäusen gibt es Kletterer ebenso wie Fisch fressende Arten, doch die meisten leben am Boden im Wald oder Grasland.

Ratten und Mäuse stellen 80% der Familie Muridae. Wühlmäuse und Lemminge, Hamster und Rennmäuse bilden eigene Unterfamilien. Wühlmäuse und Lemminge leben auf der Nordhalbkugel und haben sich an das Fressen harter Gräser angepasst. Viele verbringen den Winter in Gängen unter dem Schnee. Hamster sind beliebte Heimtiere, doch in der Natur leben sie als Einzelgänger und reagieren aggressiv auf Eindringlinge. Rennmäuse gibt es vor allem in den ariden Gebieten Afrikas und Asiens.

Die Familien Myoxidae und Dipodidae sind kleiner und spezialisierter als Muridae. Schläfer leben meist in Bäumen und halten in kalten Wintern einen Winterschlaf. Alle Springmäuse besitzen große Füße und einen langen Schwanz, damit sie hüpfen können. Springmäuse überleben in einigen der unwirtlichsten Wüsten der Welt.

Früchtefresser Schläfer (oben) und die meisten anderen Mäuseverwandten sind Pflanzenfresser: Sie fressen Samen, Früchte und Knospen, dazu gelegentlich Insekten. Wühlmäuse und Lemminge sind auf Gräser spezialisiert. Einige Arten sind Fleisch fressend. Schwimmratten verzehren neben wasserlebenden Wirbellosen auch manchmal eine Schildkröte oder Fledermaus. Hausratten greifen sogar Geflügel an.

Großfamilien Ratten und Mäuse vermehren sich rasend schnell. Die meisten sind früh geschlechtsreif, haben eine kurze Tragzeit und große Würfe. Bei manchen Arten kann ein einziges Paar in weniger als einem Jahr Tausende Nachkommen haben.

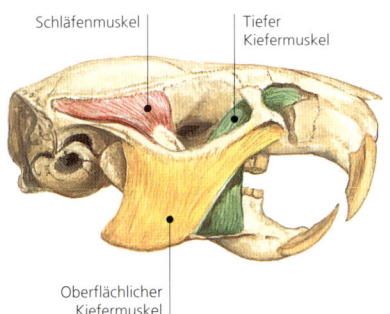

Schläfenmuskel

Tiefer Kiefermuskel

Oberflächlicher Kiefermuskel

Wirksam Die Anordnung der Kiefermuskeln erlaubt den Mäuseverwandten wirksam zu nagen. Der tiefe Kiefermuskel verläuft bis zum Oberkiefer und wirkt mit dem oberflächlichen Kiefermuskel zusammen, um den Kiefer nach vorn zu ziehen.

AUF EINEN BLICK

Goldhamster Er ist heute ein beliebtes Heimtier und der bekannteste Hamster, doch in der Natur ist er gefährdet. Man führte ihn in den 1930ern in den USA und England ein und er hat sich seitdem in Gefangenschaft weit verbreitet.

🐁 Bis 18 cm
🐀 Bis 2 cm
⚖ Bis 150 g
♟ Einzelgänger
⚡ Stark gefährdet

Nahost, SO-Europa, SW-Asien

Feldhamster Das allein lebende Grabtier schläft im Winter. Etwa einmal pro Woche wacht es auf, um von seinen Samen- und Wurzelvorräten zu fressen. In den wärmeren Monaten füllt es seinen Vorrat auf, das Pflanzenmaterial trägt es in den Backentaschen heim.

🐁 Bis 32 cm
🐀 Bis 6 cm
⚖ Bis 385 g
♟ Einzelgänger
⚡ Häufig

Belgien bis zum Altaigebirge in Zentralasien

Florida-Buschratte Der nachtaktive Einzelgänger fällt Eulen, Wieseln und Schlangen zum Opfer. Er legt seinen Bau in einer Felsspalte oder zwischen Baumwurzeln an und schützt ihn mit Stöcken, Knochen und Blättern.

🐁 Bis 27 cm
🐀 Bis 18 cm
⚖ Bis 260 g
♟ Einzelgänger
⚡ Häufig

SO-USA

Baumwollratte Nach einer Tragzeit von 27 Tagen bringen Weibchen mehrere schon mit Fell bedeckte Junge zur Welt. Das Weibchen ist sofort wieder paarungsbereit, die Jungen sind nach 40 Tagen geschlechtsreif.

🐁 Bis 20 cm
🐀 Bis 16 cm
⚖ Bis 225 g
♟ Einzelgänger
⚡ Häufig

SO-USA bis N-Venezuela und N-Peru

Hirschmaus Der kleine Allesfresser hat sich an verschiedene Lebensräume angepasst, von nördlichen Wäldern bis zu Wüsten. Er vermehrt sich rasch: bis zu 4 Würfen mit 4 bis 9 Jungen jährlich.

🐁 Bis 10 cm
🐀 Bis 12 cm
⚖ Bis 30 g
♟ Einzelgänger
⚡ Häufig

Nordamerika außer Tundra und SO-USA

Feldhamster
Cricetus cricetus

Größter Hamster

Fast nackter Schwanz

Goldhamster
Mesocricetus auratus

Florida-Buschratte
Neotoma floridana

Behaarter zweifarbiger Schwanz

Baumwollratte
Sigmodon hispidus

Die Schwanzlänge variiert von 5 bis 12 cm

Hirschmaus
Peromyscus maniculatus

Teilweise im Wasser lebender Allesfresser, dessen Nahrung aus Reis, Blättern, Seggen, Insekten, Schnecken, Fischen und Krustentieren besteht

Sumpfreisratte
Oryzomys palustris

Prometheusmaus
Prometheomys schaposchnikowi

Lange Krallen zum
Graben von Bauen

Halsbandlemming
Dicrostonyx torquatus

Weißes Winterfell

Lebt weiter nördlich als
alle anderen Nagetiere

Braunes Sommerfell

Schermaus
Arvicola terrestris

Rötelmaus
Clethrionomys glareolus

Große Rennmaus
Rhombomys opimus

Waldlemming
Myopus schisticolor

Berglemming
Lemmus lemmus

Schwanz als
Ruder seitlich
abgeflacht

Kleine Schwimmhäute
zwischen den Zehen

Bisamratte
Ondatra zibethicus

Größte Wühlmaus

Libysche Rennratte
Meriones lybicus

AUF EINEN BLICK

Halsbandlemming Er verbringt den
Sommer in flachen Bauen im Gebirge.
Im Winter zieht er auf tiefer gelegene
Wiesen und schützt sich in Gängen
unter Schnee.

- Bis 15 cm
- Bis 1 cm
- Bis 90 g
- Einzelgänger
- Häufig

Arktisches Eurasien

Große Rennmaus Um kalte Winter zu
überstehen, drängen sich große Gruppen dieser Tiere in weitläufigen Bauen
aneinander. So wärmen sie sich gegen-
seitig und schützen ihre Vorräte.

- Bis 20 cm
- Bis 16 cm
- Unbekannt
- Kolonien
- Häufig

Kasp. Meer bis Mongolei, China und Pakistan

Bisamratte Sie schwimmt mit den großen Hinterfüßen mit Schwimmhäuten
und rudert mit dem nackten Schwanz.
Wie der Biber lebt sie in der Gruppe in
einem Bau am Ufer oder in einer Burg.

- Bis 33 cm
- Bis 30 cm
- Bis 1,8 kg
- Kl. bis große Gruppen
- Häufig

USA u. Kanada außer Tundra; eingef. Eurasien

LEMMING-ZÜGE

Entgegen dem allgemeinen Glauben
begehen Berglemminge nicht absichtlich
Selbstmord. Doch alle 3 oder 4 Jahre
steigt ihre Zahl. Dann werden die Lemminge sehr aggressiv. Solche Konflikte
lösen wohl Massenbewegungen aus,
die von der übervölkerten Bergwelt der
Tundra in tiefer gelegene Wälder
führen. Treffen Lemminge dann
auf Hindernisse, wie
Flüsse, geraten
sie in Panik
und fliehen.
Dabei stür-
zen einige
ins Meer.

Kampftechniken Berg-
lemminge ringen, boxen
oder nehmen Imponier-
stellungen ein.

AUF EINEN BLICK

Schwarzohrriesenratte Diese baumbewohnende Ratte lebt in einer Baumhöhle. Sie ist ein reiner Pflanzenfresser und frisst vorwiegend Triebe.

🐂 Bis 37 cm
🐀 Bis 41 cm
🏋 Bis 1,3 kg
🐿 Einzelgänger
🌱 Häufig

Zentrales Hochland von Neuguinea

Eurasiatische Zwergmaus Sie ist eine der kleinsten Mäuse und lebt inmitten von großen Feldfrüchten, Gräsern oder Bambus. Für jeden Wurf bauen beide Eltern ein kugelförmiges Nest, das zwischen Stängeln über der Erde hängt.

🐂 Bis 2,5 cm
🐀 Bis 2,5 cm
🏋 Bis 7 g
🐿 Einzelgänger
🚩 Weniger gefährdet

🌱
England u. Spanien bis China, Korea u. Japan

Afrikanische Streifengrasmaus Sie lebt in der Savanne in unterirdischen Bauen oder verlassenen Termitenhügeln. Die Art baut in der Regenzeit ein rundes Nest, in dem nach 28 Tagen Tragzeit die Jungen geboren werden.

🐂 Bis 14 cm
🐀 Bis 15 cm
🏋 Bis 68 g
🐿 Einzelgänger
🌱 Häufig

Afrika südlich der Sahara

Hausmaus Dank ihrer Verbindung mit dem Menschen verbreitete sich diese Art auf der ganzen Welt. Sie lebt in Gebäuden oder benachbarten Feldern und frisst fast jede menschliche Nahrung, dazu Dinge wie Leim oder Seife.

🐂 Bis 10 cm
🐀 Bis 10 cm
🏋 Bis 30 g
🐾 Variabel
🚩 Zahlreich, oft als Schädling betrachtet

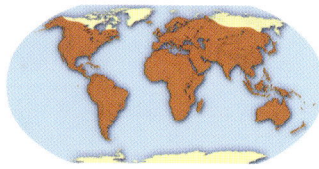

🌱🌿🌱🌵🌳
Weltweit, außer Tundra und den Polargebieten

Die große Ratte wird oft wegen ihres Fleisches gejagt

Schwarzohrriesenratte
Mallomys rothschildi

Eurasiatische Zwergmaus
Micromys minutus

Klettert geschickt und hält sich mit dem Greifschwanz fest

Afrikanische Streifengrasmaus
Lemniscomys striatus

Flieht bei Gefahr auf den Hinterbeinen hüpfend

Waldmaus
Apodemus sylvaticus

Mehrere Waldmäuse bauen mitunter gemeinsam einen tiefen Bau

Ägyptische Stachelmaus
Acomys cahirinus

Nilgrasratte
Arvicanthis niloticus

Langer, schuppiger Schwanz

Hausmaus
Mus musculus

Langohr-Häschenratte
Leporillus conditor

Baut eine Zuflucht aus
Stecken als Schutz gegen
die Hitze der Wüste

Die Hausratte ist meist
schwarz, kann aber
auch braun sein

Hausratte
Rattus rattus

Wanderratte
Rattus norvegicus

Kurzschwanz-
Maulwurfsratte
Nesokia indica

Füße ans Klettern
angepasst

Große Bandikutratte
Bandicota indica

Natal-Vielzitzenmaus
Mastomys natalensis

Kopf und Körper können bis
zu 45 cm lang sein

Gambia-Riesenhamsterratte
Cricetomys gambianus

Backentaschen für
Nahrung und Nistmaterial

AUF EINEN BLICK

Langohr-Häschenratte Einst gab es
sie im Buschland Südaustraliens. Heute
ist sie auf dem Erdteil ausgestorben,
weil Kaninchen und Schafe ihren
Lebensraum abgeweidet haben. Einige
Aktionen zur Wiedereinführung laufen.

Bis 26 cm
Bis 18 cm
Bis 450 g
Familiengruppe
Stark gefährdet

Franklin I. (Austral.); stellenw. wiedereingef.
● Frühere Verbreitung

Kurzschwanz-Maulwurfsratte Diese
grabende nachtaktive Art frisst Feldfrüchte und Rasen. Sie lagert Nahrung
in ihrem Bau.

Bis 21 cm
Bis 13 cm
Bis 175 g
Einzelgänger
Sehr häufig

Ägypten, Palästina und Syrien bis N-Indien

Große Bandikutratte Diese Art, die
auf Ackerland und in Stadtgebieten
lebt, gilt als Schädling. Sie lebt allein in
einem komplexen System von Bauen.

Bis 36 cm
Bis 28 cm
Bis 1,5 kg
Einzelgänger
Sehr häufig

S-Asien bis China und SO-Asien

RATTEN ALS SCHÄDLINGE

Zusammen mit der Hausmaus standen
Haus- und Wanderratte in enger Ver-
bindung mit dem Menschen. Sie fres-
sen Feldfrüchte und Vorräte. Sie haben
riesige Schäden angerichtet und ernste
Krankheiten übertragen, darunter die
Beulenpest, die im Mittelalter ein Drit-
tel der Bevölkerung Europas tötete.
Beide Arten leben in großen Gruppen,
von bis zu 60 Haus- bzw. bis zu 200
Wanderraten. Sie verteidigen ihre
Nahrungsquellen heftig. Wanderratten
fressen fast alles und greifen sogar
Kaninchen oder menschliche
Babys an.

Krankheitsüberträger
Durch Verbreitung von
Krankheiten tötete die
Wanderratte mehr
Menschen als
alle Kriege.

AUF EINEN BLICK

Afrikanische Klettermaus Sie klettert mithilfe des langen Greifschwanzes leicht an den Gräsern und Büschen ihrer heimatlichen Savanne hoch. Sie gräbt mitunter einen Bau, um sich vor Bränden zu schützen, baut aber meist ein kugelförmiges Grasnest am Boden.

🐁 Bis 7 cm
🐀 Bis 8 cm
⚖ Bis 8 g
👤 Einzelgänger
🌿 Häufig

Afrika südlich der Sahara

Ohrenratte Wie Wühlmäuse und Lemminge lebt diese Ratte in feuchtem Grasland. Um Feinden zu entgehen, flieht sie ins Wasser.

🐁 Bis 22 cm
🐀 Bis 11 cm
⚖ Bis 180 g
👤 Einzelgänger
🌿 Regional häufig

Südliches Afrika

Rehbraune Hüpfmaus Erschrickt das nachtaktive Grabtier, hüpft es auf den langen Hinterbeinen weg. Sein Urin ist konzentriert, um Wasser zu sparen.

🐁 Bis 12 cm
🐀 Bis 16 cm
⚖ Bis 50 g
👥 Familiengruppe
🌵 Weniger gefährdet

Steinwüsten Inneraustraliens

SCHWIMMRATTE

Die Australische Schwimmratte lebt in Bauen an Fluss- oder Seeufern. Da sie mit der Umweltverschmutzung zurecht-kommt, findet man sie oft in Stadtge-bieten. Der Großteil ihrer Nahrung, wie Krustentiere, Weichtiere oder Fische, lebt im Süßwasser. Füße mit Schwimm-häuten dienen im Wasser als Paddel. Das Fell ist nicht wasserabweisend, aber eine Fettschicht hält sie warm.

🐁 Bis 39 cm
🐀 Bis 32 cm
⚖ Bis 1,2 kg
👤 Einzelgänger
🌿 Regional häufig

Papua-Neuguinea, Australien und Tasmanien

Wasserjagd Die Schwimmratte frisst ihre Beute oft an Land.

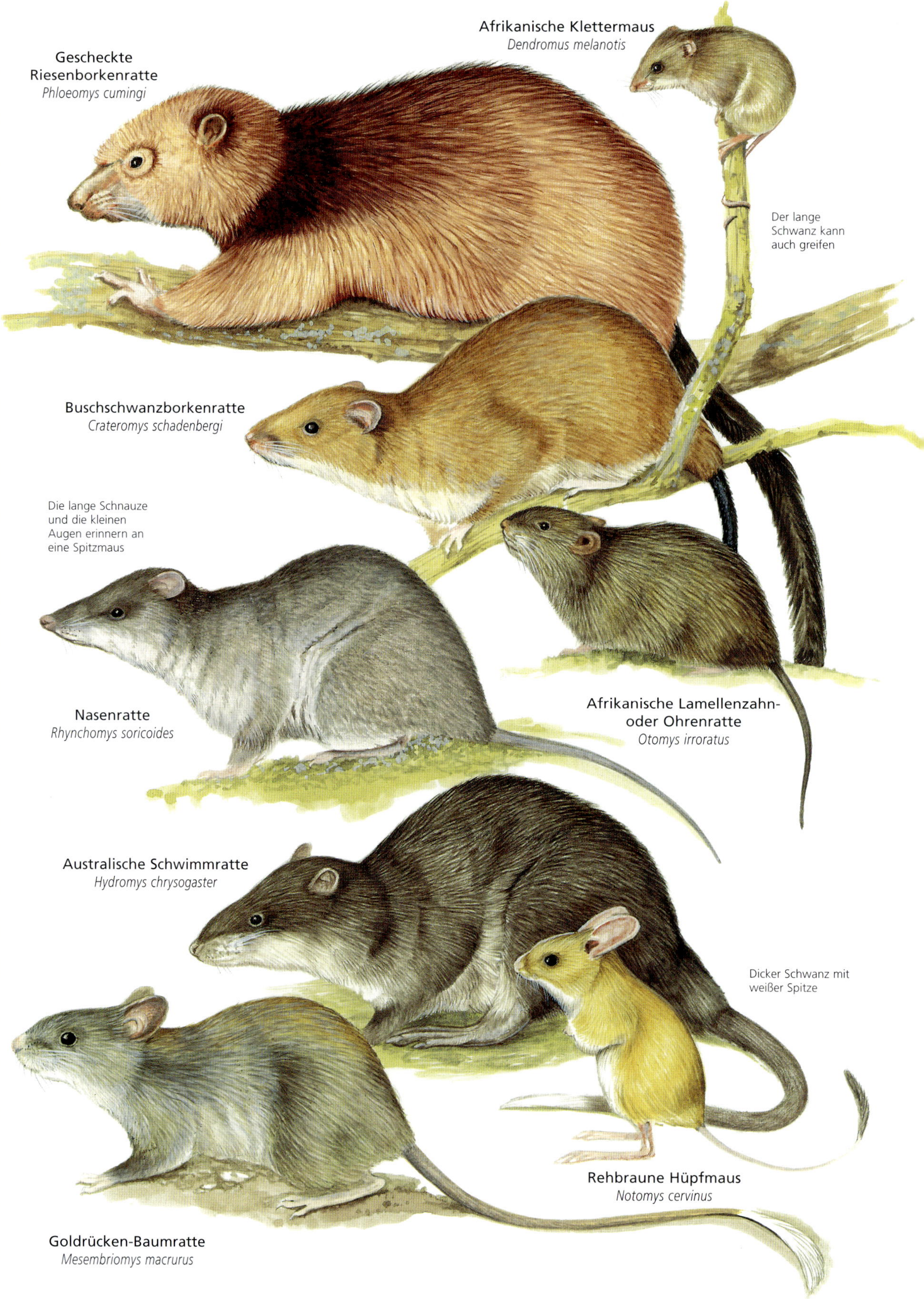

**Gescheckte
Riesenborkenratte**
Phloeomys cumingi

Afrikanische Klettermaus
Dendromus melanotis

Der lange Schwanz kann auch greifen

Buschschwanzborkenratte
Crateromys schadenbergi

Die lange Schnauze und die kleinen Augen erinnern an eine Spitzmaus

Nasenratte
Rhynchomys soricoides

**Afrikanische Lamellenzahn-
oder Ohrenratte**
Otomys irroratus

Australische Schwimmratte
Hydromys chrysogaster

Dicker Schwanz mit weißer Spitze

Goldrücken-Baumratte
Mesembriomys macrurus

Rehbraune Hüpfmaus
Notomys cervinus

Kurze, gebogene
Krallen zum Klettern

Siebenschläfer
Myoxus glis

Der Körper und der
Schwanz erinnern an
ein Eichhörnchen

Gartenschläfer
Eliomys quercinus

Baumschläfer
Dryomys nitedula

Abgeflachter,
buschiger Schwanz

**Afrikanischer
Waldbilch**
Graphiurus murinus

Raufußspringmaus
Dipus sagitta

Wüstenspringmaus
Jaculus jaculus

Wiesenhüpfmaus
Zapus hudsonius

Der lange Schwanz gibt
beim Hüpfen Balance

AUF EINEN BLICK

Gartenschläfer Dieser laute Nager lebt
in großen Kolonien und baut in Baum-
löchern, Büschen oder Felsspalten
kugelförmige Nester aus Blättern und
Gras. Er verzehrt Eicheln, Nüsse und
Früchte, jagt aber auch Insekten sowie
kleine Nagetiere und Vögel.

- Bis 17 cm
- Bis 13 cm
- Bis 120 g
- Kolonien
- Gefährdet

Europa

Wüstenspringmaus Die Hinterbeine
dieses Einzelgängers, der in der Wüste
lebt, sind 4-mal so lang wie die Vorderbeine. Bei Gefahr hüpft er davon. Den
Tag verbringt er im Bau, den er im
Sommer mit Erde verschließt, damit ein
kühleres, feuchtes Mikroklima entsteht.

- Bis 10 cm
- Bis 13 cm
- Bis 55 g
- Einzelgänger
- Keine Angabe

Marokko und Senegal bis SW-Iran und Somalia

Wiesenhüpfmaus Sie bewegt sich
meist mit kurzen Hüpfern, springt aber
bis zu 1 m hoch, wenn sie erschrickt.
Sie paart sich kurz nach dem Erwachen
aus dem Winterschlaf.

- Bis 10 cm
- Bis 13 cm
- Bis 30 g
- Einzelgänger
- Regional häufig

Nördliches und östliches Nordamerika

WINTERSCHLAF

Die europäischen Schläfer bereiten sich
auf ihren langen Winterschlaf vor, indem sie sich eine Fettschicht anfressen
und einen Nahrungsvorrat im Nest
oder Bau anlegen. Je nach Klima schlafen sie bis zu 9 Monate im Jahr. Sie
paaren sich, sobald sie aus dem Winterschlaf erwacht sind.

MEERSCHWEINCHENVERWANDTE

KLASSE Mammalia
ORDNUNG Rodentia
FAMILIEN 18
GATTUNGEN 65
ARTEN 218

Mit dem großen Kopf, dem stämmigen Körper, den kurzen Beinen und dem kurzen Schwanz sind Meerschweinchen typisch für die Vertreter der Familie Caviidae. Es gibt auch Ausnahmen mit einem anderen Körperbau: Einige Meerschweinchenverwandte wie die Stachelratten der Familie Echimyidae ähneln mehr den Mäusen und Ratten. Alle Meerschweinchenverwandten haben eine typische Anordnung der Kiefermuskeln gemeinsam, die ihnen einen kraftvollen Biss verleiht. Im Gegensatz zu den meisten Nagetieren werfen sie gut entwickelte Junge. Meerschweinchenverwandte gibt es in der Alten und der Neuen Welt, doch ihre Verwandtschaft ist umstritten.

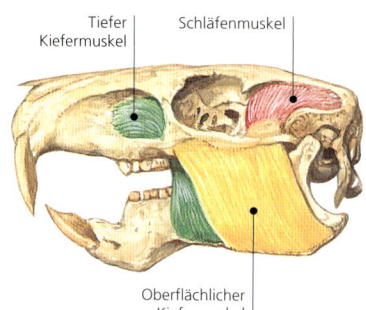

Tiefer Kiefermuskel   Schläfenmuskel

Oberflächlicher Kiefermuskel

Kraftvoller Biss Wie Hörnchenverwandte haben Meerschweinchenverwandte einen kraftvollen Biss, der allerdings durch eine andere Anordnung der Muskeln entsteht. Der oberflächliche Kiefermuskel schließt die Kiefer, der tiefe Kiefermuskel reicht bis zum Auge und zieht den Kiefer nach vorn.

Rattenähnlich Die Stachelratten aus der Familie Echimyidae sehen den Mäusen und Ratten der Familie Muridae ähnlicher als die meisten anderen Meerschweinchenverwandten. Packt sie ein Feind, bricht der Schwanz ab und sie können rasch fliehen.

Paarweise Der Große Mara (*Dolichotis patagonum*) geht – ungewöhnlich für Säugetiere – eine lebenslange monogame Bindung ein. Der eine Partner hält nach Gefahren Ausschau, während der andere frisst. Die Paare haben nur selten Kontakt, doch sie teilen sich eine gemeinsame »Kinderstube«, wo die Eltern ihre Jungen täglich besuchen, um sie zu säugen.

 SCHUTZSTATUS

Von den 218 Arten Meerschweinchenverwandte stehen 33 % auf der Roten Liste der IUCN:

12	Ausgestorben
8	Vom Aussterben bedroht
3	Stark gefährdet
15	Gefährdet
24	Weniger gefährdet
9	Keine Angabe

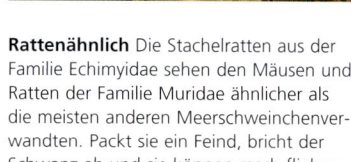

Stachelige Junge Die Neuwelt-Stachelschweine werfen, wie andere Meerschweinchenverwandte, gut entwickelte Junge. Die Neugeborenen sehen, können fast direkt nach der Geburt laufen und klettern nach wenigen Tagen auf Bäume.

VERWANDTSCHAFT

Es ist unklar, ob die südamerikanischen Meerschweinchenverwandten aus Nordamerika kamen oder von Afrika herübertrieben, doch fest steht, dass die meisten von ihnen in Mittel- und Südamerika leben. Nicht alle Meerschweinchenverwandten sehen Meerschweinchen ähnlich. Der Mara ist ein langbeiniger Grasfresser. Das teilweise im Wasser lebende Wasserschwein ist mit mehr als 1 m Länge das größte Nagetier. Chinchillas und Viscachas kommen meist in großer Höhe vor und tragen ein dickes, weiches Fell. Agutis besitzen lange, schlanke Gliedmaßen, die ihnen eine schnelle Flucht erlauben. Während die meisten Meerschweinchenverwandten Südamerikas am Boden leben, graben *Ctenomys*-Arten Gangsysteme. Weitere südamerikanische Meerschweinchenverwandte sind Degu, Hutiaconga, Nutria und Pakarana.

Neuwelt-Stachelschweine gibt es in Nord- und in Südamerika. Sie bewohnen Bäume und klettern geschickt, manche besitzen einen Greifschwanz. Sie ähneln weitgehend den Altwelt-Stachelschweinen in Afrika, Asien und Europa, doch diese sind meist bodenbewohnend.

Zu den Meerschweinchenverwandten der Alten Welt gehören Blindmäuse, Rohr- und Felsenratten. Die Gundis in Nordafrika (Familie Ctenodactylidae) rechnet man heute zur Unterordnung Sciurognathi. Alle anderen Meerschweinchenverwandten zählen zur Unterordnung Hystricognathi.

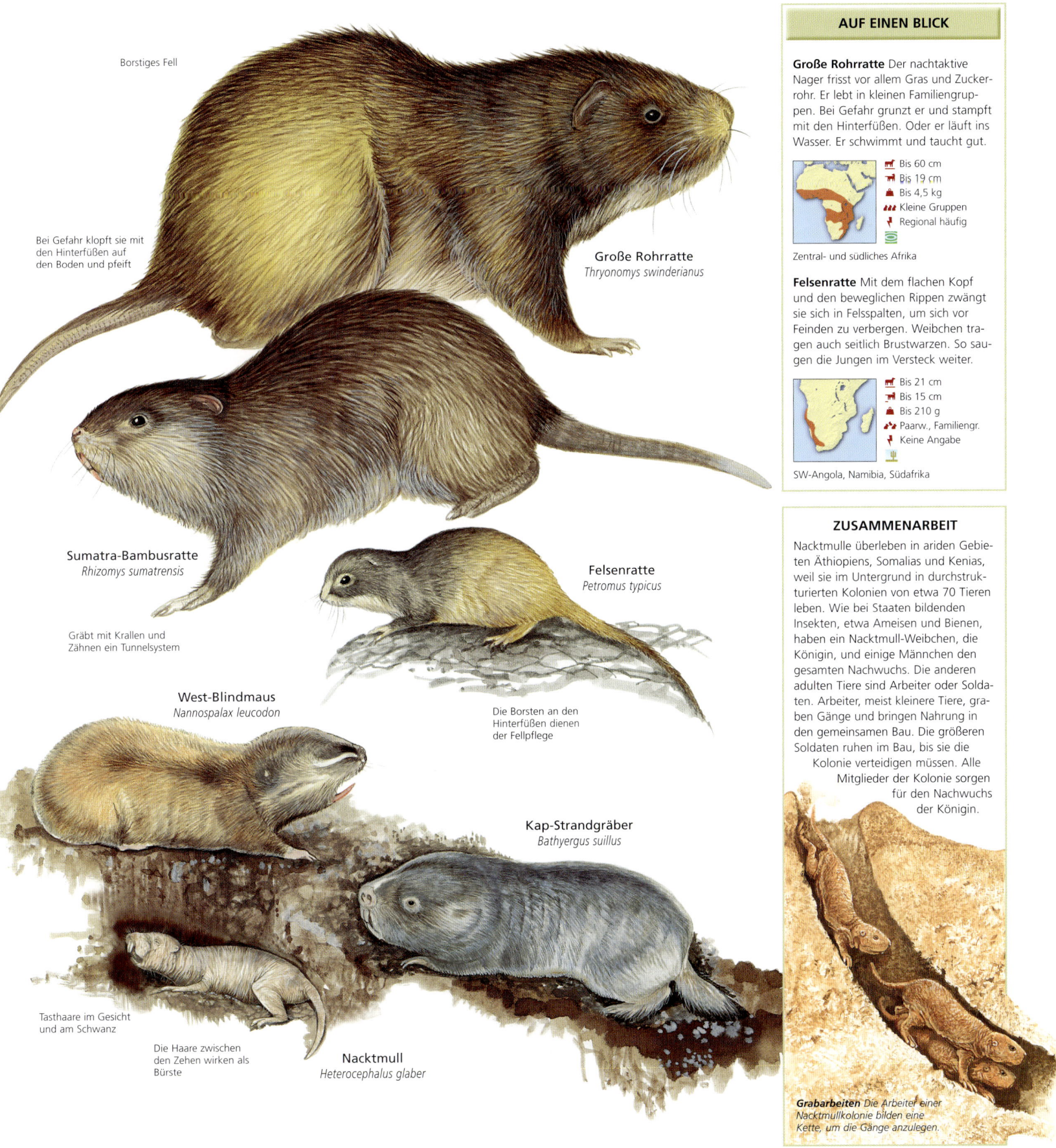

Borstiges Fell

Bei Gefahr klopft sie mit
den Hinterfüßen auf
den Boden und pfeift

Große Rohrratte
Thryonomys swinderianus

Sumatra-Bambusratte
Rhizomys sumatrensis

Gräbt mit Krallen und
Zähnen ein Tunnelsystem

Felsenratte
Petromus typicus

West-Blindmaus
Nannospalax leucodon

Die Borsten an den
Hinterfüßen dienen
der Fellpflege

Kap-Strandgräber
Bathyergus suillus

Tasthaare im Gesicht
und am Schwanz

Die Haare zwischen
den Zehen wirken als
Bürste

Nacktmull
Heterocephalus glaber

AUF EINEN BLICK

Große Rohrratte Der nachtaktive
Nager frisst vor allem Gras und Zucker-
rohr. Er lebt in kleinen Familiengruppen. Bei Gefahr grunzt er und stampft
mit den Hinterfüßen. Oder er läuft ins
Wasser. Er schwimmt und taucht gut.

⌐ Bis 60 cm
⌐ Bis 19 cm
⌐ Bis 4,5 kg
⌐ Kleine Gruppen
⌐ Regional häufig

Zentral- und südliches Afrika

Felsenratte Mit dem flachen Kopf
und den beweglichen Rippen zwängt
sie sich in Felsspalten, um sich vor
Feinden zu verbergen. Weibchen tragen auch seitlich Brustwarzen. So saugen die Jungen im Versteck weiter.

⌐ Bis 21 cm
⌐ Bis 15 cm
⌐ Bis 210 g
⌐ Paarw., Familiengr.
⌐ Keine Angabe

SW-Angola, Namibia, Südafrika

ZUSAMMENARBEIT

Nacktmulle überleben in ariden Gebieten Äthiopiens, Somalias und Kenias,
weil sie im Untergrund in durchstruk-
turierten Kolonien von etwa 70 Tieren
leben. Wie bei Staaten bildenden
Insekten, etwa Ameisen und Bienen,
haben ein Nacktmull-Weibchen, die
Königin, und einige Männchen den
gesamten Nachwuchs. Die anderen
adulten Tiere sind Arbeiter oder Soldaten. Arbeiter, meist kleinere Tiere, graben Gänge und bringen Nahrung in
den gemeinsamen Bau. Die größeren
Soldaten ruhen im Bau, bis sie die
Kolonie verteidigen müssen. Alle
Mitglieder der Kolonie sorgen
für den Nachwuchs
der Königin.

*Grabarbeiten Die Arbeiter einer
Nacktmullkolonie bilden eine
Kette, um die Gänge anzulegen.*

Altwelt-Stachelschweine Sie leben meist am Boden. Ihre Stacheln stehen büschelweise in der Haut, während sie bei Neuwelt-Stachelschweinen einzeln sitzen. Man unterteilt sie in zwei Gruppen: die Eigentlichen Stachelschweine mit langem, schlankem Schwanz, der rasselt, und die Quastenstachler, deren Stacheln lang und schwarz-weiß sind und deren kurzer Schwanz rasselt.

Nordafrikanisches Stachelschwein Es ist bekannt, dass es auch Löwen, Hyänen und Menschen töten kann. Bei Gefahr richtet es die Stacheln auf, um größer zu wirken. Hilft das nichts, wirft es sich auf den Angreifer, sodass ihm die Stacheln im Leib stecken bleiben.

🐾 Bis 70 cm
📏 Bis 12 cm
⚖ Bis 15 kg
🐾 Familiengruppen
🌿 Weniger gefährdet

Italien, Balkan, Afrika

Afrikanischer Quastenstachler Diese Art lebt in Familiengruppen aus einem Paar und dessen Nachwuchs. Sie verbergen sich tagsüber gemeinsam in Höhlen, Felsspalten oder Baumstämmen und sammeln nachts allein Wurzeln, Blätter, Früchte oder Knollen.

🐾 Bis 57 cm
📏 Bis 23 cm
⚖ Bis 4 kg
🐾 Familiengruppen
🌿 Häufig

Äquatoriales Afrika

Pinselstachler Anders als andere Altwelt-Stachelschweine kann es nicht mit den Stacheln rasseln, aber sein langer Schwanz bricht vom Körper, wenn ein Feind es fasst. Für Früchte und andere Nahrung klettert es auf Bäume.

🐾 Bis 48 cm
📏 Bis 23 cm
⚖ Bis 2,3 kg
🌿 Keine Angabe
🌿 Keine Angabe

Malaysia, Sumatra, Borneo

Stacheliger Schutz Stachelschweine besitzen dank ihrer wirksamen Abwehr nur wenige natürliche Feinde. Doch Menschen töten sie wegen des Fleischs, als Schädlinge oder als Sport. Die meisten Altweltarten sind häufig, doch das Kurzschwanzstachelschwein gilt als gefährdet, das Nordafrikanische Stachelschwein und *Hystrix crassispinis* sind als weniger gefährdet aufgeführt.

Die dunklen Stacheln am Hals lassen sich als Haube aufstellen

Nordafrikanisches Stachelschwein
Hystrix cristata

Weißschwanz-stachelschwein
Hystrix indica

Sumatra-Stachelschwein
Hystrix sumatrae

Die Stacheln am Schwanz rasseln beim Schütteln

Kurzschwanzstachelschwein
Hystrix brachyura

Die Stacheln rasseln nicht

Schuppiger Schwanz mit Quaste

Afrikanischer Quastenstachler
Atherurus africanus

Pinselstachler
Trichys fasciculata

Füße teilweise mit Schwimmhäuten

Eigentlicher Greifstachler
Coendou prehensilis

Urson
Erethizon dorsatum

Bis zu 30 000 spitze
Stacheln mit Widerhaken

Der Greifschwanz
trägt keine Stacheln

**Südamerikanischer
Greifstachler**
Coendou bicolor

Die nackte Stelle an
der Schwanzunterseite
gibt Halt

Bergstachler
Echinoprocta rufescens

Beim Männchen
Duftdrüsen an
der Schnauze

Beim Schwimmen sind nur Augen, Nase
und Ohren über Wasser; kann auch
5 Minuten ganz untergetaucht bleiben

Capybara (Wasserschwein)
Hydrochaeris hydrochaeris

Füße mit Schwimmhäuten
zum Schwimmen

AUF EINEN BLICK

Neuwelt-Stachelschweine Dank der
großen Füße mit kräftigen Krallen und
nackten Sohlen können sie auf Bäume
klettern. Sie sehen zwar schlecht, riechen und hören aber gut.

Urson Es lebt in einer Höhle, einer
Felsspalte oder einem umgestürzten
Baumstamm und frisst nachts Rinde
von Bäumen und Büschen.

Bis 1,1 m
Bis 25 cm
Bis 18 kg
Einzelgänger
Regional häufig

Nördliches und Westliches Nordamerika

Südamerikanischer Greifstachler Ein
langer Greifschwanz hilft dieser Art durch
die mittlere und die Kronenschicht des
Waldes zu klettern. Sie kommt nur
gelegentlich auf den Boden herunter.

Bis 49 cm
Bis 54 cm
Bis 4,7 kg
Paarweise
Regional häufig

Ostrand der Anden v. Kolumbien bis Bolivien

Bergstachler Diese wenig erforschte
Art besitzt einen kurzen behaarten
Schwanz. Ihre Stacheln werden nach
hinten dicker und kürzer.

Bis 37 cm
Bis 15 cm
Keine Angabe
Keine Angabe
Keine Angabe

Anden in Kolumbien

GRÖSSTES NAGETIER

Capybaras sind fassförmige Pflanzenfresser, die vorwiegend am oder im
Wasser Gräser verzehren. Sie schützen
sich im Wasser vor der mittäglichen
Hitze, Feinden – außerdem paaren sie
sich dort. Die geselligen Tiere leben
meist in Familiengruppen mit 1 Männchen, mehreren Weibchen und ihren
Jungen. In Trockenzeiten bilden sie
größere Herden mit bis zu 100 Tieren.

Bis 1,3 m
Bis 2 cm
Bis 65 kg
Familiengruppen
Regional häufig

Panama bis NO-Argentinien

Paka Der Einzelgänger verbringt den Tag in einem flachen Bau. Man jagt ihn wegen des Fleisches und als Flurschädling. Sein Lebensraum geht zurück.

	Bis 78 cm
	Bis 3 cm
	Bis 13 kg
	Paarweise
	Häufig

SO-Mexiko bis S-Brasilien und N-Paraguay

AGUTIS UND ACOUCHIS

Die Jungen von Agutis und Acouchis kommen nach einer relativ langen Tragzeit von 100 Tagen zur Welt. Sie sind bei der Geburt fellbedeckt und ihre Augen offen. Sie laufen innerhalb weniger Stunden und knabbern an Pflanzen. Doch noch einige Wochen lang trinken sie auch Muttermilch. Sie können alt werden, bis zu 17 Jahren, doch die meisten fallen schon im ersten Lebensjahr einem Feind, etwa einem Nasenbären, zum Opfer oder verhungern in der Trockenzeit.

Rotes Acouchi Diese tagaktive Acouchi-Art vergräbt bei reichem Nahrungsangebot Vorräte. So muss das Tier bei Nahrungsknappheit nicht hungern und hilft Samen im Wald zu verbreiten.

	Bis 39 cm
	Bis 8 cm
	Bis 1,5 kg
	Einzelgänger
	Keine Angabe

S-Kolumbien bis Guyana, Amazonasbecken

Mohrenaguti Diese Art kann mehr als 2 m hoch springen. Sie läuft auf den Zehen und galoppiert, wenn es in Eile ist. Beim Paarungsritual besprizt das Männchen das Weibchen mit Urin und versetzt es in Aufregung.

	Bis 76 cm
	Bis 4 cm
	Bis 6 kg
	Einzelgänger, paarw.
	Häufig

Oberes Amazonasbecken

Goldaguti Wie bei anderen Agutis ist das Vorderteil des Tiers schlank, während es hinten massiger ist – eine Anpassung an die Suche nach herabgefallenen Früchten im Unterholz.

	Bis 64 cm
	Bis 3 cm
	Bis 6 kg
	Paarweise
	Häufig

O-Venezuela und Guyanas bis SO-Brasilien

Bergpaka
Agouti taczanowskii

Dichtes weißes Fell mit Streifen von weißen Punkten am Rücken

Paka
Agouti paca

Rotes Acouchi
Myoprocta exilis

Fellfarbe reicht von grünlich schwarz bis rötlich

Pakarana
Dinomys branickii

Drittgrößtes Nagetier

Hinterfüße mit hufähnlichen Krallen

Mohrenaguti
Dasyprocta fuliginosa

Goldaguti
Dasyprocta leporina

Hutiaconga
Capromys pilorides

Zaguti
Plagiodontia aedium

Schuppiger
Schwanz

Hutiacarabali
Mysateles prehensilis

Haariger
Schwanz

Jamaika-Ferkelratte
Geocapromys brownii

Nutria
Myocastor coypus

Der Borstensaum
am Rand der
Hinterfüße dient
der Fellpflege

Ctenomys colburni

AUF EINEN BLICK

Hutiaconga Diese Art besitzt kräftige Krallen und klettert leicht auf Bäume, doch sie verbringt mehr Zeit am Boden als andere Hutia-Arten. Mit ihnen hat sie einen dreikammerigen Magen gemeinsam, der komplexer ist als der Magen der meisten Nagetiere.

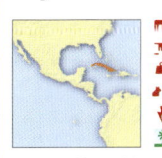

- Bis 60 cm
- Bis 30 cm
- Bis 8,5 kg
- Paarweise
- Häufig, rückläufig

Kuba und benachbarte Inseln

Zaguti Dieser Bodenbewohner lebt meist allein, kann aber in Familiengruppen bis zu 10 Tieren gefunden werden. Er versteckt sich am Tag in Felsspalten und sucht nachts im Wald nach Blättern, Wurzeln, Rinden und Früchten.

- Bis 45 cm
- Bis 6 cm
- Bis 2 kg
- Keine Angabe
- Gefährdet

Jamaika

Nutria Die teils wasserlebende Art mit Schwimmhäuten an den Hinterfüßen lebt in Salz- und Süßwasser. Sie kann 5 Minuten unter Wasser bleiben und frisst Muscheln und Wasserpflanzen.

- Bis 64 cm
- Bis 42 cm
- Bis 10 kg
- Paarweise, Familiengr.
- Häufig

Boliv. u. Brasil. bis Patagon; anderswo eingef.

Ctenomys colburni Das robuste Grabtier legt mit den kräftigen Krallen der Vorderfüße Tunnel an; Wurzeln schneidet es mit den vorstehenden Schneidezähnen. Da es als Schädling gilt, wurde es häufig gejagt.

- Bis 17 cm
- Bis 8 cm
- Keine Angabe
- Keine Angabe
- Keine Angabe

Nur 2 kleine Gebiete in Argentinien

SCHUTZSTATUS

Im Rückgang begriffen Die Hutias der Familie Capromyidae gibt es nur auf den Westindischen Inseln. Sie werden wegen ihres Fleisches stark bejagt. Sie sind die Beute von Vögeln, Schlangen und eingeführten Haustieren. 6 Hutia-Arten sind ausgestorben, weitere 6 sind vom Aussterben bedroht, 4 gefährdet und 2 weniger gefährdet.

AUF EINEN BLICK

Corura Diese Art, die in raffinierten Tunnelsystemen lebt, kommuniziert durch eine Vielzahl an Rufen, darunter ein lautes melodisches Trillern, das bis zu 2 Minuten anhalten kann.

	Bis 17 cm
	Bis 4 cm
	Bis 120 g
	Kolonien
	Häufig, rückläufig

Mittel-Chile

Chinchillaratte Der kleine Nager hat weiches Fell, wie der Chinchilla, doch der Körper und der Kopf ähneln dem einer Ratte. Er ist nachtaktiv und ruht bei Tag im Bau oder einer Felsspalte.

	Bis 19 cm
	Bis 7 cm
	Keine Angabe
	Kolonien
	Keine Angabe

SW-Peru, N-Chile und NW-Argentinien

Chinchilla Die nachtaktive Art kommt meist in kahlen Gebirgsgegenden vor. Sie lebt in großen Kolonien von bis zu 100 Tieren. Die beliebten Heimtiere sind in der Natur heute selten.

	Bis 23 cm
	Bis 15 cm
	Bis 500 g
	Kolonien
	Gefährdet

Anden in N-Chile

DEGUS UND HUNDE

Degus ähneln nordamerikanischen Präriehunden (links). Beide sind tagaktive Nager, die in großen Kolonien in einem verzweigten System von Bauen leben und sich durch vielerlei Töne verständigen. Degus und Präriehunde sind entfernt verwandt. Ihre Ähnlichkeit ist das Ergebnis von konvergenter Evolution. Beide Gruppen passten sich auf gleiche Weise an ihren semiariden Lebensraum an.

SCHUTZSTATUS

Reiche Jagdbeute Chinchillas und Viscachas aus der Familie Chinchillidae wurden wegen des Fells in großer Zahl gejagt. Allein im Jahr 1900 exportierte man 500 000 Chinchilla-Felle aus Chile. Der Kurzschwanzchinchilla (*C. brevicaudata*) ist vom Aussterben bedroht, der Chinchilla gilt als gefährdet.

Corura
Spalacopus cyanus

Vorstehende Schneidezähne und starke Vorderbeine helfen beim Grabben von Gängen

Degu
Octodon degus

Beim Angriff eines Feindes wird die Haut des Schwanzes abgestoßen

Chinchillaratte
Abrocoma cinerea

Südamerikanische Felsenratte
Aconaemys fuscus

Die großen Ohren lauschen nach Feinden

Chinchilla
Chinchilla lanigera

Peruanische Hasenmaus
Lagidium peruanum

Das gestreifte Gesicht ist bei Nagetieren ungewöhnlich

Viscacha
Lagostomus maximus

HASENARTIGE

KLASSE	Mammalia
ORDNUNG	Lagomorpha
FAMILIEN	2
GATTUNGEN	15
ARTEN	82

Hasen, Kaninchen und Pfeifhasen der Ordnung Lagomorpha galten einst als Unterordnung der Ordnung Rodentia – und sie ähneln tatsächlich großen Nagetieren. Sie beknabbern mit ihren großen, ständig wachsenden Schneidezähnen Pflanzen, haben keine Eckzähne, dafür eine Lücke zwischen Schneidezähnen und Molaren. Wie Nagetiere können sie so das Maul schließen und an Material nagen, ohne es ins Maul zu stecken. Im Gegensatz zu Nagetieren besitzen sie ein zweites kleineres Paar obere Schneidezähne hinter dem ersten Paar. Alle Hasenartigen leben am Boden. Man findet sie weltweit in vielen Lebensräumen, von der Tundra über Tropenwälder bis zur Wüste.

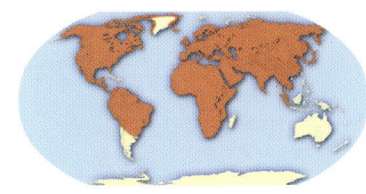

In Gesellschaft des Menschen Ihre enge Verbindung mit dem Menschen erlaubte es den Hasenartigen, sich weltweit auszubreiten. Sie fehlen nur im südlichen Südamerika und auf vielen Inseln. Wo sie, wie in Australien und Neuseeland, eingeführt wurden, hatten sie oft eine verheerende Wirkung; sie wurden z. B. zu Nahrungskonkurrenten für einheimische und Nutztiere.

Wintervorsorge Im Sommer und Herbst bereiten sich Pfeifhasen auf den Winter vor und verbringen bis zu einem Drittel ihrer Zeit mit Sammeln von Gräsern, Blättern und Früchten, die sie zum Vorratsplatz unter einem überhängenden Felsen bringen.

Leichtfüßig Mit den langen, kräftigen Hinterbeinen laufen Hasen ihren Feinden davon. Sie erreichen Spitzengeschwindigkeiten von 70 km/h. Selbst bei vollem Tempo sind die geschickten Tiere in der Lage, plötzlich die Richtung zu wechseln.

Hasen-Boxkampf In der Paarungszeit kämpfen Schneehasen-Männchen um das Recht zur Paarung. Die Weibchen vertreiben jedes Männchen, das sie nicht interessiert. Schneehasen leben meist in kleinen Familiengruppen, doch mitunter kommen Gruppen von mehreren hundert Tieren vor, vor allem auf den kalten Inseln im Norden.

⚡ SCHUTZSTATUS

Einige Hasenartige gelten heute als Schädlinge, doch viele spezialisierte Arten sind bedroht. Von den 82 Arten stehen 37 % auf der Roten Liste der IUCN:

1	Ausgestorben
4	Vom Aussterben bedroht
7	Stark gefährdet
6	Gefährdet
8	Weniger gefährdet
4	Keine Angabe

VERWANDTSCHAFT

Die Hasenartigen teilt man in 2 Familien: Kaninchen und Hasen der Familie Leporidae und Pfeifhasen der Familie Ochotonidae. Sie sind Hauptbeute vieler Vögel und Beutegreifer. Ihre Augen sitzen an den Seiten des Kopfs, sodass sie ein weites Gesichtsfeld haben und Feinde gut sehen. Außerdem hören sie ausgezeichnet. Bei den Pfeifhasen sind die Ohren kurz und rund, bei den Kaninchen und Hasen sehr lang.

Viele Hasenartige sind sehr gesellig und alle kommunizieren mittels ihrer Duftdrüsen. Die Pfeifhasen setzen darüber hinaus eine Vielzahl von Tönen und Lauten ein.

Um Feinden zu entfliehen, besitzen Kaninchen und Hasen lange Hinterbeine, mit denen sie sehr schnell laufen. Kaninchen neigen dazu, ein Versteck aufzusuchen, während Hasen über offenes Land davonrennen. Pfeifhasen haben kürzere Beine, leben aber meist in felsigem Gelände, wo sie rasch in eine Felsspalte verschwinden können.

Trotz ihrer Fluchttaktiken werden Hasenartige sehr häufig getötet, weil sie eine wichtige Nahrungsquelle für andere Tiere sind. Um das auszugleichen, vermehren sie sich rasch. Die Tragzeiten sind kurz, meist 30 bis 40 Tage, und die Würfe oft groß. Viele Arten werden früh geschlechtsreif – Europäische Wildkaninchen können mit 3 Monaten zum ersten Mal Junge werfen. Die Eier werden als Reaktion auf die Paarung freigesetzt, so können Weibchen fast unmittelbar nach dem Wurf wieder trächtig werden. Bei manchen Arten kann das Weibchen bereits wieder empfangen, solange es noch trächtig ist. So vermehrten sich einige Arten wie das Europäische Wildkaninchen so stark, dass sie heute als Schädlinge gelten.

Nördlicher Pfeifhase Er bleibt in den kalten Wintern aktiv, bis die Schneedecke etwa 30 cm tief ist, dann zieht er sich in seine Gänge unter dem Schnee zurück.

- Bis 20 cm
- Ohne
- Bis 200 g
- Einzelgänger
- Keine Angabe

Mongolei, Sibirien

Royles Pika Meist hat er seinen Bau in natürlichen Steinhaufen, doch mitunter lebt er auch in den Steinmauern von menschlichen Behausungen. Er sammelt das ganze Jahr lang Nahrung und legt sich deshalb keinen Vorrat an.

- Bis 20 cm
- Ohne
- Bis 200 g
- Einzelgänger
- Keine Angabe

Himalaya in Pakistan, Indien, Nepal und Tibet

Daurischer Pfeifhase Er ist ein geselliges Grabtier, das in großen Kolonien lebt, die aus Familiengruppen bestehen. Familienmitglieder verständigen sich durch Rufe, pflegen einander das Fell, reiben die Nasen und spielen.

- Bis 20 cm
- Ohne
- Bis 200 g
- Kolonien
- Häufig

Steppen in der Mongolei und S-Sibirien

Nordamerikanischer Pfeifhase Jedes Tier verteidigt ein Felsenrevier, dabei haben Männchen und Weibchen benachbarte, aber eigene Bereiche.

- Bis 22 cm
- Ohne
- Bis 175 g
- Einzelgänger
- Regional häufig

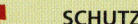

Westliches Nordamerika

Störenfried Der Schwarzlippenpika (*Ochotona curzoniae*) im Hochland von Tibet wird, wegen seiner großen Zahl und weil er durch seine Tunnel Schäden anrichtet, mit Gift verfolgt. Solche Giftaktionen ignorieren die Schlüsselrolle, die Pikas im Ökosystem spielen. Sie sind nicht nur Beute für viele Feinde, sondern ihre Tunnel dienen auch vielen Vögeln und Eidechsen als Zuflucht. Ihr Graben vergrößert die Pflanzenvielfalt und verringert die Erosion.

Großohriger Pika
Ochotona macrotis

Die Nasenlöcher können komplett verschlossen werden

Nördlicher Pfeifhase
Ochotona alpina

Roter Pfeifhase
Ochotona rutila

Zu seinen Rufen gehört ein angstvolles Quieken aus 1 oder 2 Tönen

Royles Pika
Ochotona roylei

Daurischer Pfeifhase
Ochotona daurica

Seine Hauptrufe sind ein Warnruf und ein Paarungsgesang

Nordamerikanischer Pfeifhase
Ochotona princeps

Steppenpika
Ochotona pusilla

Stark behaarte Füße

Schneehase
Lepus timidus

Das braune Sommerfell tarnt in der Vegetation der Tundra

Schwarze Spitzen an den Ohren

Das weiße Winterfell hebt sich vom Schnee kaum ab

Im Winter frisst er Rinde und Knospen und bekommt ein weißes Fell

Schneeschuhhase
Lepus americanus

Im Sommer frisst er Beeren und grüne Pflanzen und bekommt ein braunes Fell

Antilopenhase
Lepus alleni

Tolai-Hase
Lepus tolai

Kalifornischer Eselhase
Lepus californicus

Das Fell hellt sich im Sommer auf

Präriehase
Lepus townsendii

Kann mit 56 km/h vor Feinden fliehen

Europäischer Feldhase
Lepus europaeus

AUF EINEN BLICK

Schneehase Um den rauen arktischen Winter zu überstehen, sammelt sich dieser Einzelgänger in Gruppen von mehreren hundert Tieren. Kleinere Gruppen bauen miteinander einen Schutzwall aus Schnee. Das Tier wechselt mit den Jahreszeiten die Farbe, während des Winters zur Tarnung im Schnee ist sein Fell weiß, im Sommer in der Tundravegetation ist es braun.

- Bis 60 cm
- Bis 8 cm
- Bis 6 kg
- Einzelgänger
- Häufig

Island, Irland, Schottland, N-Eurasien

Antilopenhase Wie eine Antilope kann er große Sprünge machen. Das Wüstentier ist nachtaktiv und überlebt ohne zu trinken, weil es alle Flüssigkeit aus Pflanzen nimmt.

- Bis 60 cm
- Bis 8 cm
- Bis 6 kg
- Einzelgänger
- Häufig, rückläufig

S-Arizona bis N-Mexiko

Europäischer Feldhase Weibchen haben bis zu 4 Würfe pro Jahr. Im ersten Monat bleiben die Jungen in der Sasse, einer flachen Mulde im Gras. Einmal am Tag werden sie gesäugt.

- Bis 68 cm
- Bis 10 cm
- Bis 7 kg
- Einzelgänger
- Häufig, rückläufig

Europa bis Nahost; vielerorts eingeführt

KÜHLENDE OHREN

Der Kalifornische Eselhase, ein Wüstenbewohner, hält sich mit seinen langen Ohren kühl. Hunderte winziger Blutgefäße durchziehen die Oberfläche der Ohren. So kühlt das Blut ab, bevor es zum Herzen zurückfließt. Ein Eselhase ruht die heißesten Stunden des Tages im Schatten unter einem Busch oder im hohen Gras.

AUF EINEN BLICK

Florida-Waldkaninchen Der Einzelgänger ruht tagsüber in einem Hohl-
raum unter einem Stamm oder einem
Busch. Die Jungen sind bei der Geburt
blind und nackt, können aber schon
mit 2 Wochen das Nest verlassen und
sind mit 3 Monaten geschlechtsreif.

🐏 Bis 50 cm
🐇 Bis 6 cm
🏋 Bis 1,5 kg
🔴 Einzelgänger
🌿 Häufig

Östliches und südliches Nordamerika

Zwergkaninchen Das kleinste Kaninchen lebt in dichten Beifußbüschen, die
den Hauptteil zu seiner Nahrung bei-
tragen, und gräbt sich einen Bau. Es
stößt einen typischen Warnpfiff aus.

🐏 Bis 28 cm
🐇 Bis 2 cm
🏋 Bis 460 g
🔴 Einzelgänger
🌿 Weniger gefährdet

W-USA

Europäisches Wildkaninchen Diese
Art wurde an vielen Orten eingeführt
und richtete oft verheerenden Schaden
unter der heimischen Fauna an.

🐏 Bis 46 cm
🐇 Bis 8 cm
🏋 Bis 2,2 kg
👥 Familiengruppen
🌿 Sehr häufig

Großbrit.; Spanien bis Balkan; vielerorts eingef.

Borstenkaninchen Jagd und Haushunde dezimierten den Bestand, doch
die größte Gefahr bildet das Abbren-
nen des Graslands, in dem sie leben.

🐏 Bis 50 cm
🐇 Bis 4 cm
🏋 Bis 2,5 kg
🔴 Einzelgänger, paarw.
🌿 Stark gefährdet

Ausläufer des Himalaja in Nepal und N-Indien

KANINCHENBAU

Das Europäische Wildkaninchen ist eine
der wenigen Kaninchen- oder Hasen-
arten, die einen eigenen Bau gräbt. Es
lebt als einziges in festen Gruppen.
Zahllose Junge werden im Schutz eines
unterirdischen
Kaninchenbaus
aufgezogen.

Brasilien-Waldkaninchen
Sylvilagus brasiliensis

Florida-Waldkaninchen
Sylvilagus floridanus

Zwergkaninchen
Brachylagus idahoensis

Beim Rennen ist der
weiße Schwanz zu sehen

**Europäisches
Wildkaninchen**
Oryctolagus cuniculus

Strauchkaninchen
Sylvilagus bachmani

Trommelt als Warnung
vor Gefahr mit dem
Hinterbein auf den Boden

**Mexikanisches
Vulkankaninchen**
Romerolagus diazi

Schwanz nicht
sichtbar

Raue, borstige Deckhaare
mit weicherem Unterfell

Borstenkaninchen
Caprolagus hispidus

Sumatrakaninchen
Nesolagus netscheri

Der seltenste Hasenartige
wurde 1972 einmal
beschrieben und
1998 von einer Kamera
mit Fernbedienung
fotografiert

Zentralafrikanisches Buschkaninchen
Poelagus marjorita

RÜSSELSPRINGER

KLASSE	Mammalia
ORDN.	Macroscelidea
FAMILIE	Macroscelididae
GATTUNGEN	4
ARTEN	15

Sie wurden bis vor wenigen Jahren kaum erforscht und man rechnete sie abwechselnd zu den Insektenfressern, Huftieren, Spitzhörnchen und Hasenartigen. Doch Rüsselspringer unterscheiden sich so deutlich, dass man sie heute als eigene Ordnung, Macroscelidea, sieht. Ihre lange, bewegliche Schnauze stand Pate für ihren deutschen Namen. Sie leben am Boden und entdecken Gefahren mit ihrem scharfen Gehör und ihren guten Augen. Auf ihren langen, schlanken Beinen entfliehen sie Feinden schnell. Einige kleinere Arten springen bei Gefahr wie Mini-Antilopen. Rüsselspringer fressen Insekten, besitzen aber größere, besser entwickelte Gehirne als Insektenfresser.

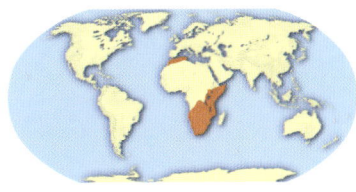

Lebensräume Rüsselspringer gibt es in weiten Teilen Afrikas, doch sie fehlen in Westafrika und der Sahara. Sie bewohnen ganz unterschiedliche Lebensräume, darunter Felsen, Wüsten, Savannen, Grasland, Dornbuschsavanne und Tropenwald. Obwohl sie am Boden leben und tagaktiv sind, sieht man die scheuen, flinken Tiere nur sehr selten.

INSEKTENNAHRUNG

Ein Rüsselspringer verbringt bis zu 80 % seiner wachen Zeit mit Nahrungssuche. Obwohl Rüsselspringer wie Pflanzenfresser einen großen Blinddarm haben und auch Früchte, Samen und anderes Pflanzenmaterial fressen, verzehren sie hauptsächlich Insekten wie Käfer, Termiten, Ameisen, Hundertfüßer und Regenwürmer. Ihre lange, berührungsempfindliche, bewegliche Schnauze entdeckt in einem Haufen Laubstreu die Beute am Geruch. Einige Arten dringen mit ihren Krallen und Zähnen in die Bauten von Ameisen und Termiten ein. Andere, wie die Trockenlandelefantenspitzmaus (*Elephantulus intufi*), haben eine lange Zunge (Bild oben), mit der sie rasch Insekten ins Maul befördern können.

Gemeinsam und allein Wie andere Rüsselspringer lebt die Rotbraune Elefantenspitzmaus in monogamen Paaren, meist für ein ganzes Leben. Die Paare treffen sich nur selten, teilen sich aber ein Revier. Sie verständigen sich mit Duftmarken und unterhalten ein Netz von Wegen, über die sie Feinden rasch entkommen können. Männliche Eindringlinge vertreibt das Männchen, während das Weibchen die weiblichen Eindringlinge verjagt.

Geflecktes Rüsselhündchen
Rhynchocyon cirnei

Sehr berührungsempfindliche, bewegliche Schnauze

Rotbraune Elefantenspitzmaus
Elephantulus rufescens

Hinterbeine länger als Vorderbeine

Große Augen und große Ohren

Vierzehenrüsselratte
Petrodromus tetradactylus

Rattenähnlicher borstiger Schwanz

GLOSSAR

Aas Das verwesende Fleisch und andere Überreste toter Tiere.

Aasfresser Ein Tier, das sich von den Überresten toter Tiere ernährt.

Anpassung Eine Veränderung des Verhaltens oder Körperbaus, die es dem Tier ermöglicht, unter veränderten Bedingungen zu überleben und sich fortzupflanzen.

Art Eine Gruppe von Tieren mit sehr ähnlichen Merkmalen, die sich untereinander paaren und fruchtbare Nachkommen hervorbringen können.

Barten Die kammartigen, faserigen Platten bei einigen Walen; oft als Walbein bezeichnet. Die Barten hängen vom Oberkiefer herab und filtern Nahrung aus dem Meerwasser.

Beuteltier Ein Säugetier, das Junge, die nicht voll entwickelt sind, zur Welt bringt. Die Jungen werden in einem Beutel getragen (wo sie Milch saugen), bevor sie selbstständig sind.

Biodiversität Biologische Vielfalt; dazu zählen die Vielfalt an Arten und Lebensräumen sowie die genetische Vielfalt (z. B. Unterarten innerhalb einer Art, genetische Unterschiede innerhalb einer Population etc.).

Blubber Eine dicke, isolierende Fettschicht, aus der Tran hergestellt wird, bei Walen, Robben und anderen großen Meeressäugetieren.

Caudal Bezieht sich auf den Schwanz eines Tieres.

Cephal Bezieht sich auf den Kopf eines Tieres.

Dimorph Zweigestaltig; wenn Männchen und Weibchen einer Art sich in Aussehen und/oder Größe unterscheiden, spricht man von Geschlechtsdimorphismus.

Divergente Evolution Divergenz; die Situation, in der zwei oder mehrere verwandte Arten aufgrund von Umweltanpassungen immer unähnlicher werden.

DNS Abkürzung für **D**esoxiribo**n**ukleinsäure, engl. DNA. Dieses Molekül kommt in den Chromosomen im Zellkern vor und enthält die Gene.

Domestikation Der Vorgang, bei dem Tiere vom Menschen zur Nutzung gezähmt und gezüchtet werden. Domestizierte Tiere sind Haustiere wie Hunde, Katzen, Pferde, Rinder, Ziegen, Schafe, Schweine, Hühner, Tauben, aber auch z. B. Meerschweinchen und Kaninchen. Sie dienen den Menschen als sozialer Gefährte, zur Nahrung, aber auch zu Arbeit und Sport.

Echoortung Ein Navigationssystem, das auf dem aufgefangenen Echo selbst ausgesandten Schalls beruht. Delfine, Zahnwale und viele Fledermausarten verwenden sie zur Orientierung im Raum und zum Aufspüren der Beute.

Elektrorezeptoren Spezialisierte Sinneszellen einiger Säugetierarten (z.B. des Schnabeltiers), die von anderen Tieren ausgestrahlte elektrische Signale wahrnehmen können. Sie können auch zur Navigation dienen, indem sie Störungen im elektrischen Feld der Umgebung aufzeigen, wie sie z. B. von einem Riff verursacht werden.

Elfenbein Stoßzähne von Elefanten, Walrossen, Flusspferden und Walen, aus denen verschiedene Gebrauchsgegenstände hergestellt werden.

Embryo Ein ungeborenes Lebewesen im frühesten Entwicklungsstadium. Ein Embryo kann im Körper der Mutter heranwachsen oder in einem Ei außerhalb des Körpers.

Endotherm Dazu fähig, die Körpertemperatur selbst zu regulieren, wie warmblütige Säugetiere.

Entwaldung Die Abholzung der Wälder für Holz- und Landgewinnung.

Evolution Die Entwicklung der Lebewesen im Verlauf der Erdgeschichte, die auf der Basis von Mutation und Selektion zur Bildung neuer Arten und zu höheren Organisationsformen geführt hat. Veränderungen im Genom, der Gesamtheit der genetischen Information eines Individuums, können durch zufällige Mutationen oder durch Genaustausch (z. B. Rekombination von Genen bei sexueller Fortpflanzung) stattfinden. Sie sind die Basis für den Prozess der Selektion (Auslese), der besser angepassten Individuen einen höheren Fortpflanzungserfolg beschert.

Fleischfresser Jedes Tier, das hauptsächlich Fleisch frisst. Die meisten Fleisch fressenden Säuger sind Raubtiere, andere fressen auch Aas. Viele Fleischfresser nehmen auch Pflanzenmaterial zu sich.

Fossil Ein Überrest, ein Abdruck oder eine Spur von Pflanzen oder Tieren aus einer vergangenen geologischen Epoche, meist im Gestein.

Gemäßigt Umgebung oder Region, mit einem warmen, aber nicht sehr heißen Sommer und einem kühlen, aber nicht sehr kalten Winter. Die gemäßigten Zonen der Erde liegen zwischen den Tropen und den Polargebieten.

Geweih Knochige, oft verzweigte Auswüchse auf dem Kopf von Hirschen (Cerviden). In den meisten Fällen werden sie jährlich abgeworfen. Sie dienen zum Imponieren und als Waffen in Rivalenkämpfen.

Globale Erwärmung Treibhauseffekt; ansteigende Temperatur in der unteren Erdatmosphäre durch Aktivitäten wie Abholzung, intensive Landwirtschaft und Verbrennen fossiler Brennstoffe. Die dabei entstehenden Treibhausgase wie Kohlendioxid und Methan verhindern, dass angestaute Wärme in den Weltraum abgestrahlt wird. Dies kann zum Schmelzen der Polarkappen und zum Ansteigen des Meeresspiegels führen.

Gondwana Der alte südliche Superkontinent, der die heutigen Kontinente Australien, Indien, Afrika, Südamerika und die Antarktis umfasste.

Habitat Der natürliche Lebensraum eines Tieres. Viele verschiedene Tierarten leben in derselben Umgebung, z. B. im Regenwald, aber jede Art besetzt ein anderes Habitat innerhalb dieser Umgebung. So leben z.B. einige Tiere in einem Regenwald in den Bäumen, andere am Boden.

Harem Eine Gruppe geschlechtsreifer, weiblicher Tiere, die sich mit demselben Männchen paaren und mit ihm ständig zusammenleben.

Herbivore Tiere, die nur Pflanzenmaterial wie Blätter, Borken, Wurzeln, Früchte oder Samen fressen.

Hibernation Vollständige Inaktivität in den kalten Wintermonaten. Einige Tiere fressen vor dem Winter so viel, wie sie können, rollen sich dann an einem geschützten Ort zusammen und fallen in einen sehr tiefen Schlaf (Winterschlaf). Sie leben von Fettreserven und verlangsamen Atmung, Stoffwechsel sowie Herzschlag, um bis zum Frühjahr Energie zu sparen. Insekten überwintern als Eier, Larven, Puppen oder Adulte.

Hörner Spitze, hohle und paarige Auswüchse aus Hornsubstanz, die paarige Knochenzapfen am Kopf von Boviden überziehen. Im Gegensatz zu Geweihen werden Hörner nicht abgeworfen.

Huf Dickes, hartes Horngebilde, das von der Haut gebildet wird und die Zehe(n) von Pferd, Antilope, Hirsch oder verwandten Tieren umschließt.

Huftiere Große, Pflanzen fressende Säugetiere mit Hufen, z. B. Elefanten, Nashörner, Pferde, Hirsche, Antilopen und Wildrinder.

Hybrid Die Nachkommen von Eltern zweier verschiedener Arten.

Imponiergehabe Verhaltensweise zwischen rivalisierenden Männchen. Imponierende Männchen nehmen z. B. Drohstellungen ein, bei denen sie größer erscheinen oder bestimmte Körperpartien präsentieren, um den Artgenossen abzuschrecken, bevor es zum Kampf kommt.

Insektivore Ein Tier, das sich ausschließlich oder überwiegend von Insekten oder Wirbellosen ernährt. Einige Insektivoren fressen auch Wirbeltiere wie Eidechsen, Frösche und Mäuse. Bei den Säugetieren gibt es die Ordnung der Insektivoren (Insektenfresser).

Jacobsonsches Organ Geruchsorgan in paarigen Sinnesgruben bei Amphibien, Reptilien und den meisten Säugetieren.

Keratin Ein Protein, das in Hörnern, Haaren, Hufen, Barten und Finger- bzw. Zehennägeln vorkommt.

Kloake Gemeinsamer Ausgang bei Eier legenden Säugetieren, in den sowohl Geschlechtsorgane als auch Verdauungstrakt und Harnleiter münden. Biber haben sekundär eine Kloake ausgebildet (Anpassung an das Leben im Wasser).

Konvergente Evolution Konvergenz; Situation, bei der nicht verwandte Gruppen unter ähnlichen Umweltbedingungen ähnliche Strukturen entwickeln.

Laurasia Der alte nördliche Superkontinent, der das heutige Asien, Nordamerika und Europa umfasst.

Lebend gebärend Voll entwickelte Junge zur Welt bringend.

Migration Saisonale Wanderung von einem Lebensraum in einen anderen. Viele Tiere legen weite Entfernungen zurück, um Nahrung zu suchen, sich zu paaren, Eier abzulegen oder ihre Jungen zu gebären.

Molaren Backenzähne von Säugetieren; dienen zum Zerbeißen und Zermahlen der Nahrung.

Monotrematen Kloakentiere; primitive, Eier legende Säugetiere, die noch gemeinsame Merkmale mit Reptilien und Vögeln haben. Als einzige Säugetiere ohne Zitzen ernähren sie ihre Jungen mit Milch aus Milchdrüsen am Bauch.

Morphe Eine Farb- oder andere körperliche Variante einer Art.

Musth Bei Elefanten die Zeit, in der ihr Testosteronspiegel hoch ist und die Musthdrüsen zwischen Auge und Ohr eine Flüssigkeit absondern; steht in Verbindung mit der Suche nach Weibchen bzw. der Paarung; zeigt sich u. a. durch erhöhte Aggression.

Mutualismus Eine Wechselbeziehung zwischen zwei Arten, von der beide profitieren, wie z. B. Madenhacker (Vögel) und grasende Pflanzenfresser.

Nachtaktiv Nachtaktive Tiere verfügen über spezifische Anpassungen wie große, empfindliche Augen oder Ohren, um sich in der Dunkelheit zurechtzufinden. Alle nachtaktiven Tiere schlafen bei Tag.

Nahrungskette Ein System, in dem ein Organismus Nahrung für einen anderen bildet, der wiederum von anderen gefressen wird, und so weiter. Den Ausgangspunkt einer Nahrungskette (Primärproduktion) bilden meist grüne Pflanzen, z. B. Algen im Wasser.

Nomaden Tiere, die auf der Suche nach Nahrung und Wasser von Ort zu Ort ziehen.

Ökosystem System aus der Gesamtheit aller Lebewesen, sämtlicher Umweltfaktoren und wechselseitigen Beziehungen in diesem System, z. B. im Ökosystem Hochgebirge.

Omnivore Allesfresser; Tiere, die Pflanzen und Tiere fressen. Sie verfügen über Zähne und ein Verdauungssystem, die fast jede Art von Nahrung verarbeiten können.

Ordnung Eine Hauptgruppe innerhalb der taxonomischen Einteilung. Eine Ordnung ist Teil einer Klasse und ist in Familien unterteilt.

Ovipar Eier legend; im Körper der Mutter erfolgt keine oder nur eine geringe Entwicklung der Nachkommen, die Embryos reifen im Innern der gelegten Eier.

Ovovivipar Fortpflanzung durch die Geburt lebender Junge, die sich im Körper der Mutter in den befruchteten Eiern voll entwickelt haben. Die Jungen schlüpfen direkt bei der Eiablage oder kurz darauf.

Paläontologie Die Wissenschaft vom Leben in vergangenen geologischen Zeitaltern.

Pangäa Ein alter Superkontinent, in dem alle heutigen Kontinente einst vereint waren.

Parallele Evolution Wenn verwandte Gruppen, die isoliert leben, aufgrund ähnlicher Umweltbedingungen ähnliche Strukturen entwickeln.

Parasit Schmarotzer (griech. parasitos – jemand, der mitisst); ein Lebewesen, dessen Habitat ein anderes Lebewesen ist und das sich von ihm ernährt. Das Vorhandensein eines Parasiten hat mitunter schädliche Auswirkungen auf den Wirt.

Pheromon Ein chemischer Stoff, der von Tieren (und Menschen) abgegeben wird, Signalwirkung hat und das Verhalten von Artgenossen beeinflusst. Viele Tiere locken mit Pheromonen Paarungspartner an oder signalisieren Gefahr.

Plazentale Säugetiere Plazentatiere; Säugetiere, die nicht wie die Kloakentiere (Monotrematen) Eier legen oder wie die Beuteltiere gering entwickelte Junge gebären. Die Jungen der Plazentatiere werden im Körper der Mutter durch ein reich durchblutetes Organ, die Plazenta, mit Nährstoffen versorgt.

Pore Eine winzige Öffnung in der Haut eines Tieres oder der Blattoberfläche einer Pflanze.

Proboscis Bei einigen Säugetieren ist der Proboscis eine verlängerte Nase, lange Schnauze oder ein Rüssel. Bei Elefanten hat der Rüssel viele Funktionen, z. B. Schmecken, Fühlen und Heben.

Raubtier Ein Fleisch fressendes Tier, das auch, aber nicht nur davon lebt, andere Tiere zu töten und zu fressen.

Regenwald Ein tropischer Wald mit mindestens 250 cm Niederschlag pro Jahr. Regenwälder sind die Heimat zahlreicher Pflanzen- und Tierarten.

Regurgitieren Nahrung aus dem Magen in den Mund hochwürgen. Viele Huftiere nutzen diesen Vorgang, um ihre Nahrung in eine flüssigere Form zu überführen und dadurch möglichst viele Nährstoffe herauszuholen; dies wird Wiederkäuen genannt. Manche Vögel würgen verdautes Futter hoch, um damit ihre Jungen oder ihren Partner (Balzfüttern) zu füttern.

Reißzähne Spezielle Backenzähne mit messerscharfen Kanten, mit denen Fleischfresser ihre Nahrung zerreißen.

Rückenflosse Die Flosse auf dem Rücken einiger im Wasser lebender Säugetiere, die hilft, bei der Fortbewegung die Balance zu halten.

Ruderflossen Die verbreiterten Vorder- (und häufig auch Hinter-)Beine von einigen im Wasser lebenden Tieren. Ruderflossen werden hauptsächlich aus den Knochen von Fingern und Hand gebildet und dienen als Paddel, um das Tier im Wasser vorwärts zu bewegen.

Rudimentär Ein einfacher, nicht entwickelter oder unterentwickelter Teil eines Tieres wie ein Organ, eine Gliedmaße oder ein Flügel. Rudimentäre Körperteile einiger moderner Tiere sind Reste von funktionellen Teilen ihrer frühen Vorfahren, erfüllen aber meist keinen Zweck mehr.

Säugetier Ein warmblütiges Wirbeltier, das seine Jungen über Zitzen mit Milch säugt und dessen Unterkiefer aus einem einzelnen Knochen besteht (Letzteres gilt als besonders markantes Merkmal). Obwohl die meisten Säugetiere Haare haben und lebende Junge zur Welt bringen, gibt es einige wie Wale und Delfine, die kaum oder keine Haare besitzen, und andere wie die Monotrematen, die Eier legen.

Savanne Offenes Grasland mit vereinzelt stehenden Bäumen. Die meisten Savannen befinden sich in den Subtropen, wo es ausgeprägte Regenzeiten gibt.

Schneidezähne Die Vorderzähne, die zwischen den Fangzähnen eines Tieres sitzen; sie dienen zum Schneiden der Nahrung.

Sedentär Sesshaft, eine Lebensweise ohne viel Bewegung; beschreibt auch Tiere, die nicht wandern.

Sozial Leben in Gruppen; soziale Tiere können als Paare, zum Teil zusammen mit ihren Jungen, leben oder in einer Kolonie oder Herde, die wenige bis Tausende von Tieren umfassen kann.

Stoßzähne Die langen vorragenden Zähne von Säugetieren wie Elefanten, Schweinen, Flusspferden, Walrossen und Narwalen; sie werden im Kampf mit Rivalen und zur Selbstverteidigung benutzt.

Subantarktisch Die Meere und Inseln direkt nördlich der Antarktis.

Symbiose Ein Zusammenleben von verschiedenen Arten, das für eine oder beide Seiten Vorteile bringt. Tiere bilden symbiotische Beziehungen mit Pflanzen, Mikroorganismen und anderen Tieren.

Syndaktylie Das Verschmelzen oder Zusammenwachsen von Fingern oder Zehen, z. B. die Hinterfüße bei Nasenbeutlern, Kängurus oder Wombats.

Tarnung Färbung, Zeichnung und Musterung eines Tieres, die es mit der natürlichen Umgebung verschmelzen lassen. Die Tarnung schützt das Tier vor Fressfeinden und hilft beim Auflauern der Beute.

Taxonomie Das wissenschaftliche System zur Einteilung von Lebewesen in verschiedene Gruppen und Untergruppen aufgrund ihrer natürlichen Verwandtschaft.

Territorium Revier; ein begrenztes Gebiet, das von einem Tier bewohnt und gegen artgleiche Eindringlinge verteidigt wird. In diesem Gebiet sind häufig alle lebensnotwendigen Ressourcen wie Nahrung und Nist-, Schlaf- oder Ruheplatz vorhanden.

Tragzeit Die Dauer der Trächtigkeit (Schwangerschaft) bei einem Tier.

Treibhauseffekt siehe Globale Erwärmung

Tropisch Region in Äquatornähe, wo es das ganze Jahr über warm bis heiß ist.

Tropenwälder Wälder, die in tropischen Regionen wachsen, z. B. in Zentralafrika, im nördlichen Südamerika und in Südostasien. In all diesen Regionen gibt es das ganze Jahr über nur geringe Temperaturunterschiede.

Tundra Ein kaltes, karges Gebiet, in dem ein Großteil des Bodens gefroren ist und die Vegetation hauptsächlich aus Moosen, Flechten und anderen kleinen, kälteresistenten Pflanzen besteht.

Vibrissae Spezielle Tasthaare, die extrem empfindlich auf Berührung reagieren.

Wirbelsäule Die Reihe von Wirbeln, die vom Kopf bis zum Schwanz entlang des gesamten Rückens eines Wirbeltieres verläuft und in die das Rückenmark eingebettet ist.

Wirbeltiere Tiere mit einer Wirbelsäule. Alle Wirbeltiere haben ein inneres Skelett (Endoskelett) aus Knorpel oder Knochen. Fische, Reptilien, Vögel, Amphibien und Säugetiere sind Wirbeltiere.

Weidegänger Tiere, die am Boden wachsende Pflanzen, insbesondere Gräser, abweiden.

Weidetiere Pflanzen fressende Säugetiere, die mit den Händen oder Lippen Blätter von Bäumen und Büschen pflücken, wie z. B. Koalas und Giraffen, oder von niedrigen Pflanzen, wie z. B. Nashörner.

Wiederkäuer Huftiere mit einem vierkammerigen Magen. Hierzu gehören u. a. Rinder, Büffel, Bisons, Antilopen, Gazellen, Schafe, Ziegen und andere Mitglieder der Familie Bovidae. Eine der Kammern ist der Pansen, in dem die Nahrung von Mikroorganismen zersetzt wird, bevor sie hochgewürgt und ein zweites Mal gründlich zerkaut wird. Erst dann landet die Nahrung endgültig im Verdauungssystem. Dieses effiziente Verdauungssystem ermöglicht den Tieren eine nährstoffarme Nahrung wie Gräser bestmöglich auszunutzen und entsprechende Lebensräume zu besiedeln.

REGISTER

BILDNACHWEIS

o=oben; l=links; r=rechts; ol=oben links; oml=oben Mitte links; om=oben Mitte; omr=oben Mitte rechts; or=oben rechts; ml=Mitte links; m=Mitte; mr=Mitte rechts; u=unten; ul=unten links; uml=uml; um=unten Mitte; umr=unten Mitte rechts; ur=unten rechts

APL/CBT = Australian Picture Library/Corbis; APL/MP = Australian Picture Library/Minden Pictures; AUS = Auscape International; COR = Corel Corp.; GI = Getty Images; NHPA = Natural History Photographic Agency; OSF = Oxford Scientific Films; PL = photolibrary.com

DIE FOTOGRAFIEN

Umschlagvorderseite GI

1m GI **2**m GI **4**m, ml GI **8**ml GI **12**m GI **14**mr APL/CBT **18**ul, or GI **19**ul APL/CBT **20**ur, or APL/CBT **21**m APL/CBT **22**u APL/CBT **23**u APL/MP ol GI or APL/CBT **24**u, omr APL/CBT **25**ul, ol GI **26**ur GI **27**ul APL/CBT or PL **28**u PL o GI **29**u PL or GI **30**u APL/CBT **31**u APL/ MP **32**u, ul Jeremy Sutton-Hibbert or APL/CBT **33**ur, ol APL/CBT or PL **34**u GI or APL/CBT **35**ur GI or APL/CBT **38**um PL m APL/CBT or Kathie Atkinson **40**ul, ml PL **51**or GI **53**ul, or APL/CBT m PL **56**um APL/CBT m PL **60**m GI **61**ur PL **62**ul GI ml National Geographic Image Collection **63**mr PL **64**ml APL/CBT ol AUS/D Parker & E Parer-Cook **70**ul AUS/Daniel Cox/OSF m AUS/David Haring/OSF mr AUS/Ferrero-Labat **71**mr, m, ol, or PL **72**ur AUS/ Rod Williams ml AUS/T-Shivanandappa r APL/CBT **78**ul, mr PL **90**ml PL or APL/CBT **93**u, or APL/MP ml F W Frohawk mr NHPA/Mirko Stelzner **94**um, m GI or APL/MP **95**m APL/CBT mr GI o APL/MP **96**ml GI or PL **102**ur PL ml APL/MP **105**m, ol GI or PL **106**ul, ur, m APL/CBT **111**ul AUS/Daniel Cox/ OSF **114**um PL ml APL/MP **118**or APL/MP **119**mr APL/CBT **120**ul GI **126**ul GI **132**or GI **133**um, ul APL/CBT **134**ul PL or APL/MP **135**ul APL/MP or APL/CBT ol GI **136**u APL/CBT m PL or GI **138**m, ml, or APL/CBT **140**um, m APL/CBT ul GI **143**mr APL/CBT **144**ul, m GI or PL **146**m APL/MP ml PL **147**ur PL **148**um APL/CBT ml APL/MP **161**ur APL/CBT om Kirk Olson ol APL/MP **162**u PL m APL/CBT ml GI **168**ul, or APL/CBT m PL **169**u GI **170**ul, ur, ml APL/MP **172**m, or GI **174**m GI ml APL/MP **175**m GI or APL/MP **176**ul, or APL/MP ml APL/CBT **177**ur Spectrogram Program by Richard Horne (Original from Cornell Laboratory of Ornithology) mr GI o APL/CBT **178**ul, m APL/CBT or GI **180**ul COR **183**ur AUS mr, ol PL **185**ur GI ml PL or APL/ MP **188**u, ml GI m PL **189**m, or PL ol GI **190**ul PL ml GI **194**m PL ol APL/CBT or Bruce Coleman **197**ul APL/CBT ml, or PL **204**um APL/MP ml APL/CBT or GI **211**um APL/MP m APL/CBT ml GI **215**ml, mr PL

DIE ILLUSTRATIONEN

Alle Illustrationen © MagicGroup s.r.o. (Tschechische Republik) - www.magicgroup.cz ausgenommen der folgenden Abbildungen:
Alistair Barnard 16u, 17u o, 39ur, 51ul ml ol; **Andre Boos** 122ml, 123ur; **Ann Bowman** 177ul; **Peter Bull Art Studio** 14ol, 31oml omr ol or; **Martin Camm** 78or, 131ul ur, 183m; **Simone End** 203ur, 214ul; **Christer Eriksson** 52ml, 187ur; **Jon Gittoes** 82ul, 90u; **Gino Hasler** 181ur; **David Kirshner** 19mr, ul, 27ur; **Frank Knight** 18umr; **Alex Lavroff** 183or; **James McKinnon** 30or, 40um, 74ml, 81ur, 104ul, 176m, 97mr, 103ur, 125ur, 134ur, 135ur; **John Mac/FOLIO** 69ur, 166ul ml ol, 194u, 207ur; **Trevor Ruth** 160u; **Kevin Stead** 38ul, 92ml, 176ml; **Guy Troughton** 19oml, 51um m mr, 64u, 86u mr, 100ul, 105u, 124o, 132u, 133o, 147o, 154o.

ABBILDUNGEN

Seite 1 Eisbärjungen werden mindestens 20 Monate lang gesäugt und sind von ihrer Mutter abhängig.
Seite 2–3 Männchen und Weibchen der Japanischen Makaken kümmern sich gemeinsam um ihre Jungen.
Seite 4–5 Pferde traben über den Strand von Noordhoeck, Südafrika.
Seite 6 Bei einer der beeindruckendsten Wanderbewegungen der Erde überqueren Zebras und Gnus den Mara-Fluss in Kenia.
Seite 8 Hunderte Riesenflughunde versammeln sich in der Morgendämmerung auf einem Baum in Lampung, Indonesien.
Seite 12–13 Der Bengalische Tiger ist ein guter Schwimmer und jagt alleine.
Seite 36–37 Giraffen und Afrikanische Elefanten grasen am Fuße des Kilimandscharo in Kenia.